AFFINITY PHOTO

クリエイター教科書

V2
対応版

著 山本浩司

技術評論社

はじめに

Affinity（アフィニティ）はAffinity Photo、Affinity Designer、Affinity Publisherからなるクリエイティブツールのブランドです。

中でもAffinity Photoは、本格的な画像編集を目的としたソフトウェアで、アマチュアからプロフェッショナルまで幅広く対応することができ、機能面において高機能な画像編集ソフトにも決して引けを取らない機能を備えています。
趣味で画像編集をしたり絵を描いたりするライトユーザーにとっては、一度支払いをすればいつまでも使い続けられる買い切り方式のAffinity Photoは魅力的な選択肢となるのではないでしょうか。

本書では、そんなAffinity Photo（V2）の機能をわかりやすく紹介し、それらの機能を実行する手順も含めて解説しています。

私はもともと、フリーランスのデザイナーとしてCGやWeb、TV番組などの制作に携わる傍ら、さまざまな大学や専門学校でPhotoshopやIllustratorの講師をしていました。現在はそれらに加え、大学の専任教員として活動しています。これまでに18冊の執筆経験があります。

その経験を注ぎ込んだのが本書です。ぜひ本書を活用いただき、画像編集ソフトに初めて触れる人はまずは「Affinity Photoでどういうことができるのか」を知り、また、他ソフトからの移行をした人は「よく使うあの機能はどこにあるのか」を知る、そんな風に使ってもらえればと思います。

山本浩司

第1章 Affinity Photoの基本

第2章 色調補正と画像修整

第3章 選択範囲の作成

第4章 レイヤーの活用

第5章 色とブラシ

第6章 テキストとカーブ、シェイプ

第7章 フィルターの活用

第8章 RAW現像／ゆがみ／トーンマッピング

第9章 便利な機能と設定

第1章

Affinity Photoの基本

01 Affinity Photoと5つのペルソナ

Affinity Photoとは

Affinity Photo は非常に高機能な**画像編集ソフト**です。暗く写ってしまった写真を補正する、色味を鮮やかにする、画像に変化をつけるためにフィルターを使用する、あるいはブラシを使ってデジタルイラストを描くといったことにも利用できます。

最近ではスマートフォンでもそういった加工ができるアプリがありますが、Affinity Photo は**画像編集のプロも納得するような機能が満載**です。Affinity Photo は、あなたがイメージしているものをカタチにするためのツールなのです。

Affinity Photoの5つのペルソナ

Affinity Photo の特徴の一つとして目的別に用意された**5種類のペルソナ**があり、それぞれ固有のメニューやツールを持っています。作業の内容に応じて切り替えることで、スムーズに作業を進めることができます。ペルソナの切り替えは画面左上のボタンから行えます。

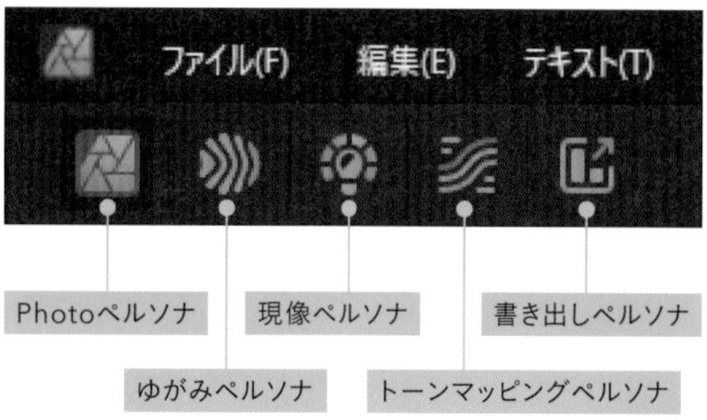

Photoペルソナ

範囲選択、ブラシ、切り抜き、塗りつぶし、レタッチ、消去、ベクトルシェイプの描画など、Affinity Photo の基本的な画像編集ツールが含まれたペルソナです。

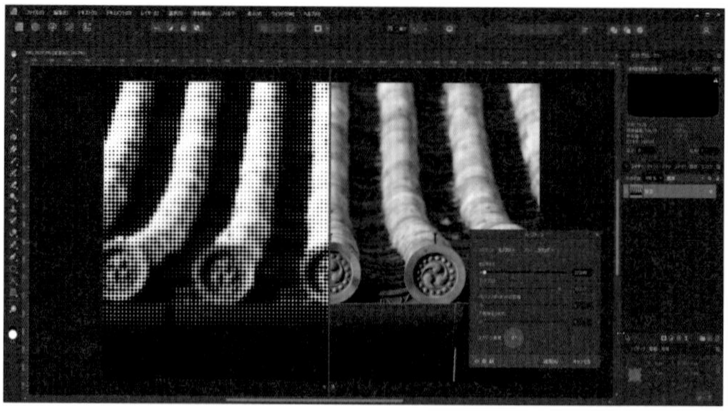

■ゆがみペルソナ

画像の一部または全体をゆがませるためのツールが含まれたペルソナです。ワープ処理のエフェクトが多数用意されています。

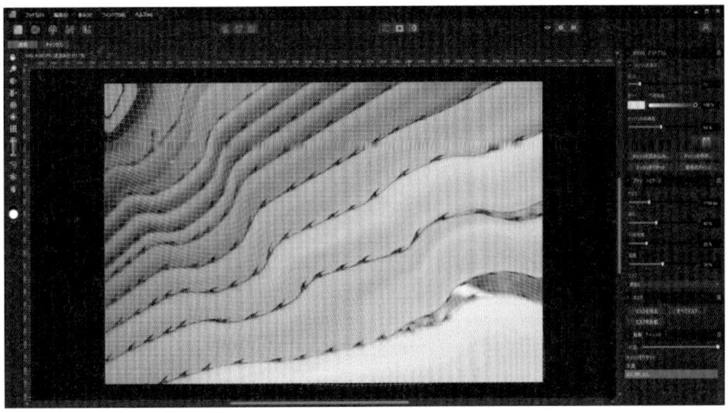

■現像ペルソナ

RAW画像の調整を行うためのペルソナです。画像のカラーバランスや色調を適切にコントロールします。

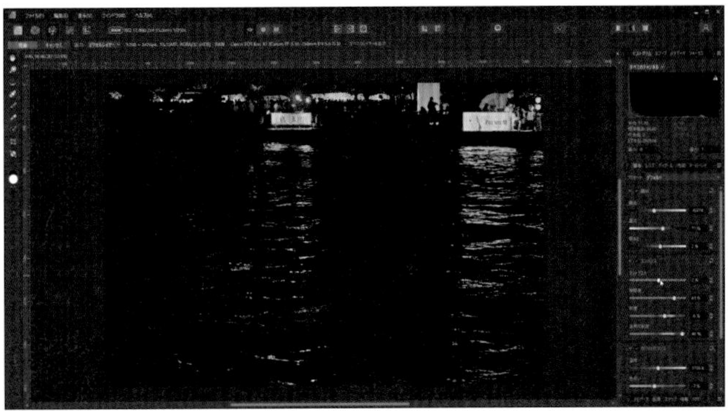

■トーンマッピングペルソナ

32ビット画像の階調を調整するために使用します。8ビットや16ビットの画像を使用することも可能です。

■書き出しペルソナ

画像を全体、またはレイヤー別、スライス別にさまざまな形式で出力するためのペルソナです。

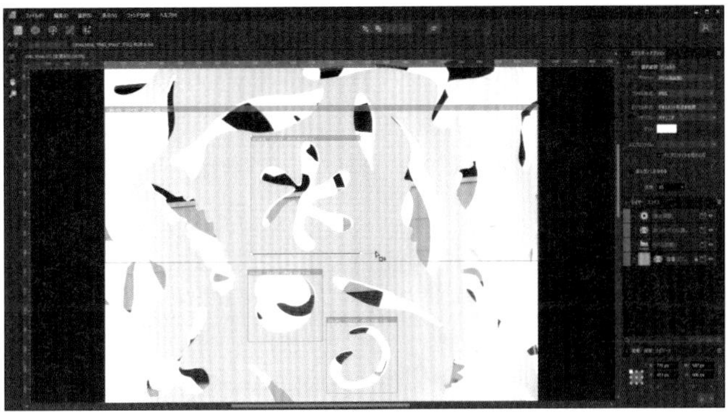

第1章 Affinity Photoの基本

02 ツールの基本操作

ツールの選択方法

Affinity Photo では、その目的に応じてさまざまな種類のツールを使用します。それらのツールは画面左端の **[ツール] パネル**にまとめられています。

1. [ツール] パネル内の目的のツールアイコンをクリックすると❶、ツールが有効な状態になります。

2. ツールアイコンの右下に三角マークがあるものは、長押しすることで❷、格納されたツールを選択できます。

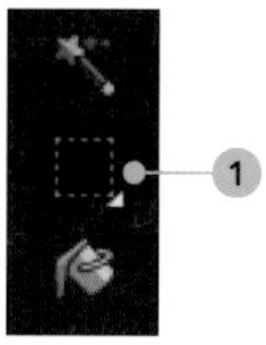

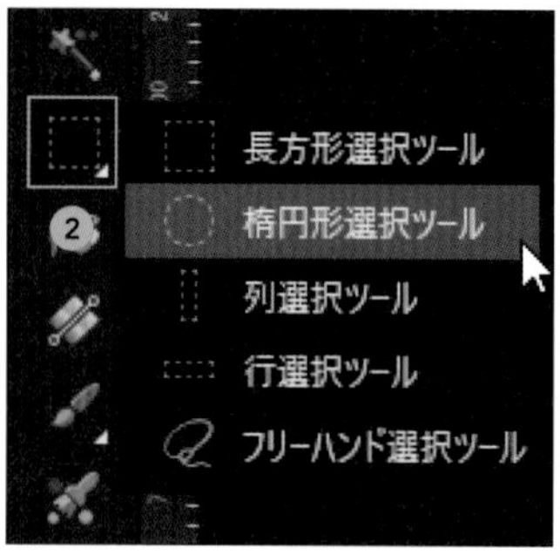

ツールを登録する／並べ替える

ツールの使用頻度などに応じて、[ツール] パネルに別途ツールを表示したり、表示順を並べ替えたりすることができます。

1. [表示] メニュー→ [ツールをカスタマイズ] の順にクリックします❶。

2. 未使用のものも含めてすべてのツールアイコンが表示されるので、追加したいアイコンを [ツール] パネルにドラッグします❷。この状態で、[ツール] パネルのツールを並べ替えることもできます。

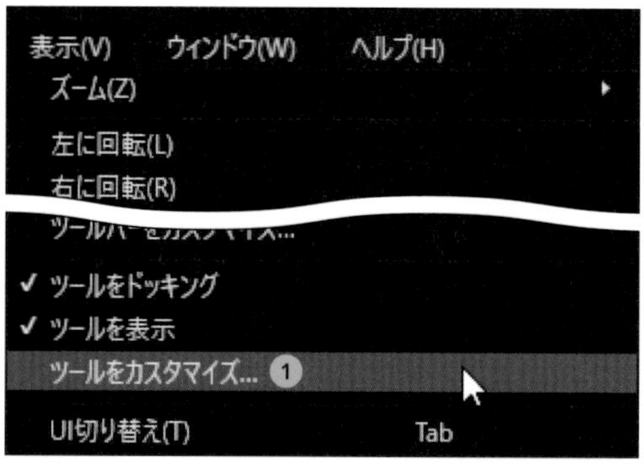

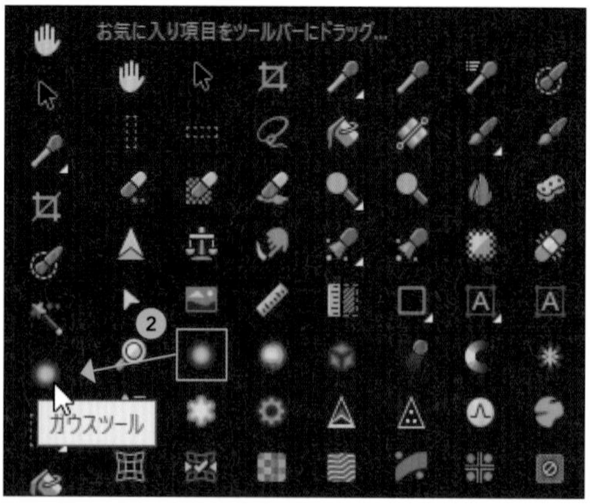

> **MEMO**
>
> 登録済みのツールを削除するには、[ツール] パネル上のツールアイコンをツール一覧にドラッグします。

3 ツールの表示列数を変更したい場合は、画面下部の［列数］で変更できます❸。［閉じる］ボタンをクリックすると変更が確定されます❹。また、［リセット］ボタンをクリックすると［ツール］パネルが初期状態に戻ります。

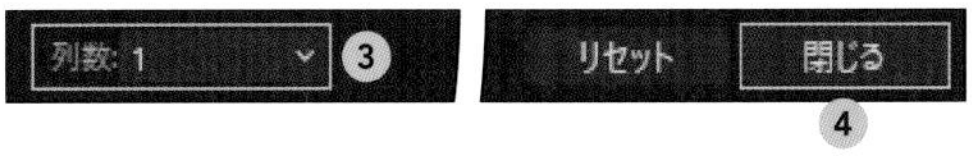

ツールの紹介

基本系ツール

［表示］ツール	画面上をドラッグすることで表示しているエリアを移動させます。
［移動］ツール	レイヤー上の画像を移動、回転、拡大／縮小させるツールです。
［カラーピッカー］ツール	画像内のクリックしたピクセルの色を抽出します。
［スタイルピッカー］ツール	オブジェクトやテキストに設定されたスタイルを抽出し、適用します。Alt（option）キー＋クリックで抽出し、クリックすると適用します。
［切り抜き］ツール	画像の一部をドラッグし、長方形に切り抜きます。
［ズーム］ツール	画像の表示サイズを拡大／縮小します。

選択系ツール

［選択ブラシ］ツール	画像上をドラッグすることで近似色を含むエリアを半自動的に選択します。
［自動選択］ツール	選択したレイヤーのクリックしたピクセルの近似色を自動的に選択します。
［長方形選択］ツール	長方形の選択範囲を作成します。
［楕円形選択］ツール	楕円形の選択範囲を作成します。
［列選択］ツール	垂直方向に幅1ピクセルの選択範囲を作成します。
［行選択］ツール	水平方向に高さ1ピクセルの選択範囲を作成します。
［フリーハンド選択］ツール	マウスでドラッグした範囲の選択範囲を作成します。

塗りつぶし系ツール

［塗りつぶし］ツール	選択範囲を設定したカラーで塗りつぶします。
［グラデーション］ツール	レイヤーに対してグラデーションを適用します。

■ペイント系ツール

[ペイントブラシ] ツール	ドラッグした軌跡をブラシの形状で描画します。
[色置換ブラシ] ツール	選択したレイヤーにおいて、ブラシでなぞった部分のピクセルを設定したカラーに置き換えます。
[ピクセル] ツール	[ペイントブラシ] ツールと同様にドラッグした軌跡に塗りを作成しますが、エッジにはアンチエイリアスがかかりません。
[ペイント混合ブラシ] ツール	レイヤー上の着色されたピクセルをドラッグすることで指先でこすったようにブレンドします。

■消去系ツール

[消去ブラシ] ツール	ドラッグした範囲のピクセルを消去（透明化）します。
[背景消去ブラシ] ツール	ドラッグした範囲の近似色のピクセルを消去します。
[自動消去] ツール	クリックしたピクセルの近似色のピクセルを消去します。

■レタッチ系ツール

[覆い焼きブラシ] ツール	ドラッグした範囲のピクセルの露出を制御し、明るくします。
[焼き込みブラシ] ツール	ドラッグした範囲のピクセルの露出を制御し、暗くします。
[スポンジブラシ] ツール	ドラッグした範囲のピクセルの彩度を上げたり下げたりします。
[コピーブラシ] ツール	画像の一部をサンプリングし、別の部分にコピーします。
[取り消しブラシ] ツール	ドラッグした範囲の変更された部分を元の状態に戻します。
[ぼかしブラシ] ツール	ドラッグしたピクセルのエッジをぼかします。
[シャープブラシ] ツール	ドラッグしたピクセルのエッジをシャープにします。
[中間値ブラシ] ツール	ドラッグしたピクセルとブレンドすることでノイズを軽減します。
[指先ブラシ] ツール	ドラッグした範囲をこすることで色をぼかします。
[修復ブラシ] ツール	サンプリングした画像の一部を別の部分にコピーし、自動的に周囲のピクセルと馴染ませます。
[パッチ] ツール	指定した範囲をドキュメントの別の部分から複製し、自動的に周囲のピクセルと馴染ませます。
[傷除去] ツール	クリックした範囲を平均化し、周囲のピクセルと馴染ませます。
[インペインティングブラシ] ツール	指定した範囲が周囲に馴染むように自動的に画像をレタッチします。

[赤目除去] ツール	フラッシュによって赤目になった部分を自動的に修整します。

■ベクトルライン系ツール

[ペン] ツール	画像上に直線や曲線、図形を描くことができます。
[ノード] ツール	ペンツールやベクトルシェイプツールで描かれたラインやシェイプを編集します。

■ベクトルシェイプ系ツール

[長方形] ツール	**[楕円] ツール**
[角丸長方形] ツール	**[三角形] ツール**
[ひし形] ツール	**[台形] ツール**
[ポリゴン] ツール	**[星形] ツール**
[二重星形] ツール	**[直角星形] ツール**
[矢印] ツール	**[ドーナツ形] ツール**
[扇形] ツール	**[セグメント] ツール**
[三日月形] ツール	**[歯車] ツール**
[クラウド] ツール	**[吹き出し(角丸長方形)] ツール**
[吹き出し(楕円)] ツール	**[涙形] ツール**
[ハート形] ツール	**[スパイラル] ツール**

■テキスト系ツール

[アーティスティックテキスト] ツール	ドラッグすることで任意の大きさのテキストを入力することができます。
[フレームテキスト] ツール	ドラッグすることでテキストを入力するフレームを作成します。

■メッシュ系ツール

[メッシュワープ] ツール	メッシュグリッドを作成し、メッシュを変形させることで画像をゆがませます。
[パースペクティブ] ツール	画像の傾きやパースの変形を調整するツールです。

03 パネルの基本操作

パネルを表示する

Affinity Photoではさまざまな機能をパネルで設定します。**初期状態で表示されていないパネルもある**ので、その場合は以下の方法でパネルを表示します。

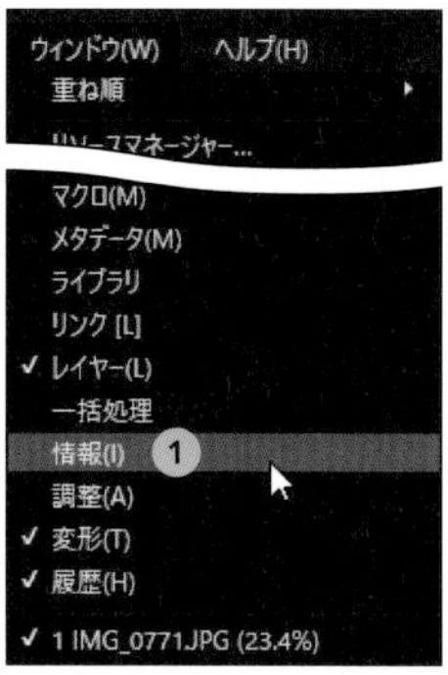

1 [ウィンドウ] メニューをクリックし、表示したいパネル名をクリックします1。ここでは例として [情報] をクリックします。

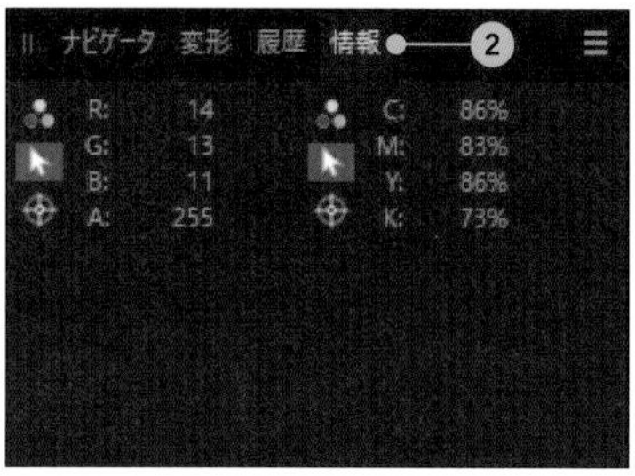

2 [情報] パネルが表示されました2。パネルを非表示にするには、再度 [ウィンドウ] メニューから非表示にしたいパネル名をクリックします。

パネルを切り替える

1 表示されているパネルの、パネル名が表示されているタブをクリックします1。

2 パネルが切り替わりました2。

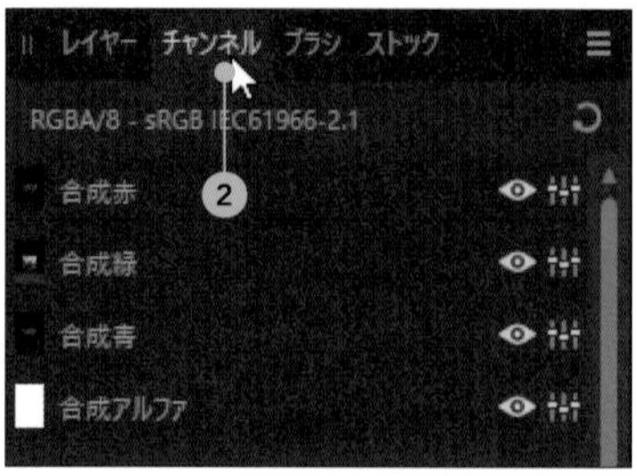

パネルを独立させる

1 独立させたいパネルのタブをドラッグし❶、適当な位置でマウスボタンを放します。

2 パネルが独立したパネルになりました❷。

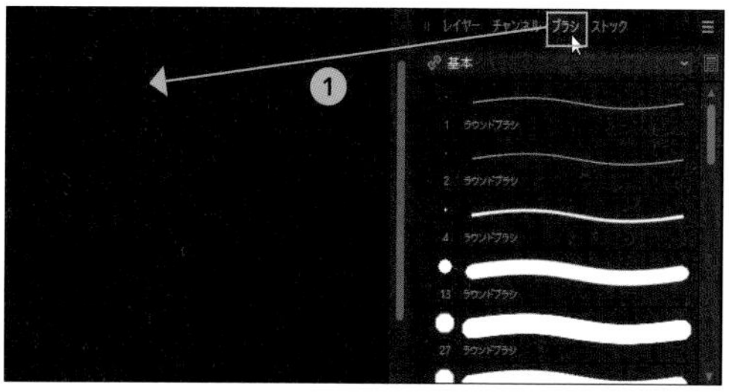

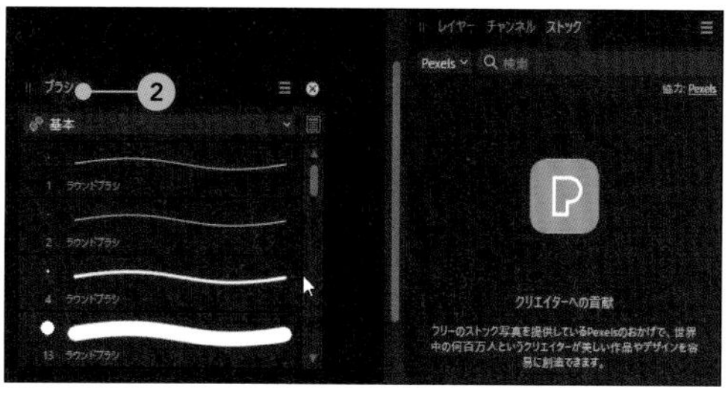

パネルグループを編集する

1 タブを統合したいパネルにドラッグし❶、青い半透明の枠が表示されたらマウスボタンを放します。

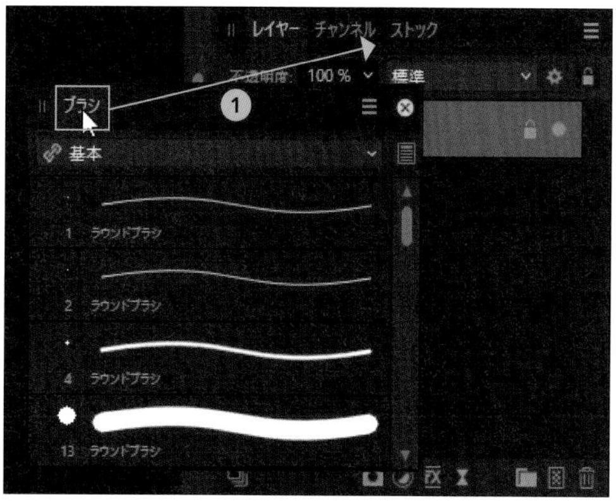

MEMO

タブを同パネル内でドラッグすると、タブの順番を並べ替えることができます。

2 パネルがグループ化されました❷。

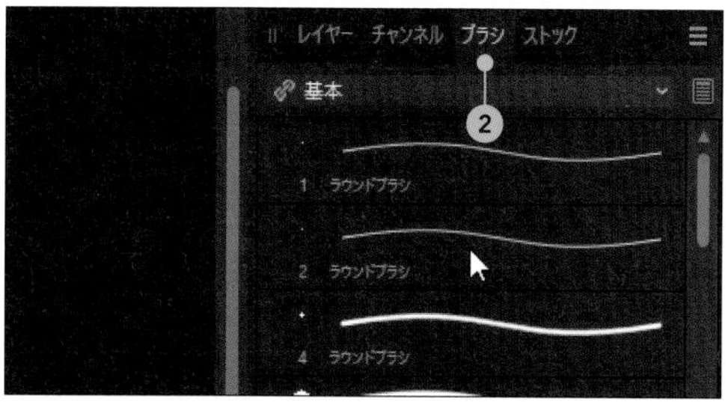

3 また、パネルは図のような位置にドラッグし❸、配置することもできます。

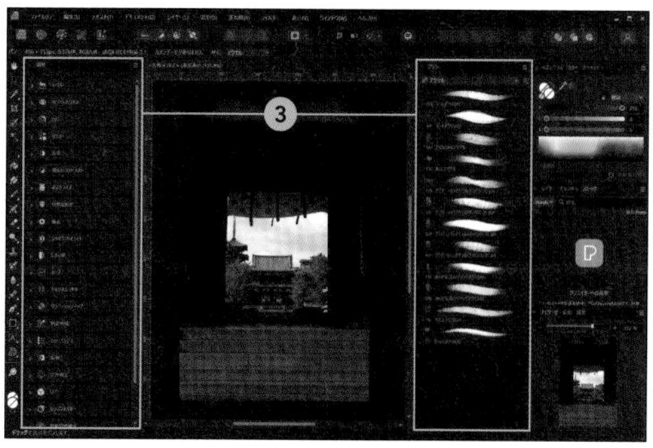

MEMO

編集したパネル配置はプリセットとして登録することができます（→P.32）。よく使うパネルをプリセットとして登録しておいて、作業内容に応じて切り替えると便利です。

04 ファイルを開く

既存のファイルを開く

既存の画像ファイルを Affinity Photo で開くには［開く］を使用します。

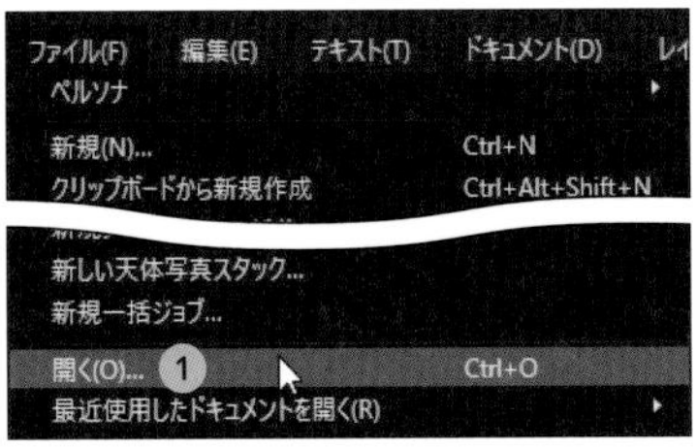

1 ［ファイル］メニュー→［開く］の順にクリックします❶。

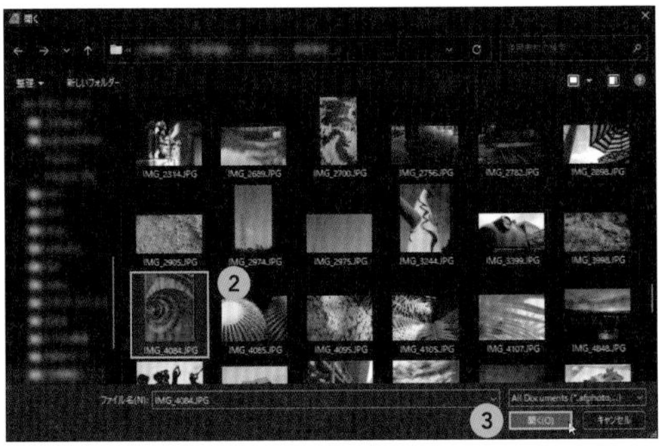

2 対象となるファイルを選択し❷、［開く］ボタンをクリックすると❸、ファイルが開きます。

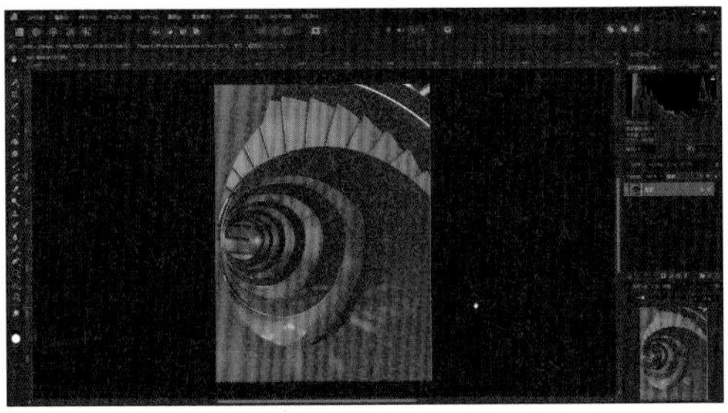

COLUMN 画像をドラッグして開く

エクスプローラー（MacはFinder）を開き、画像ファイルをAffinity Photoの画面にドラッグしてもファイルを開くことができます。なお、すでにファイルを開いている場合は、画像の表示領域にドラッグすると同じドキュメント内に読み込まれ、ファイル名が表示されているタブのエリアにドラッグすると新たなドキュメントとして開きます。

▷▷ 最近使ったファイルを開く

Affinity Photoは**直近に使用したファイル**を記録しています。［最近使用したドキュメントを開く］は、中断した作業を進める際に便利です。

1 ［ファイル］メニュー→［最近使用したドキュメントを開く］にカーソルを合わせると❶、最近使用したファイルが表示されます。目的のファイルを選択します❷。

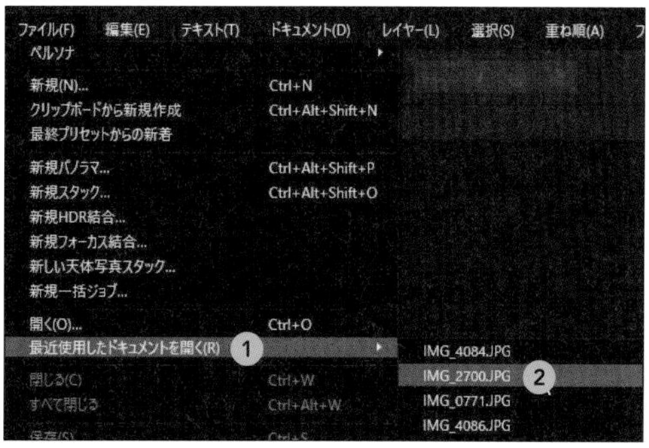

2 ファイルが開きました。

▷▷ 使用中の画像をエクスプローラーで表示する

［フォルダをエクスプローラーで開く］を使うと、Affinity Photoで編集中の画像をエクスプローラーで表示することができます。編集中の画像と同じフォルダにある別の画像を開くときに便利です。

1 ［ファイル］メニュー→［フォルダをエクスプローラーで開く］（Macは［Finderで表示］）の順にクリックします❶。

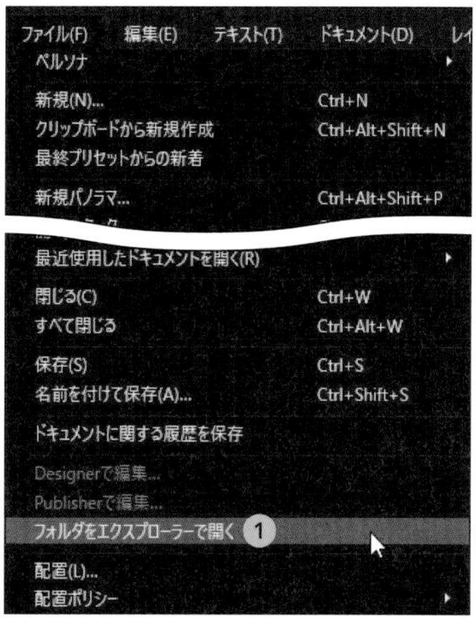

MEMO

［フォルダをエクスプローラーで開く］は、ファイルを開いていない状態では選択することはできません。

2 エクスプローラー（Finder）が開き、現在使用中の画像ファイルが含まれるフォルダが表示されました❷。

05 ファイルの保存と書き出し

ファイル形式について

デジタル画像にはたくさんのファイル形式があります。**Affinity Photo のファイル形式は afphoto 形式**で、保存の際は拡張子として「.afphoto」がファイル名の末尾に付与されます。Affinity Photo では、afphoto 形式以外にも多くのファイル形式に対応しており、以下のファイルを利用することができます。

- 対応ファイル形式：afphoto、psd、jpg、png、gif、pdf、tga、tiff、webpなど

afphoto形式で保存する

afphoto 形式は**レイヤーの状態を保持したまま保存できます**。作業途中のデータや、完成したデータであってもバックアップ用として残しておきたいデータです。

1. ［ファイル］メニュー→［名前を付けて保存］の順にクリックします❶。
2. ファイルの保存先を指定し、ファイル名を入力します❷。
3. ［保存］ボタンをクリックすると❸、afphoto 形式のファイルが保存されます。

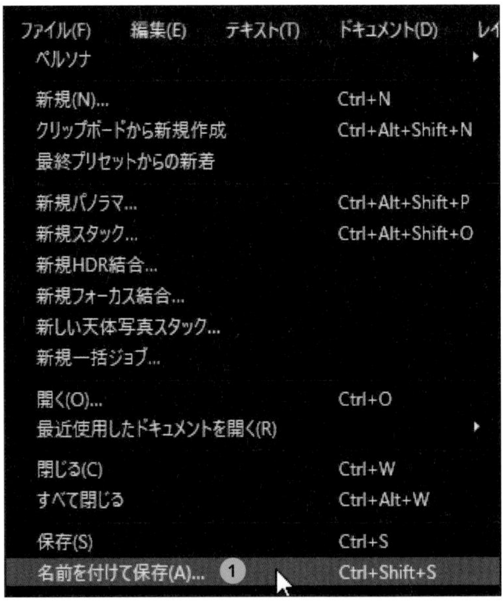

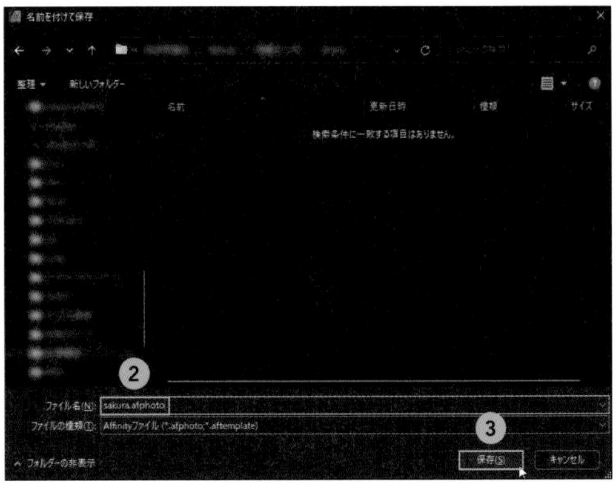

MEMO

Macをお使いの場合、ファイル名入力時に拡張子を削除すると拡張子を含まないファイル名で保存されます。Macのみで使用する分には問題ありませんが、Windows上で使用するには拡張子は必要となるので消さないようにしてください。

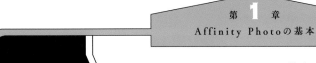

JPEG形式で書き出す

1 ［ファイル］メニュー→［エクスポート］（Macは［書き出し］）の順にクリックします❶。

2 ［エクスポート］画面が表示されるので、上部プルダウンメニューをクリックし❷、書き出したいファイル形式を指定します（ここでは［JPEG］）。

3 ファイル設定セクションで画像のサイズや品質などの設定を行います❸。必要に応じて詳細セクションの設定を行います。

> **MEMO**
>
> 画像の品質は、ファイル設定セクションの［プリセット］で選択する方法と、詳細セクションの［品質］スライダーで指定する方法があります。［推定ファイルサイズ］で書き出し後のファイルサイズを参照できるので参考にしてください。なお、画像品質を指定できないファイル形式もあります。

4 ［エクスポート］（Macは［書き出し］）ボタンをクリックします❹。

5 保存先とファイル名を指定します❺。［保存］ボタンをクリックします❻。

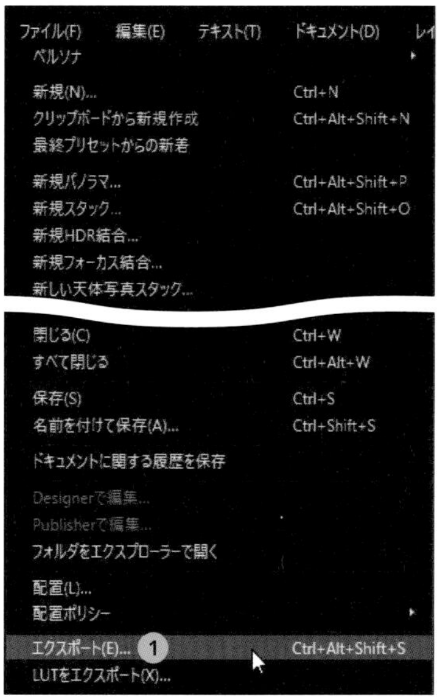

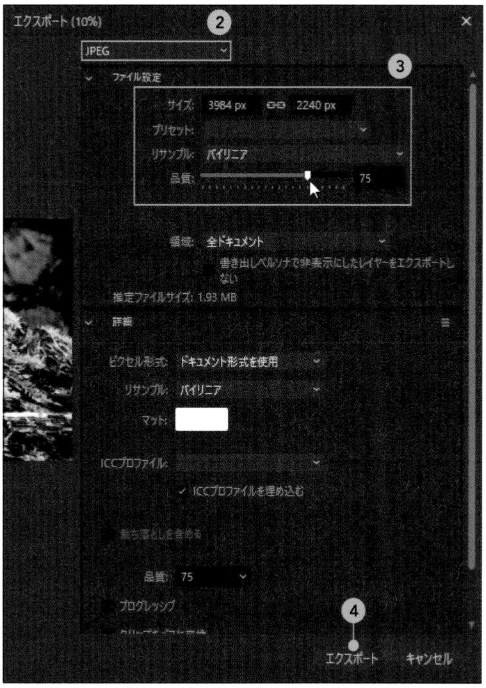

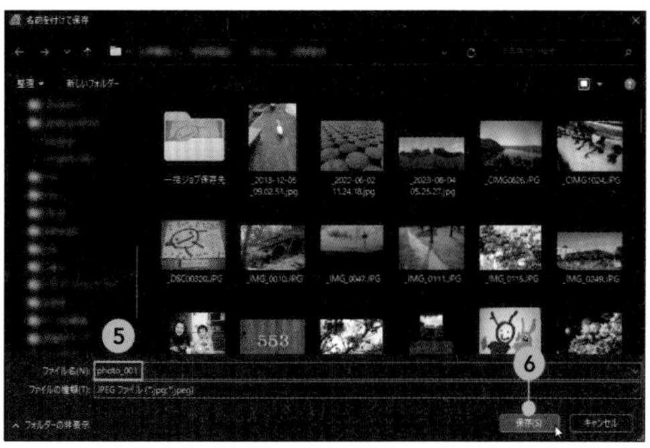

06 特定部分をスライスして書き出す

スライス範囲を書き出す

書き出しペルソナの［スライス］ツールを用いることで**画像内の特定範囲を指定し、その範囲をそれぞれを独立した画像として書き出す**ことができます。同時に複数の画像として出力できるため、作業の効率化を図ることができます。

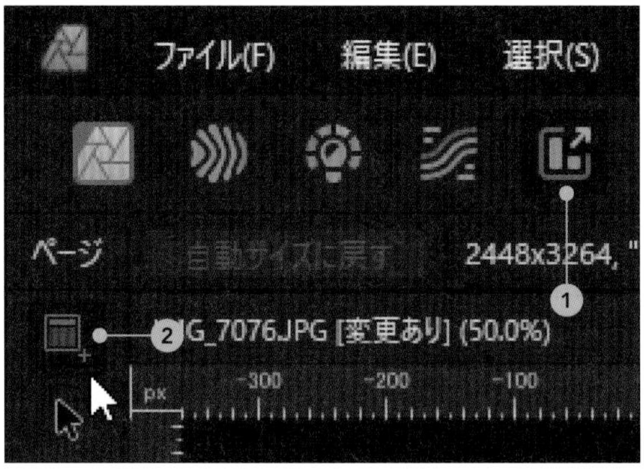

1 書き出しペルソナに切り替え①、［スライス］ツールをクリックします②。

2 書き出したい範囲をドラッグし、スライス範囲を指定します③。

MEMO

スライス範囲の内側をドラッグすることでスライス範囲の移動、コーナー部分をドラッグすることで範囲の変更を行うことができます。

MEMO

スライス範囲は書き出す範囲を指定するだけなので重なっても問題ありません。

3 ［スライス］パネルを表示すると④、元画像に加えて、スライス範囲が指定されていることを確認できます⑤。

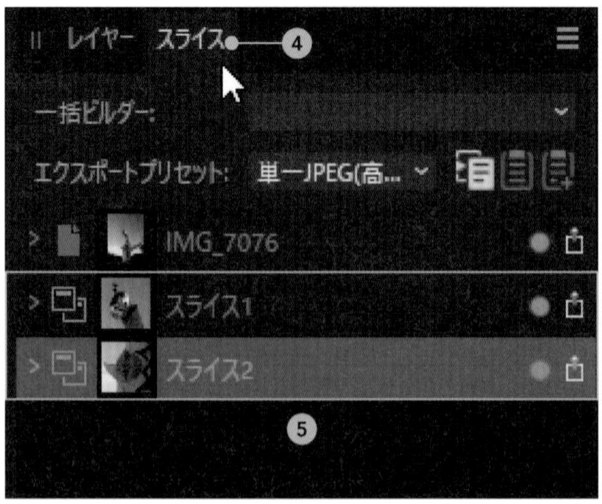

MEMO

スライスを削除するには［スライス］パネルから不要なスライスをクリックし、パネル左下のゴミ箱アイコンをクリックします。

4 ［スライス］パネルの［スライスを書き出し］ボタンをクリックします6。

5 書き出したファイルを保存する場所を指定して7、［エクスポート］ボタンをクリックします8。

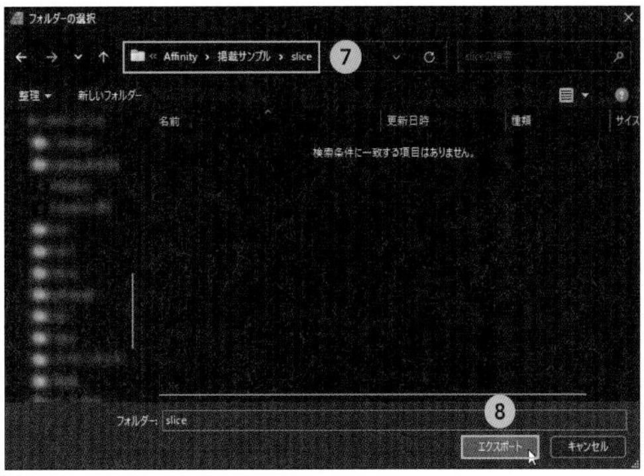

6 書き出し完了後、スライスされた画像が保存されているのが確認できます9。

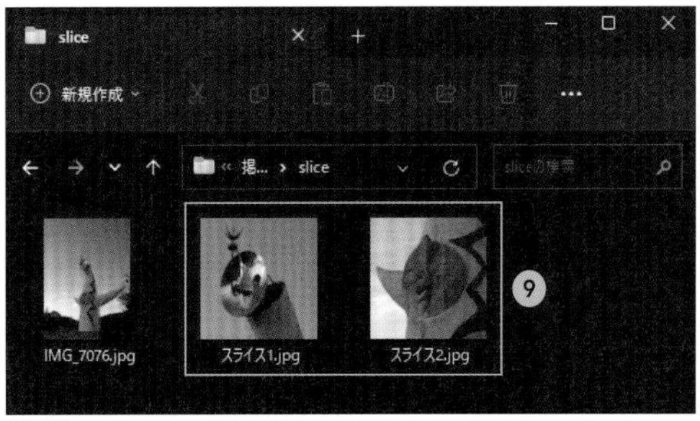

MEMO

［スライス］パネルの右側にある［スライス］ボタンをクリックすると、個別に書き出すことができます。また、［スライス］ボタン横のチェックをオフにすることで、一括書き出しから一時的に除外することができます。

COLUMN 書き出し時のファイル形式

スライスは初期設定ではJPEG形式で書き出されます。ファイル形式を変更する場合は、［スライス］パネルで任意のスライスを選択し、［エクスポートオプション］パネルから設定します。［プリセット］欄から設定のプリセットを選択できるほか、［ファイル形式］や［リサンプル］の方法などを個別に設定することが可能です。

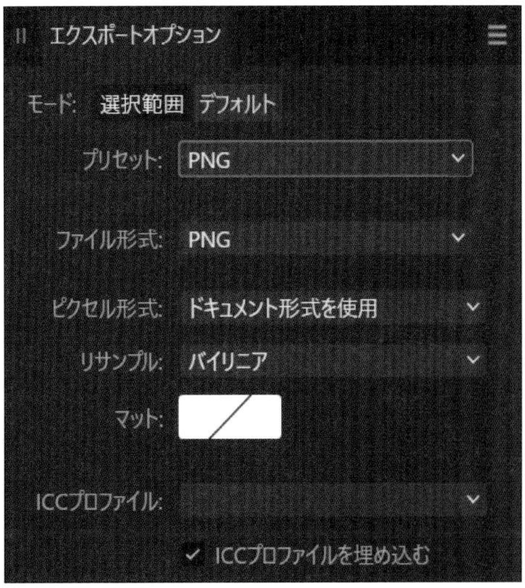

07 画像の表示領域を操作する

表示領域を拡大／縮小する

画像の編集作業では、画像を**拡大／縮小表示**したり、拡大表示後に**表示領域を移動**させたりといった操作が頻繁に発生します。必ず覚えておきましょう。

1 ［ズーム］ツールをクリックします❶。

MEMO

Zキーを押すことでも［ズーム］ツールに切り替えることができます。

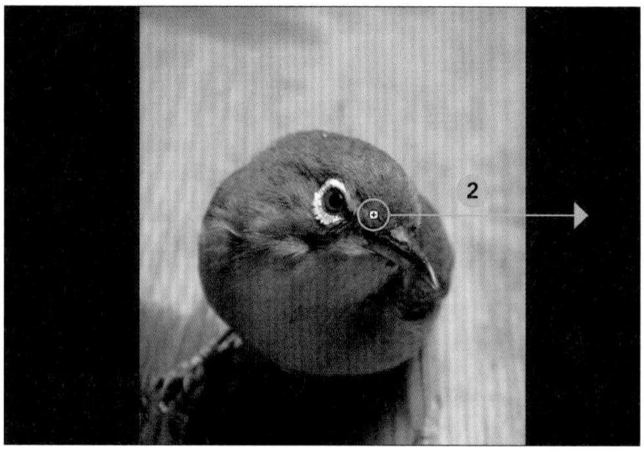

2 画像上をクリックするか、右方向にドラッグすると❷、クリック開始地点を中心に拡大されます❸。

3 左方向にドラッグするか❹、画像上をAlt（option）キーを押しながらクリックすると、クリック開始地点を中心に縮小されます。

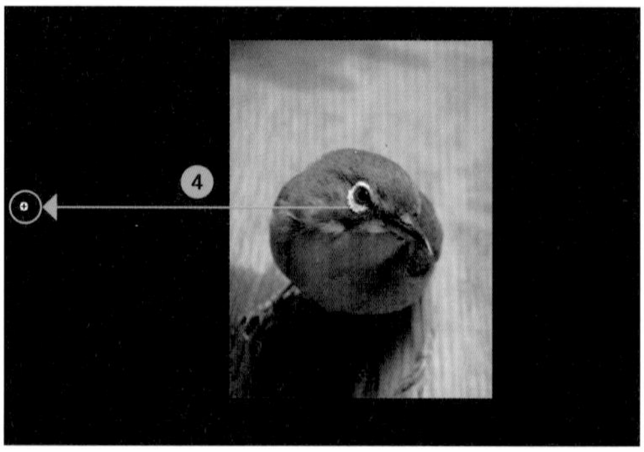

表示領域を移動する

1 ［表示］ツールをクリックし❶、画像上をドラッグします❷。

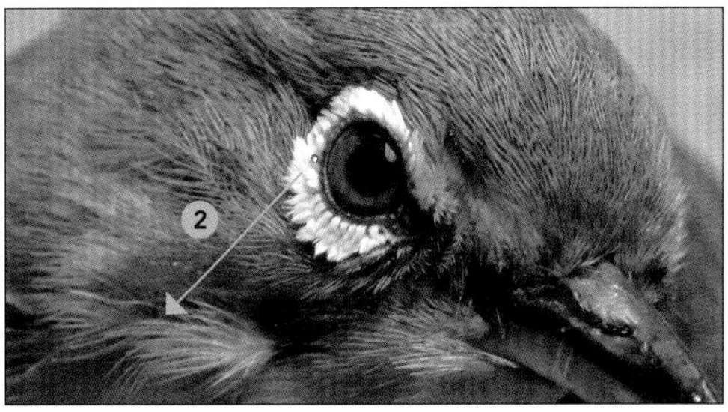

MEMO

Space キーを押した状態にすると、一時的に［表示］ツールに切り替えることができます。

2 表示領域が移動しました❸。

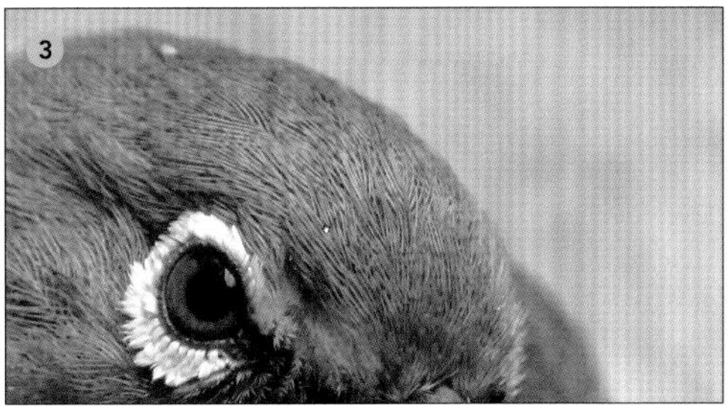

3 表示領域の移動には［ナビゲータ］パネルを使う方法もあります。［ナビゲータ］パネルのサムネイル内❹をドラッグすると、表示領域を移動することができます。

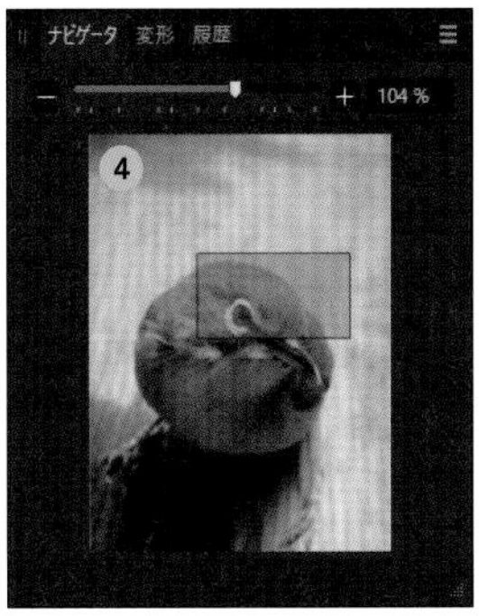

MEMO

サムネイル内のグレーの枠は、現在の表示領域を示しています。

COLUMN

拡大／縮小のショートカット操作

表示領域の変更操作は頻繁に行うだけに、ショートカット操作を覚えておくと便利です。拡大／縮小のほかに、100%表示や画面サイズに合わせることも可能です。

- Ctrl（command）キーを押しながらマウスホイールをスクロールすると拡大／縮小表示
- Ctrl（command）＋0キーで画面サイズに合わせる
- Ctrl（command）＋1キーで100%表示
- ［ズーム］ツールをダブルクリックで100%表示

08 操作の取り消しと［履歴］パネル

操作の取り消しとやり直し

誤った操作をしたり、思った結果にならなかったりした場合は、**操作の取り消しとやり直し操作**が便利です。

1 ここでは、直前に実行したハーフトーンフィルターを取り消します。Ctrl（command）＋Z キーを押します❶。

2 操作前の状態に戻りました。取り消した操作をやり直すには、Ctrl（command）＋Shift＋Z キーを押します❷。

3 操作を取り消す前の状態に戻りました❸。

MEMO

連続して操作の取り消し／やり直しを行う場合は、Ctrl（command）キーもしくはCtrl（command）＋Shiftキーを押したままZキーを押すと素早く操作できます。

4 どの操作までを取り消したか確認したい場合は、次ページで解説する［履歴］パネルを参照しましょう❹。

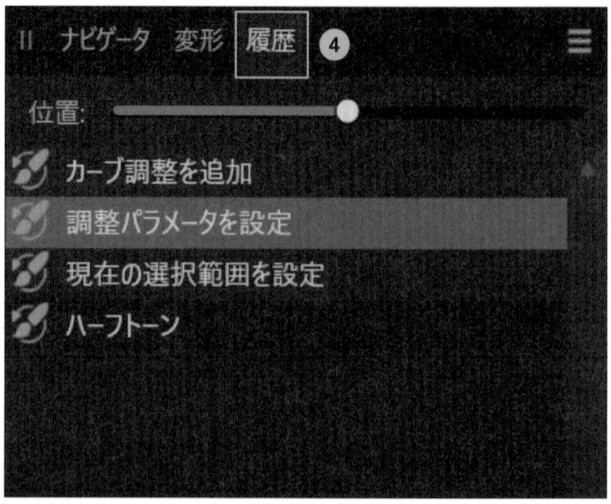

操作の履歴を参照する

[履歴] パネルを使うと、直前の操作だけでなく、何手順も遡った状態に戻すことが可能です。

1 ［履歴］パネルを表示すると1、過去に操作した内容が確認できます。

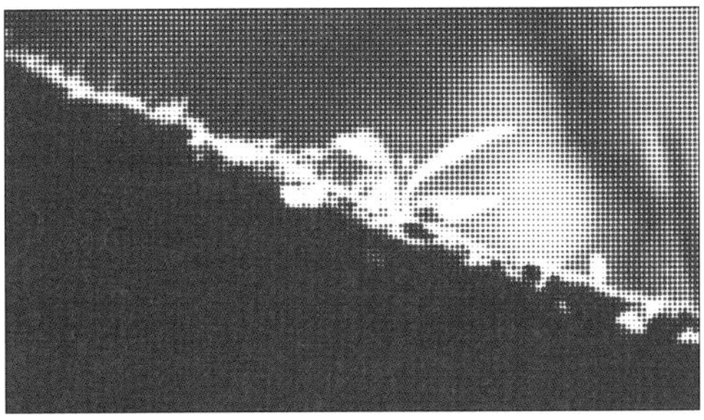

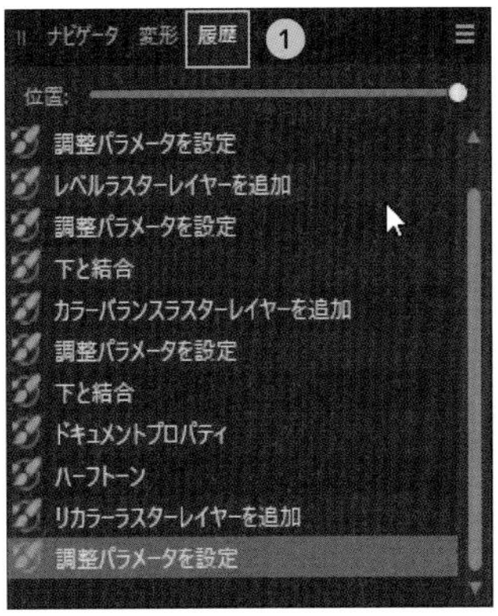

MEMO

[履歴]パネルは初期状態では画面右下のタブから表示できます。タブが見つからない場合は、[ウィンドウ]メニュー→[履歴]から表示します。

2 履歴一覧から取り消したい操作をクリックするか2、［位置］スライダーを左右にドラッグします3。

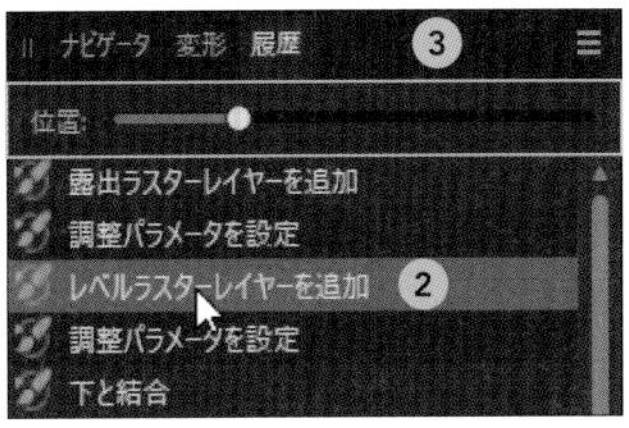

3 操作が一度に取り消されました4。

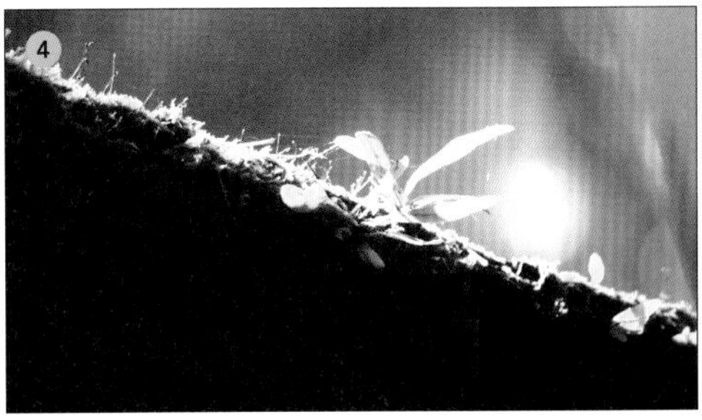

COLUMN ファイルを閉じたら履歴は消える？

履歴はファイルを閉じると消えてしまいますが、[ファイル]メニュー→[ドキュメントに関する履歴を保存]をオンにして、Affinity Photo形式で保存すると履歴を残すことができます。ただし、履歴も含めて保存することでファイルサイズが大きくなります。

09 画像とキャンバスサイズをリサイズする

画像をリサイズする

最近のデジタルカメラで撮影した画像は幅が5000ピクセル以上のものもあり、とても美しく描画できる一方で、ファイルサイズも大きくなってしまいます。ここでは**画像の幅や高さのピクセル数を変更**して、画像をリサイズする方法について解説します。

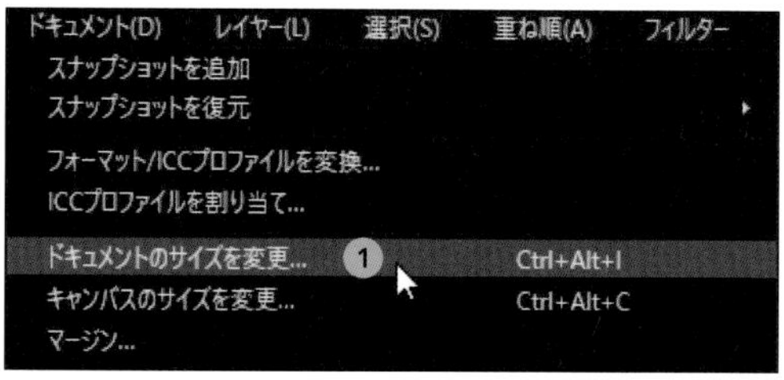

1 対象となる画像を開き、[ドキュメント] メニュー→ [ドキュメントのサイズを変更] の順にクリックします❶。[ドキュメントのサイズを変更] パネルが開きます。

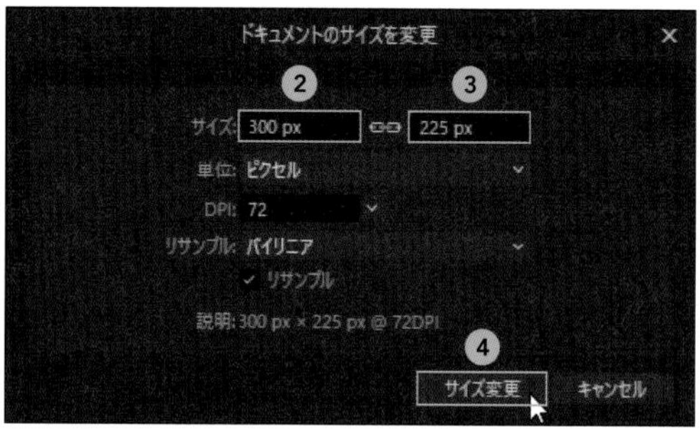

2 [サイズ] の左側の数字 (画像の幅) を変更し❷、Enter キーを押すと、右側の数字 (画像の高さ) も自動的に変更されます❸。[サイズ変更] ボタンをクリックすると❹、画像がリサイズされ、小さくなりました❺。

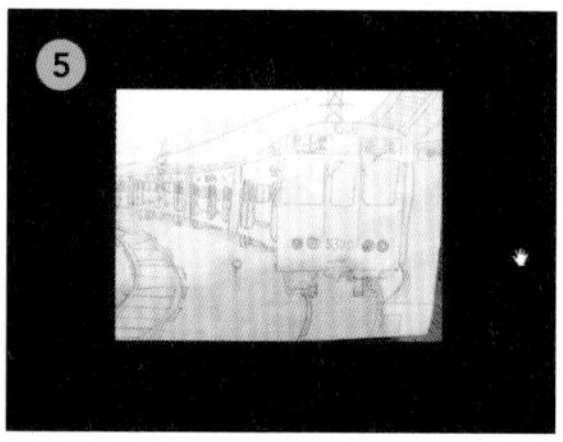

COLUMN ピクセル密度とは？

画像のサイズは、どれくらいの数のピクセルでその画像を表現しているかを表しますが、印刷時に大事になってくるのはその画像のピクセル密度(DPI)です。DPIは「Dot per Inch(1インチあたりのピクセル数)」を意味し、数値が高いほど1インチ(約2.5cm)の中のピクセル密度が高くなります。

一般的に、画面内で完結する画像(Webや映像)で使用する画像は「72」、家庭用インクジェットプリンターでは「150」、商業印刷では「300または350」とされています。[ドキュメントのサイズを変更]パネルの「DPI」を変更することでピクセル密度を変更することができます。目的に応じて変更しましょう。その際、解像度を小さくする分には問題ありませんが、必要以上に大きくすると画質が下がってしまう点に留意してください。

キャンバスサイズを変更する

画像の編集可能領域を変更したいときは、[キャンバスのサイズを変更]を用います。キャンバスサイズが指定したサイズで出力されるため、含まれない部分は削除されます。また、元のキャンバスサイズよりも大きなサイズを指定した場合は透明なエリアが追加されます。

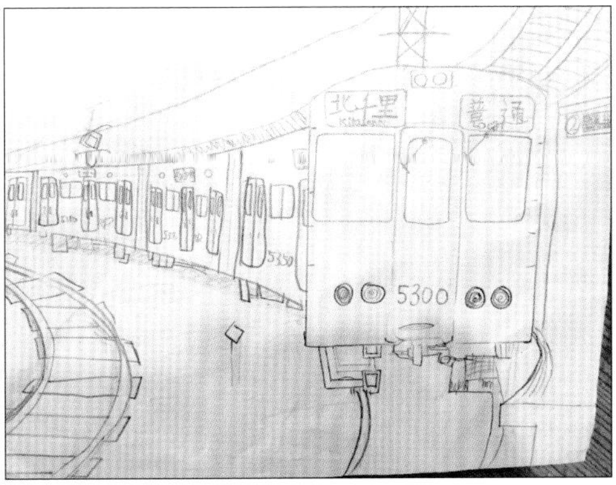

1. [ドキュメント]メニュー→[キャンバスのサイズを変更]の順にクリックします❶。

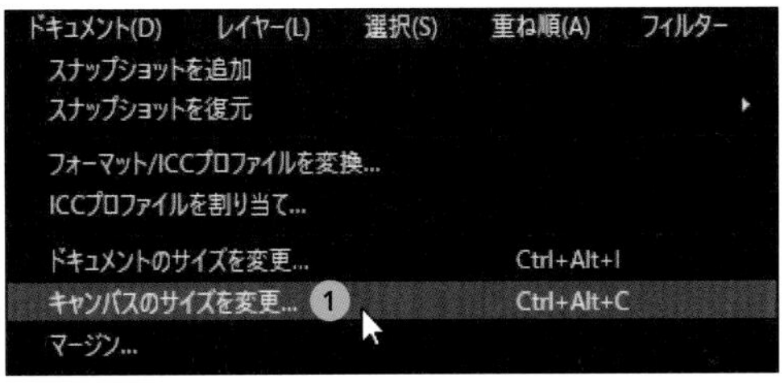

2. [サイズ]ボックスに変更したいキャンバスのサイズを入力します❷。

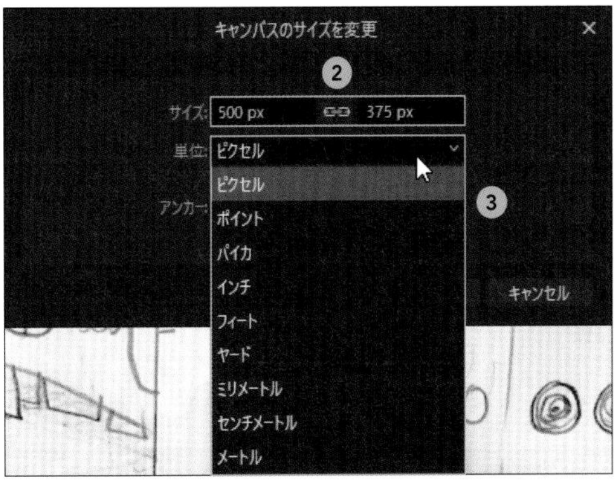

> **MEMO**
> サイズの数字の間にある[リンクアイコン]がオンになっていると、画像の縦横比を維持しつつサイズが変更されます。アイコンをクリックしてオフにすると縦横比を変更できるようになります。

3. 必要であれば[単位]ポップアップメニューをクリックし❸、単位を選択します。

4. キャンバスサイズを変更する際の基点を[アンカー]ボックスで指定します。基点をクリックし❹、[サイズ変更]ボタンをクリックします❺。

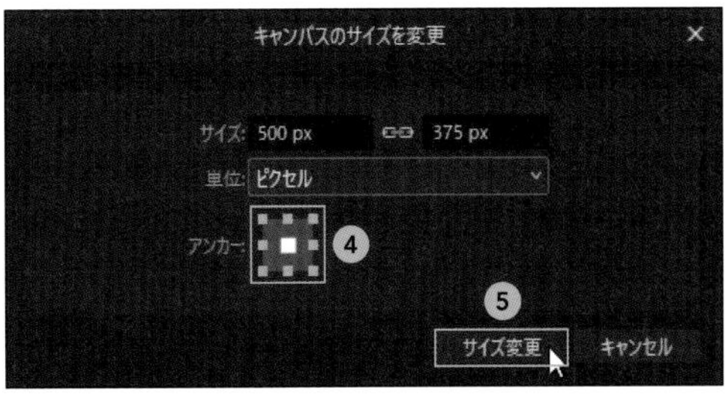

5. キャンバスサイズが変更され、元の画像から指定した大きさに切り出されました❻。

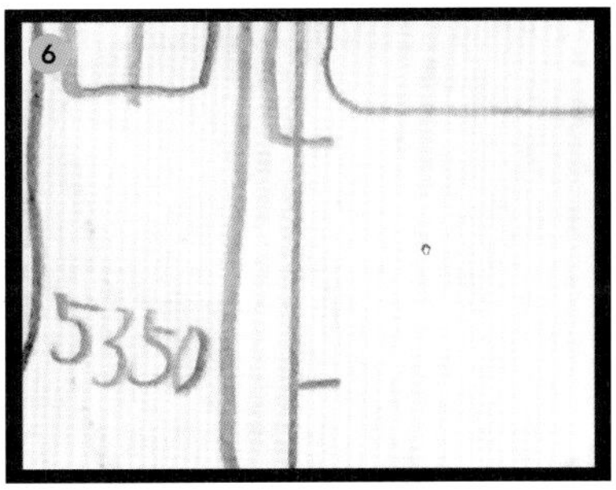

10 ガイドとグリッドを表示する

ガイドを配置する

画像上の指定した位置に**ガイド**（**補助線**）**を表示**できます。この補助線は印刷も、ファイルへの出力もされません。

1 ［表示］メニュー→［ルーラーを表示］をクリックし❶、ルーラーを表示します。

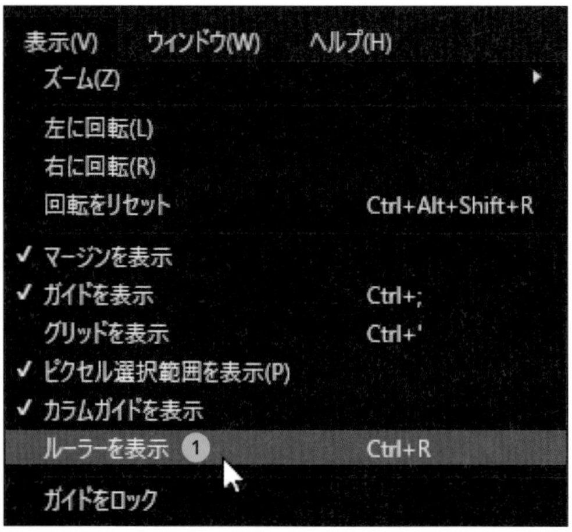

2 ［ツール］パネルの［移動］ツールをクリックします❷。

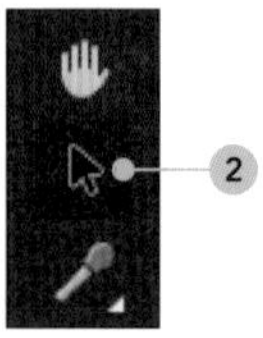

3 水平方向または垂直方向のルーラー上から画像までドラッグすると❸、マウスボタンを放した位置にガイドが作成されます❹。

MEMO

作成したガイドは[移動]ツールで移動できます。また、ガイドを画像領域の外にドラッグすると削除できます。

4 ガイドを数値（ピクセル数）で正確に指定したい場合は、ガイドをダブルクリックし、［ガイド］パネルでガイドの数値を入力します❺。［ガイドを追加］ボタンからガイドの新規作成も可能です❻。

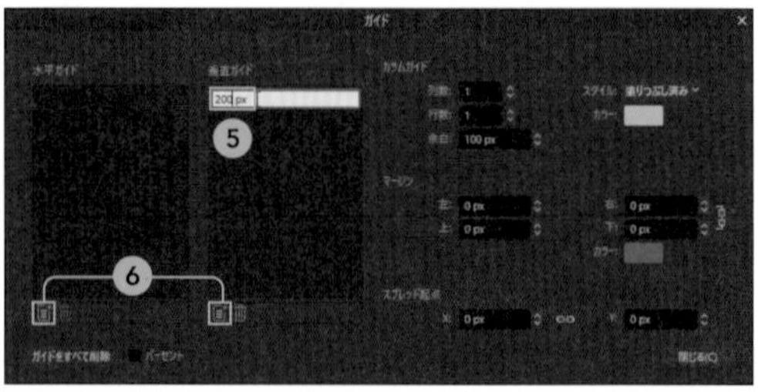

MEMO

画面下部の[パーセント]にチェックを入れるとガイド作成時の単位を%にできます。

グリッドを表示する

画像上に**グリッド**（**方眼**）**を表示**することで、各コンテンツを正確に加工・レイアウトする参考になります。

1. ［表示］メニュー→［グリッドを表示］の順にクリックします❶。

2. グリッドが表示されない場合や、グリッドの設定を行う場合は［表示］メニュー→［グリッドおよび軸］の順にクリックします❷。

3. ［基本］モードをクリックし❸、［間隔］と［区分］を設定します❹。

> **MEMO**
>
> 間隔はグリッド1マスの大きさで、区分は1つのグリッドをいくつに分けるかの設定です。それぞれに異なるカラーを設定することができます。

4. グリッドの色は、［グリッドライン］と［グリッド区分ライン］のカラースウォッチから設定できます❺。右側のスライダーで不透明度の設定も可能です❻。

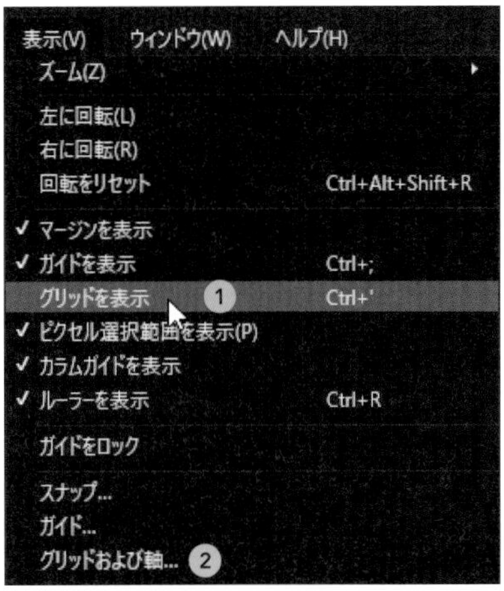

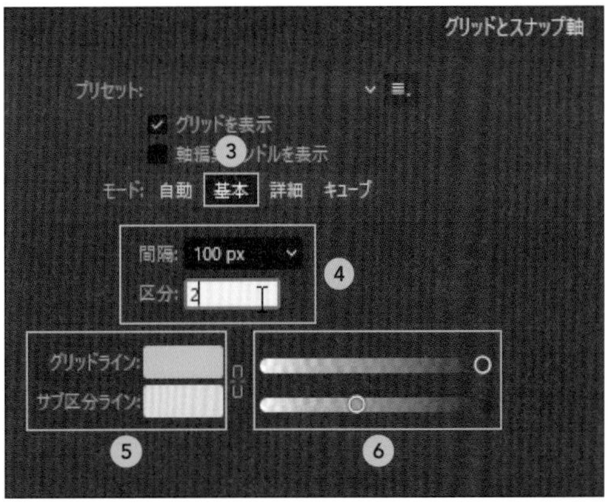

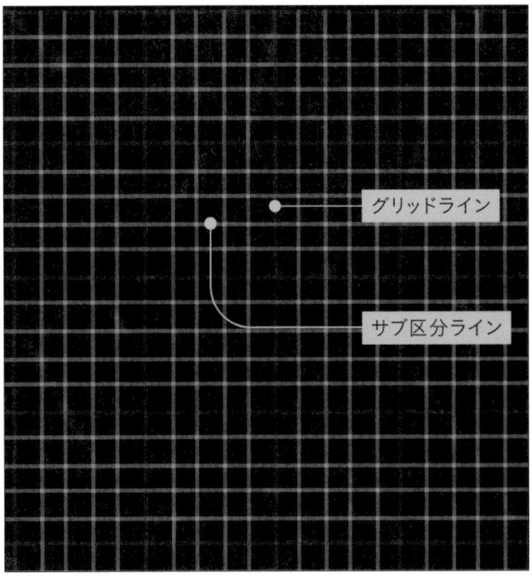

11 ワークスペースを保存する

スタジオとは

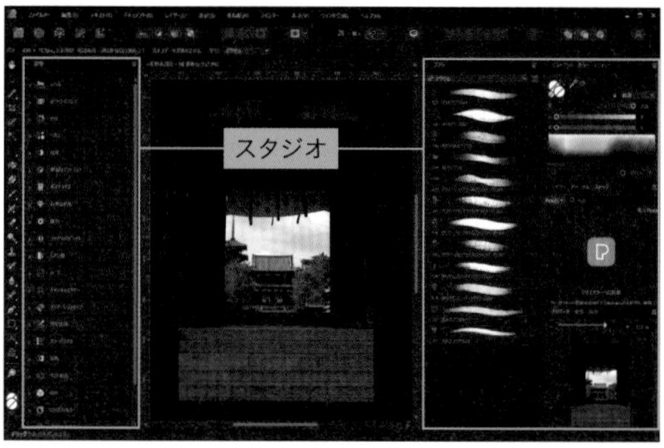

Affinity Photoでは、**パネルを配置できるエリアをスタジオ**といいます。スタジオは**編集領域の左右に存在**し、初期状態では右側のスタジオのみが表示されています。パネルの配置はスタジオ内で自由にカスタマイズできるので、自分の使いやすい配置に変更することが作業効率アップにつながります。

スタジオプリセットの登録と切り替え

パネルの配置をカスタマイズしたら、その状態を登録しておくことができます。

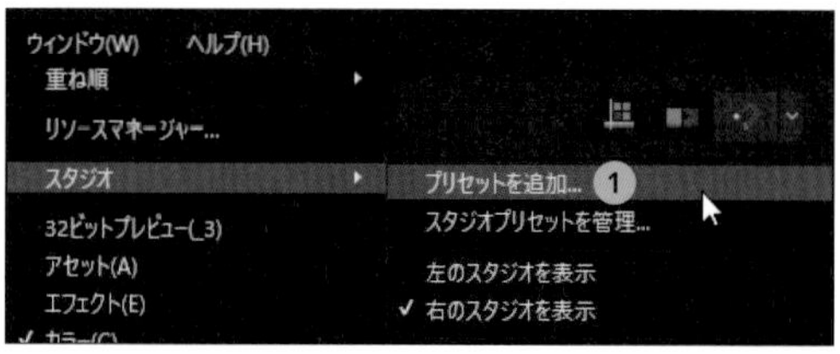

1. P.17の方法でパネルの配置をカスタマイズしたら、［ウィンドウ］メニュー→［スタジオ］→［プリセットを追加］の順にクリックします❶。

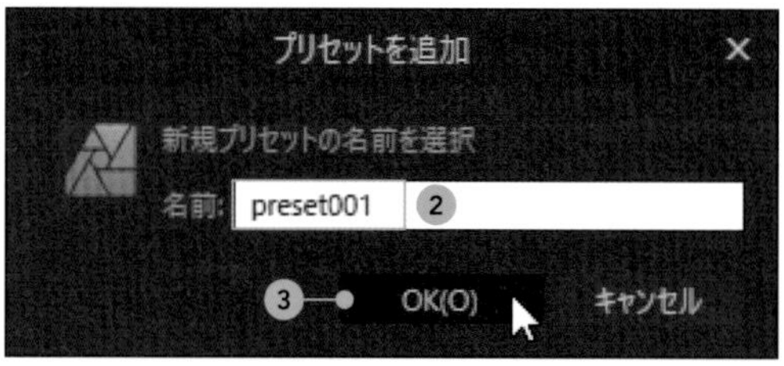

2. プリセットの名前を入力し❷、［OK］ボタンをクリックすると登録されます❸。

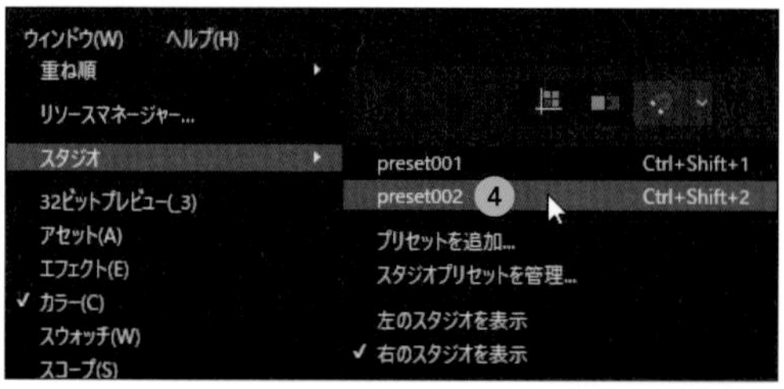

3. 登録したプリセットは［ウィンドウ］メニュー→［スタジオ］の欄に表示されるので、切り替えたいプリセット名をクリックします❹。

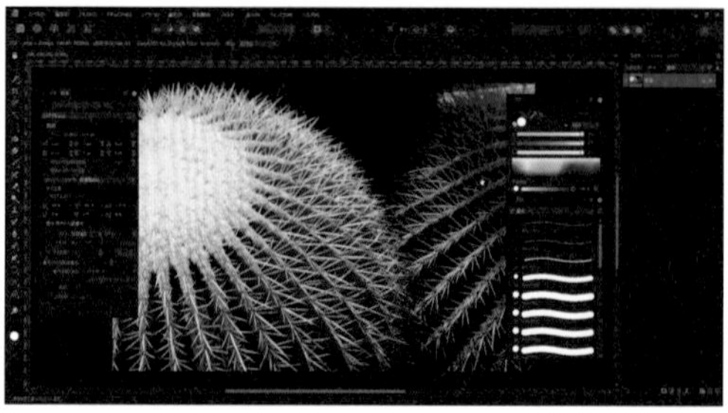

4. 登録したプリセットのパネルレイアウトに変更されました。

スタジオプリセットを管理する

1 [ウィンドウ] メニュー→ [スタジオ] → [スタジオプリセットを管理] の順にクリックします1。

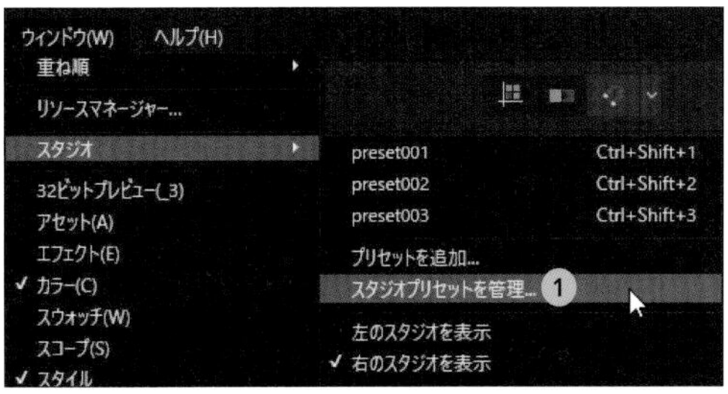

2 表示される画面で、プリセット名の変更（[名前を変更] ボタン2）や、プリセットの削除（[削除] ボタン3）が行えます。

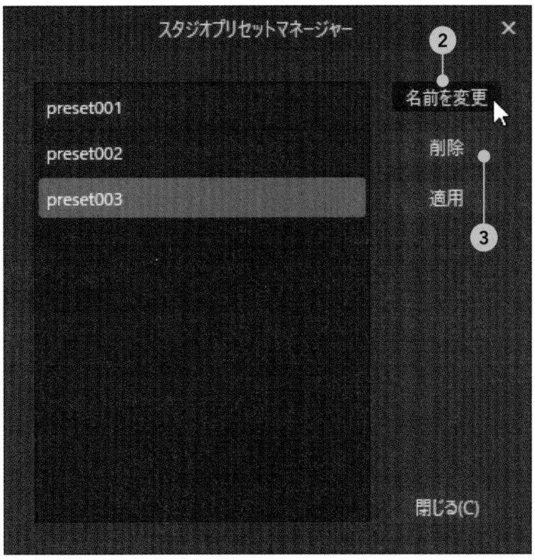

パネル配置をリセットする

1 [ウィンドウ] メニュー→ [スタジオ] → [スタジオをリセット] の順にクリックします1。

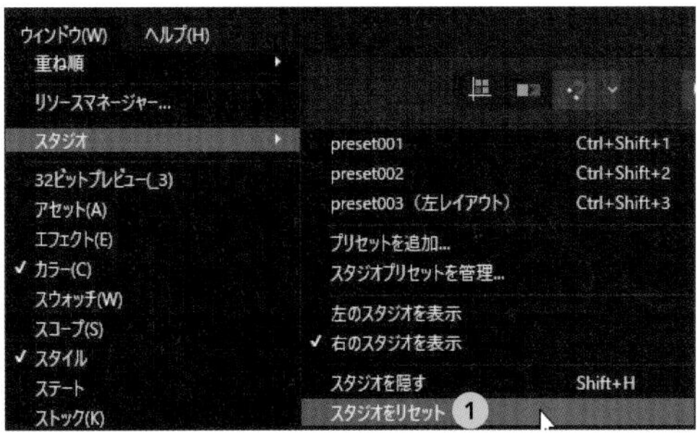

2 パネルの配置が初期状態にリセットされました。

MEMO

Shift（command＋shift）＋Hキーを押すと、スタジオの表示／非表示を切り替えることができます。スタジオを非表示にして編集領域を広げたいときに便利です。

12 ファイルを新規作成する

新規ファイルを作成する

Affinity Photoでは**あらかじめ用意された多くのプリセット**を利用して新規ファイルを作成することができます。

1. ［ファイル］メニュー→［新規］の順にクリックします❶。

2. プルダウンメニューをクリックし❷、目的にあったカテゴリを設定します。

3. カテゴリから目的のサイズをクリックします❸。縦長なのか横長なのかは、プルダウンメニューの右側にある［縦向き］／［横向き］ボタンから切り替えて❹、最後に［作成］ボタンをクリックします❺。

4. 新規ファイルが作成されました❻。

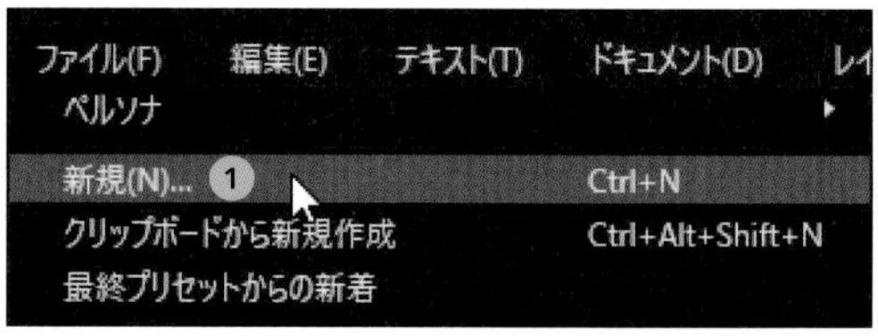

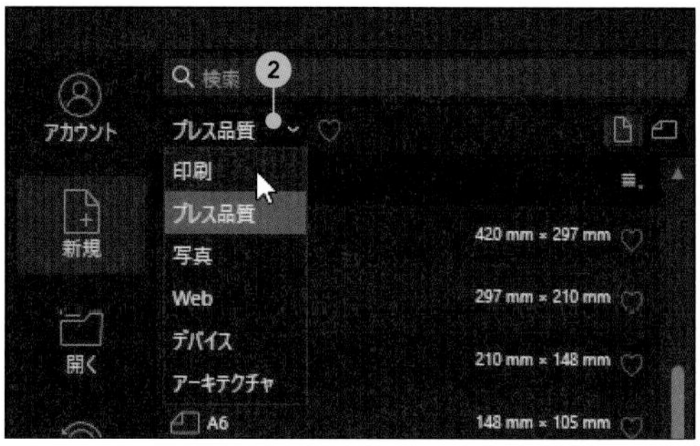

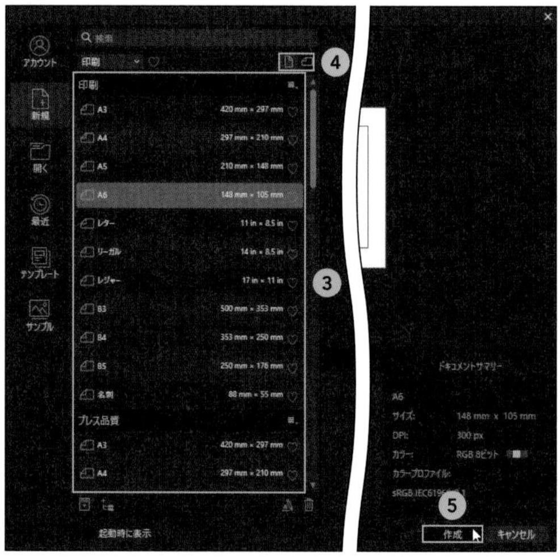

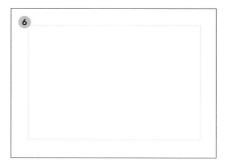

MEMO

サイズを手動で設定したい場合、同画面の［レイアウト］タブで［ページ幅］や［ページ高さ］、［DPI］を設定できます。

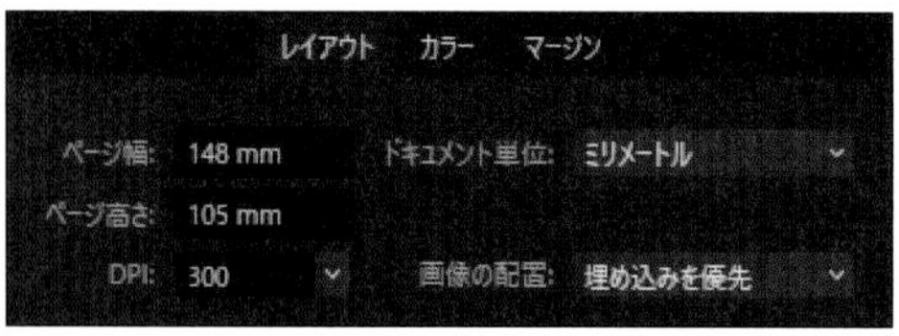

第2章

色調補正と画像修整

第2章
色調補正と画像修整

01 Photoペルソナの基本

Photoペルソナでできること

Affinity Photoでは、行うアクションによってペルソナを切り替えることで作業を効率的に行うことができます。その中でも**Photoペルソナは Affinity Photoの核となるペルソナで、基本的な画像編集ツール類がまとめられています**。その分、Photoペルソナでできることも多岐にわたりますので、本書では**第2章から第7章にかけてPhotoペルソナの使い方を解説**します。各章で扱うトピックは以下のようになります。

色調補正と画像修整 →第2章

主に［調整］パネルを使用した画像編集の方法を解説します。明るさの補正をはじめ、ホワイトバランスや彩度といった色調補正、色の置き換え、トリミング、不要なものを消す方法など、画像をよりよく見せるための基本的な加工法を学びます。

選択範囲の作成 →第3章

選択範囲を作成するために必要なツールや手順について解説します。選択範囲を作成するためのツールは選択対象の特性に合わせてさまざまな方法が用意されています。ツールの特徴を理解して使い分け、**選択範囲をいかにうまく作るかが、画像加工の良し悪しの重要な要素**といえます。

■レイヤーの活用　→第4章

画像を別の画像と合成したり、**元画像に手を加えずに効果を与える方法**について解説します。レイヤーとは"層"のことで、画像の上に別の画像や効果を重ねることでさまざまな表現を得ることが可能になります。

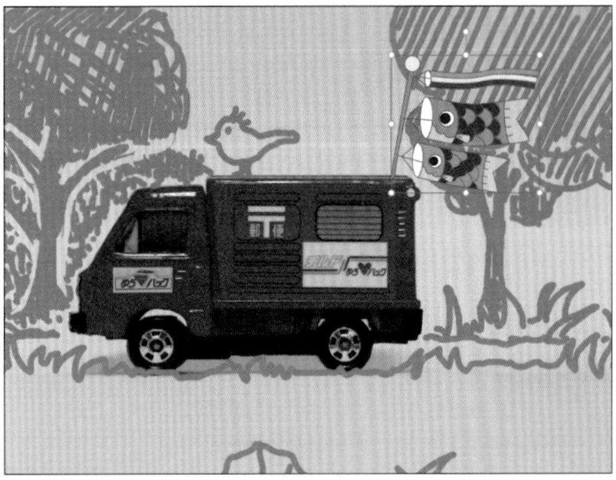

■色とブラシ　→第5章

Affinity Photoでは写真の加工だけでなく、イラストなどをゼロから描くこともできます。色の選択方法やグラデーション、ブラシの種類や特徴について解説します。

■テキストとカーブ、シェイプ　→第6章

テキストの入力方法やスタイルの設定といった文字を扱う方法と、シェイプ図形の扱い方について解説します。シェイプは拡大しても粗くならない図形で、基本形状を自由に変形することも可能です。

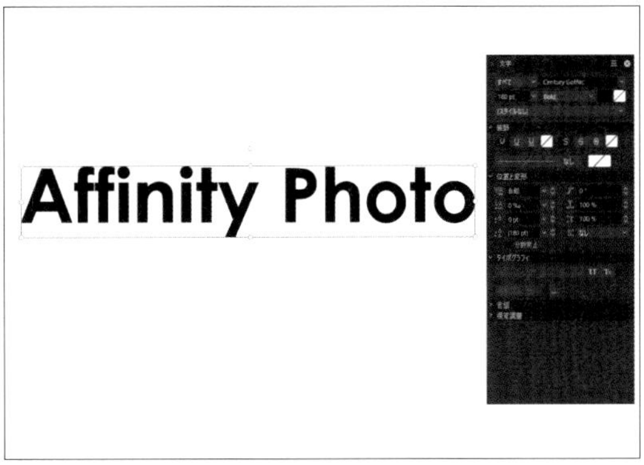

■フィルターの活用　→第7章

フィルターを使用して**画像に効果を与える方法**について解説します。画像をぼかしたり逆にシャープにしたり、また照明効果を与えることで画像のイメージを大きく変化させることができます。

02 画像調整の基本操作

[調整]パネルと調整レイヤー

画像の調整方法にはいくつかありますが、本章で主に扱う**[調整]パネルによる画像調整は、すべて調整レイヤーという形で適用される**のが特徴的です（レイヤーについては第5章で詳しく解説）。

調整レイヤーとは、**調整効果が設定されたレイヤー**で、元々の画像を直接加工することなく各種調整を適用することができます。レイヤーの効果として元画像に影響を与えるので、調整レイヤーを非表示にすることでいつでも元に戻したり、一度加えた調整をあとから修正できることが利点です。

調整レイヤーの作成方法

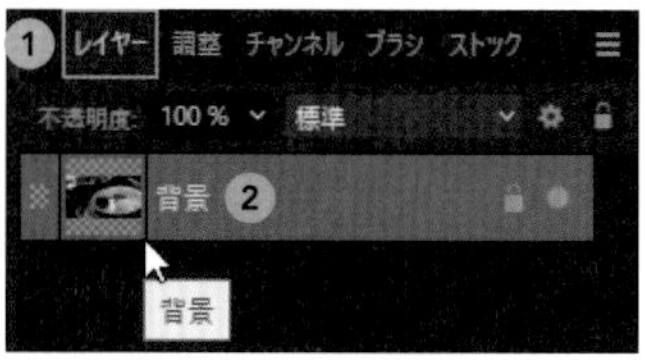

1 ［レイヤー］パネルをクリックし❶、調整を加えたいレイヤーをクリックします❷。

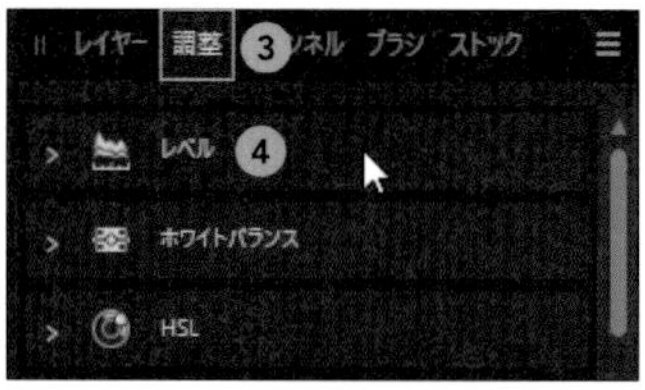

2 ［ウィンドウ］メニュー→［調整］にチェックが入っていなければクリックし、［調整］パネルを表示します❸。調整したい項目（ここでは［レベル］）をクリックします❹。

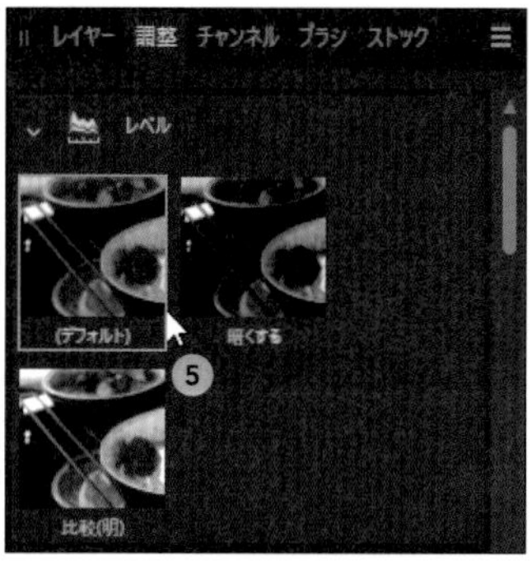

3 項目名の下に［デフォルト］とその他プリセットが表示されます。ゼロから調整を行う場合は［デフォルト］をクリックします❺。

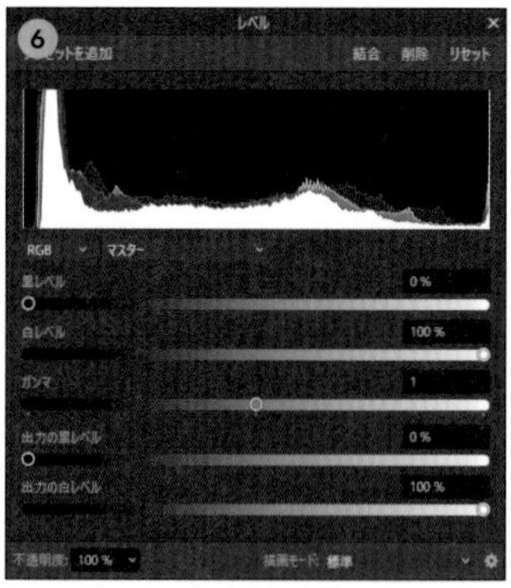

4 設定パネルが表示されるので❻、この画面で効果を調整します。また、［レイヤー］パネルを開くと調整レイヤーが作成されていることを確認できます❼。

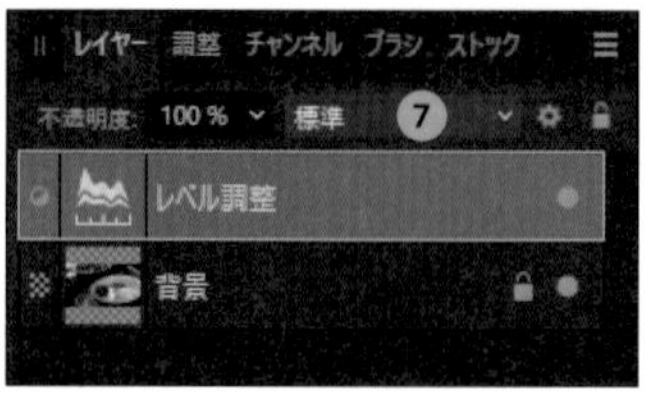

調整効果を再編集する

1 調整効果を再編集する場合は、調整レイヤーのアイコン部分をクリックします❶。すると、設定パネルが表示されます❷。

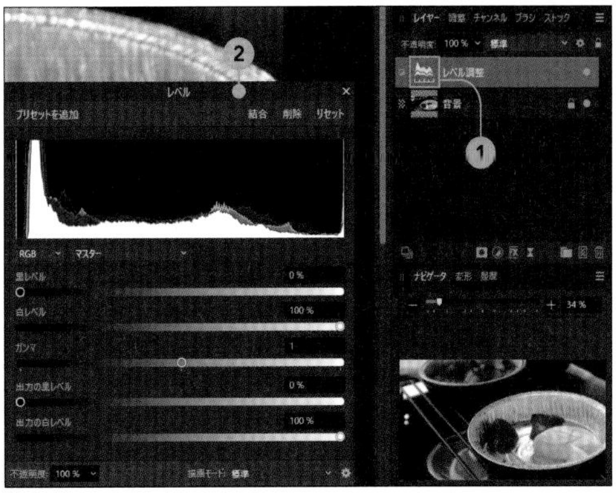

設定パネルに共通するボタン類

設定パネルで操作できる調整効果は選んだ調整項目によって異なりますが、パネルの上下に表示されるボタン類は共通しています。

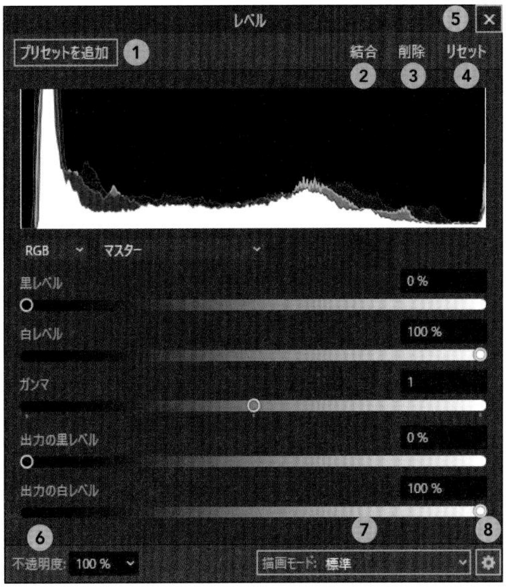

❶プリセットを追加	設定した内容をプリセットとして登録することができます。追加したプリセットは［調整］パネルからワンクリックで実行することができます。
❷結合	作成した調整レイヤーを調整対象のレイヤーと統合します。
❸削除	作成した調整レイヤーを削除します。
❹リセット	作成した調整レイヤーの内容を破棄し、初期設定に戻します。
❺閉じる	設定パネルを閉じます。
❻不透明度	調整レイヤーの不透明度を設定します。値を下げると、調整レイヤーの効果が少なくなります。
❼描画モード	調整レイヤーと背景レイヤーをどのように合成するかを設定します。選択したモードによって調整レイヤーが及ぼす影響が変わります。
❽ブレンド範囲	選択したレイヤーと下位のレイヤーの階調値をどのようにブレンドするかを指定します。

03 ヒストグラムの見方

ヒストグラムの見方

ヒストグラムとは、**画像に含まれるすべてのピクセルの明るさの分布を表したグラフ**です。左側が暗い色、右側が明るい色を表しています。左上の［すべてのチャンネル］から赤チャンネル、緑チャンネル、青チャンネルを切り替えて表示することも可能です。

ヒストグラムで画像の状態を確認する

ヒストグラムは画像の状態を確認するのに役立ちます。例えば、ヒストグラムが振り切れて白飛びや黒つぶれをしている場合、それが意図したものでなければ修正したほうがよいでしょう。画像の状態は編集を進めていくごとに変化していくので、**ヒストグラムをこまめにチェックすることをおすすめします**。

■［ヒストグラム］パネル

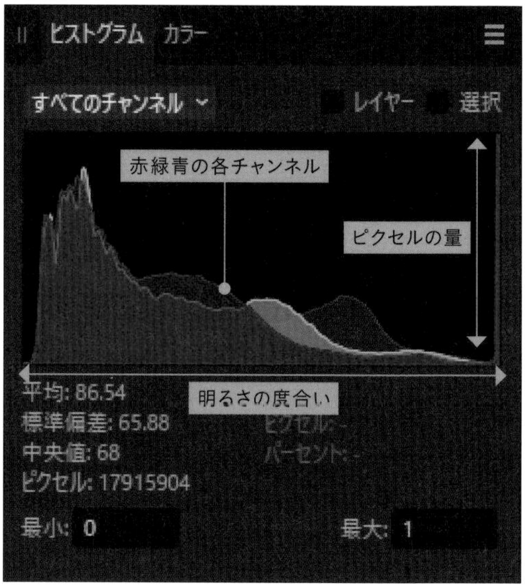

■ コントラストの強い画像

コントラストの強い画像は明暗差があるため、ピクセルが両サイドに多く分布している。

■ 明るい画像

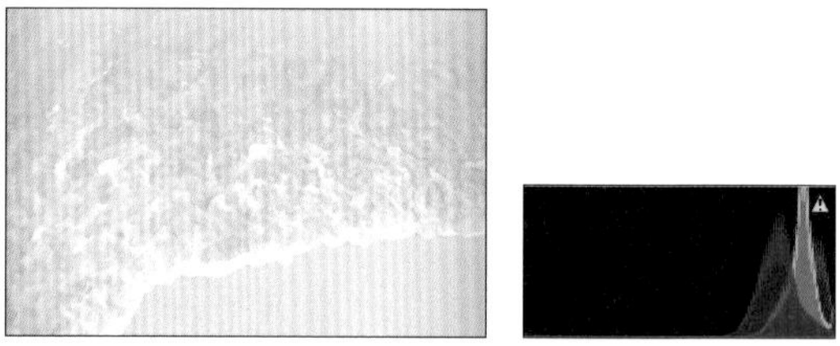

全体的に明るい画像は、ヒストグラムが右側に偏っている。

■ 暗い画像

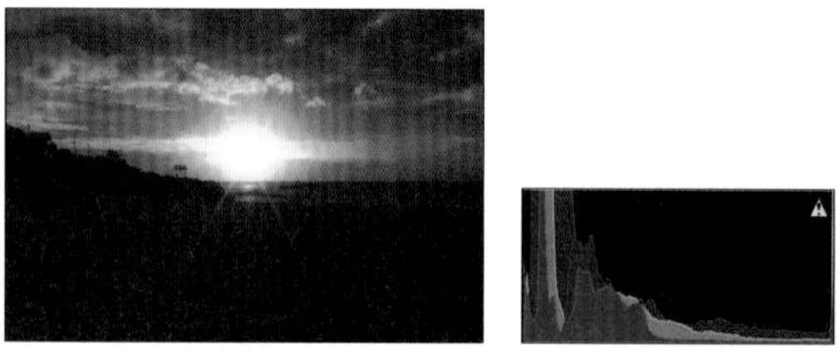

全体的に暗いので、ヒストグラムの左側に分布が集中している。

■ 赤い要素の強い画像

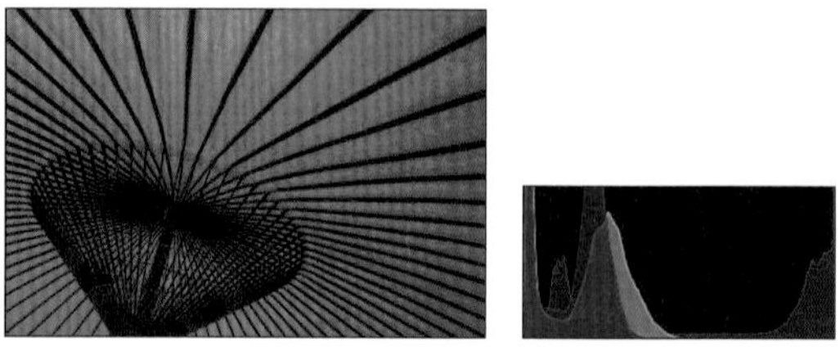

画像内に明るい赤要素が多く含まれているので、ヒストグラムでも赤チャンネルのグラフが右側に多く分布しているのが確認できる。

04 4つの自動補正機能

自動補正機能を使用する

Affinity Photoには、画像の階調、カラー、コントラスト、ホワイトバランスを自動的に調整する機能があります。[フィルター]メニュー→[カラー]から選択するか❶、画面上部のアイコンから操作可能です❷。使用する際は、対象となるレイヤーを選択してから実行する必要があります。

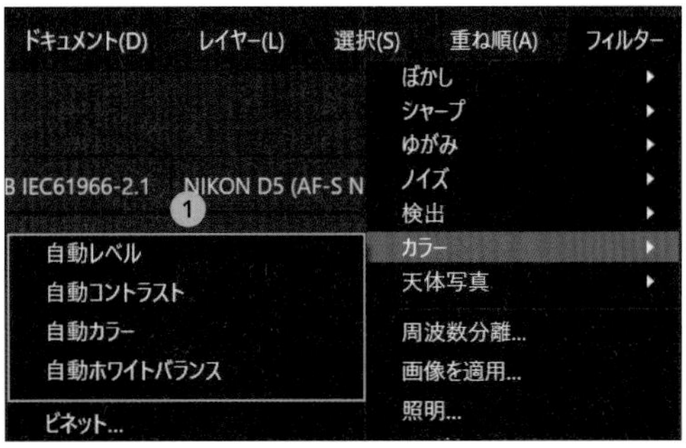

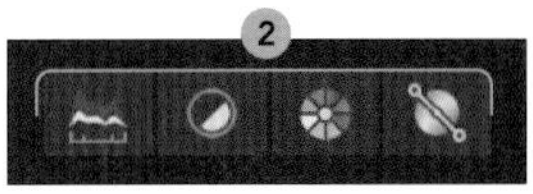

■元画像

■自動レベル

画像を解析し、各チャンネル(→P.96)別に自動的にレベル調整を行います。明暗差に変化が少ない、コントラストの弱い画像に効果的です。

■自動コントラスト

画像の全チャンネルに対して自動的にコントラストの調整を行います。[自動レベル]同様、明暗差に変化が少ない、コントラストの弱い画像に効果的です。

■自動カラー

画像の彩度を少し上げる効果を複数のチャンネルに対して適用します。彩度の低い画像に効果的です。

■自動ホワイトバランス

画像を解析し、画像内に含まれる白い部分を基にホワイトバランスを自動で調整します。色被りした画像で一定の効果が見られます。

05 [レベル]を調整する

レベルを調整する

レベルとは、**画像内のすべてのピクセルの分布を表したグラフ（ヒストグラム）を元に、画像の明るさを調整する機能**です。[黒レベル] と [白レベル] のスライダーで、画像内の明るさの最小値と最大値を設定し、[ガンマ] スライダーで中間調の値を設定します。ヒストグラムがシャドウかハイライトどちらかに偏っている場合はガンマ値を偏った山側に調整することで適切な明るさに補正することができます。

1. [調整] パネル内の [レベル] をクリックし❶、[デフォルト] をクリックします❷。[レベル] パネルが開きます。

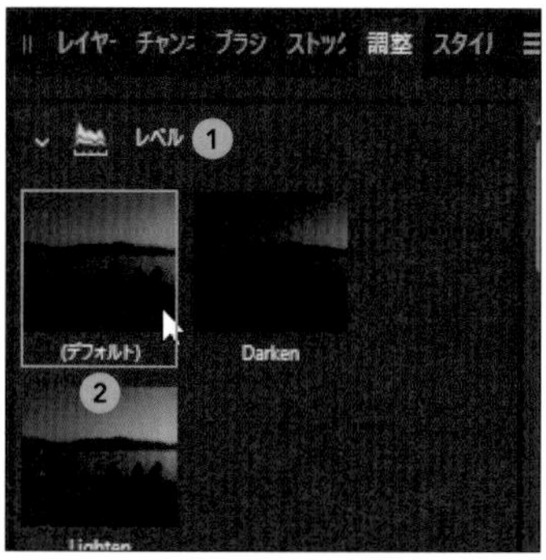

2. ヒストグラムの分布を確認し、[黒レベル]、[白レベル] のスライダーで明るさの最小値と最大値を指定します❸。ここでは白レベルで明るさの最大値を指定しています。

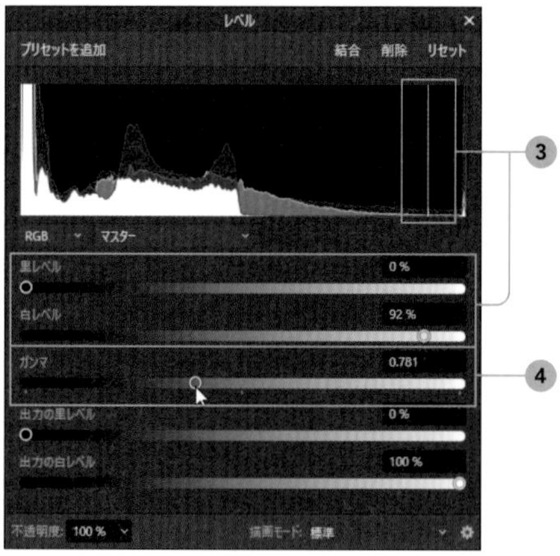

MEMO

黒（白）レベルを調整すると、各スライダーの外側に位置する部分は完全な黒（白）になり、階調が失われます。

3. 画像を確認しながら [ガンマ] スライダーをドラッグし❹、適切な明るさになるように調整します。

MEMO

[出力の黒（白）レベル] の項目では、完全な黒（白）をどの程度の黒（白）として出力するかを指定できます。右にドラッグすると画像は白く（暗く）なります。

06 ［ホワイトバランス］を調整する

ホワイトバランスを調整する

画像はその撮影された環境にある光の影響を受けます。ホワイトバランスとは、撮影時の光源や環境の影響を受けて**色かぶりした画像の色合いを補正する機能**です。例えば、電球色がかぶった料理や、青っぽく映った白い花などの画像に適切なホワイトバランスを設定すれば、本来の色に近づけた忠実な表現になります。反対に、意図的にホワイトバランスを崩す場合にも使えます。

1 ［調整］パネル内の［ホワイトバランス］をクリックし①、［デフォルト］をクリックします②。［ホワイトバランス］パネルが開きます。

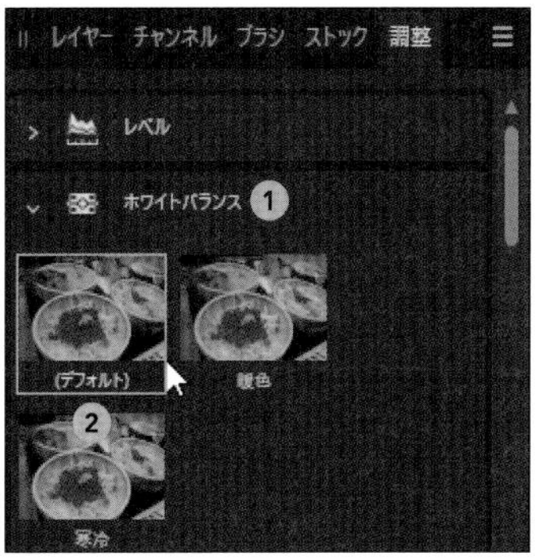

2 ［選択］ボタンをクリックし③、画像内の白、またはグレーの部分をクリックします④。ホワイトバランスが自動で調整されます。

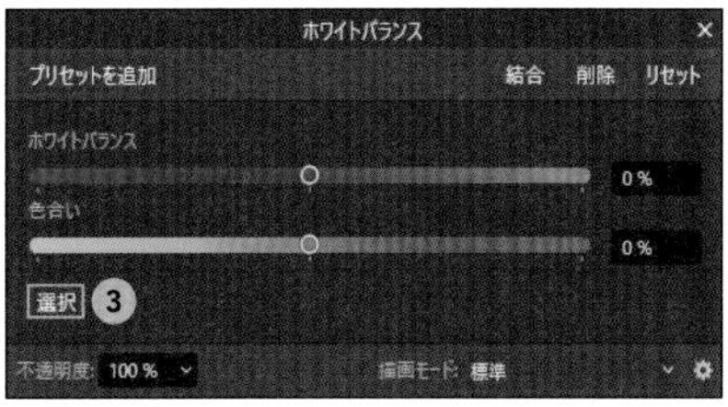

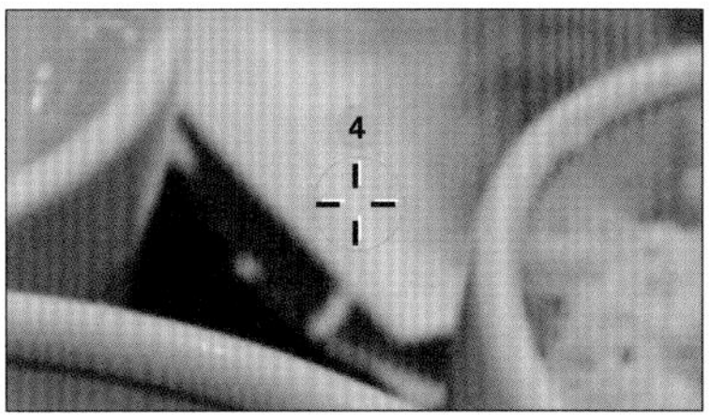

MEMO

手動で調整する場合は、青みがかった画像であればホワイトバランスをオレンジ側に、赤っぽい画像であれば青側に、スライダーをドラッグします。さらに色かぶりを調整するために、色合いスライダーで緑またはマゼンタの色調を追加します。

07 [HSL]を調整する

HSLを調整する

HSLとは、**画像の「色相（Hue）」「彩度（Saturation）」「輝度（Lightness）」を変更し、カラーを調整する機能**です。特定の色を対象として彩度や輝度（明るさ）を調整することができるので、例えば、花の色を別の色に置き換えるといった用途に使えます。

1 [調整]パネル内の[HSL]をクリックし❶、[デフォルト]をクリックします❷。[HSL]パネルが開きます。

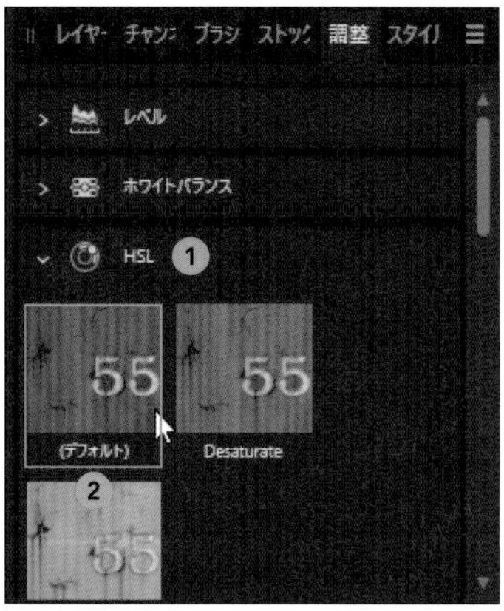

2 調整対象の色を選択します❸。[選択]ボタンをクリックして画像上で色を選択することも可能です。

3 [色相のシフト]、[彩度のシフト]、[輝度のシフト]の各スライダーをドラッグし❹、意図するカラーになるよう調整します。

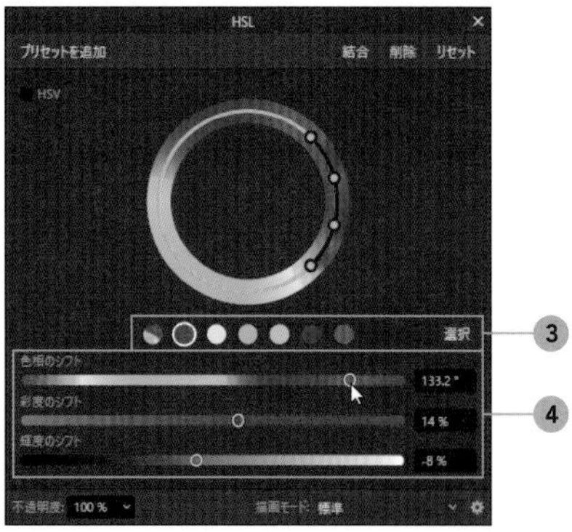

MEMO

[HSV]にチェックを入れると調整のしくみが変わり、[彩度のシフト][輝度のシフト]の効果のかかり方が変わります。

08 ［リカラー］を調整する

リカラーを調整する

リカラーとは、**カラー画像から任意の色調で統一したモノクロ画像を作成できる機能**です。細かい調整はできませんが、単純な白黒写真だけではなく、各スライダーを調整することでセピア調やブルー、ピンクといったトーンで統一したモノクロ画像を作成することができます。

1 ［調整］パネル内の［リカラー］をクリックし❶、［デフォルト］をクリックします❷。［リカラー］パネルが開きます。

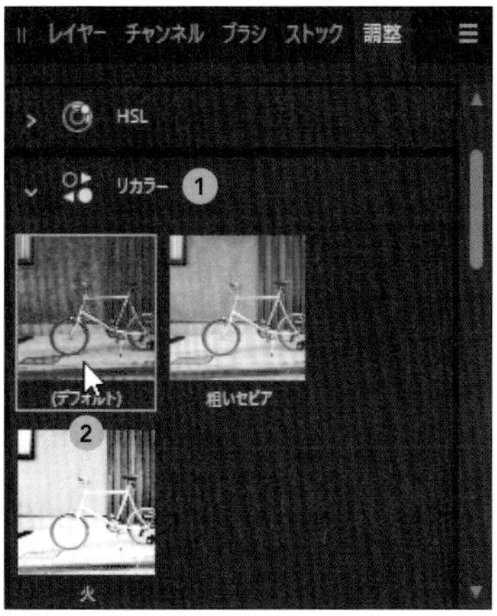

2 ［彩度］スライダーをドラッグし❸、色の濃さを調整します。彩度が「0％」になると、色情報がなくなり、完全なグレートーンになります。

3 ［色相］スライダーと［明るさ］スライダーをドラッグし❹、色の種類と明るさを整えます。

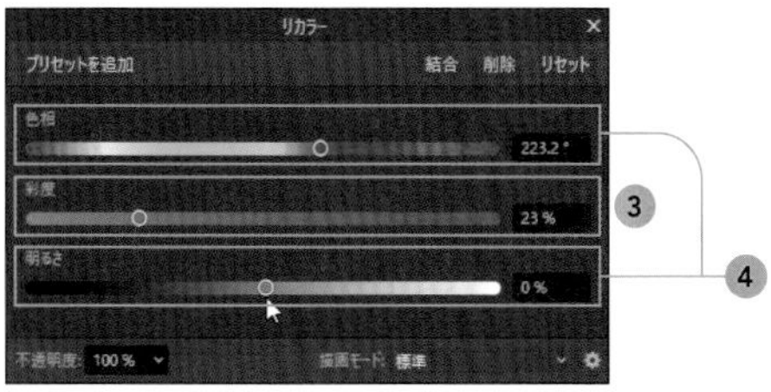

09 ［白黒］を調整する

白黒を調整する

白黒とは、［リカラー］と同様に**カラー画像からモノクロ画像を作成する機能**です。［リカラー］が単純に色の彩度をコントロールしてモノクロ画像を作成するのに対し、［白黒］は**画像に含まれる色の濃さを個別に調整**することで、より精細にモノクロ変換を行うことができます。

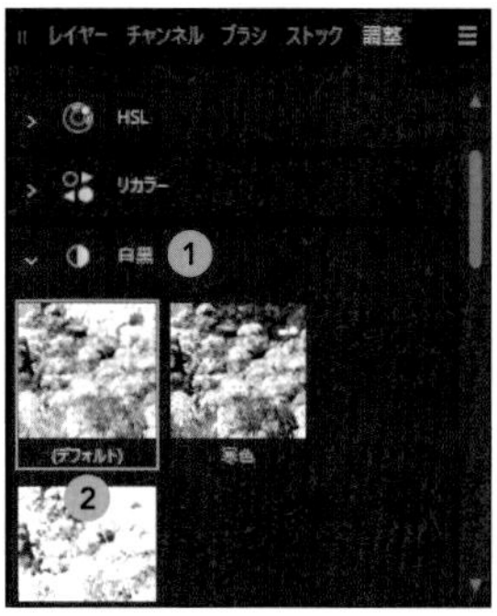

1 ［調整］パネル内の［白黒］をクリックし❶、［デフォルト］をクリックします❷。［白黒］パネルが開きます。

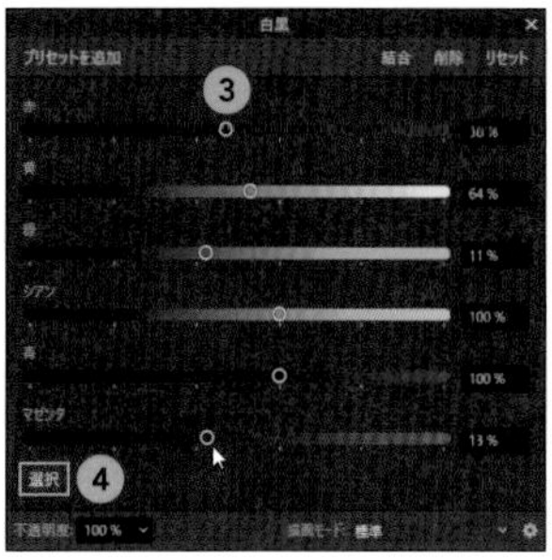

2 意図した表現になるように各色のスライダーをドラッグします❸。

3 ［選択］ボタンをクリックし❹、画像内の特定箇所を左右にドラッグすると❺、指定箇所の色に該当するスライダーを変化させることができます。

10 ［明るさ／コントラスト］を調整する

明るさ／コントラストを調整する

明るさ／コントラストとは、**画像の明るさとコントラストを調整する機能**です。細かな調整はできませんが、シンプルに画像の明るさを補正することができるため、画像補正に慣れていない初心者には使いやすい機能です。

1 ［調整］パネル内の［明るさ／コントラスト］をクリックし❶、［デフォルト］をクリックします❷。［明るさ／コントラスト］パネルが開きます。

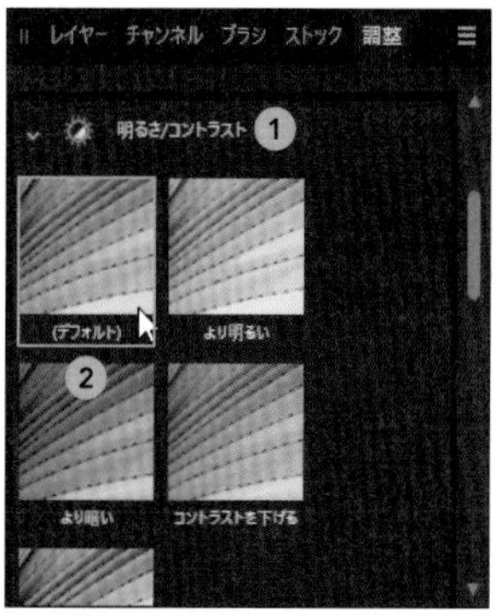

2 ［明るさ］スライダーで明るさを、［コントラスト］スライダーでコントラストをそれぞれドラッグして調整します❸。

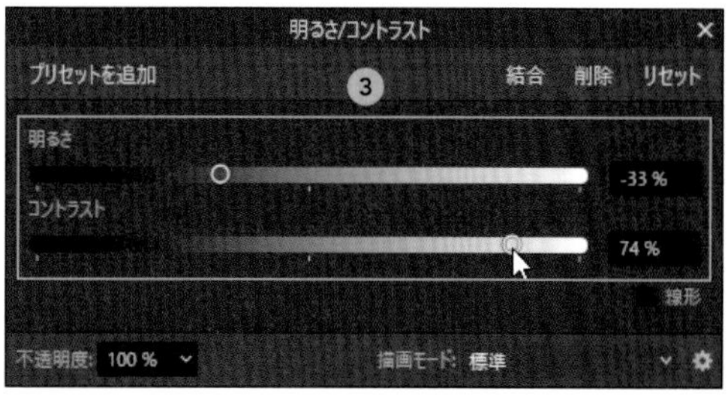

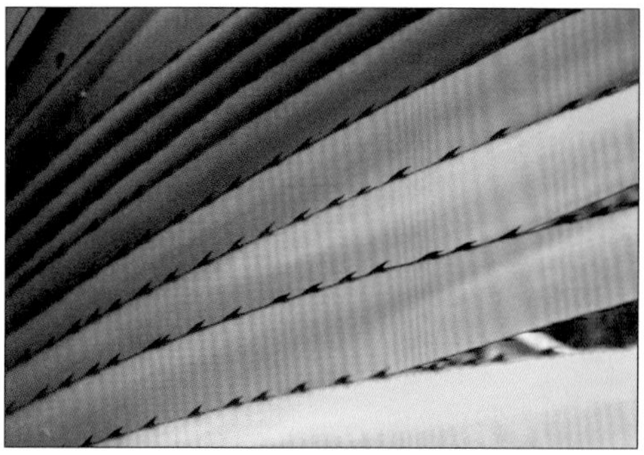

MEMO

［線形］にチェックを入れると、元画像の明るさやコントラストの程度にかかわらず、一定の処理を行うため、白飛びや黒つぶれが起きる場合があります。通常はオフにしておきましょう。

11 ［ポスタライズ］を調整する

ポスタライズを調整する

ポスタライズとは、画像に含まれる**各チャンネルの階調を指定した数に減らす機能**です。ポスタライズレベルを下げることで色数が少なくなるため、イラスト風の表現を作成する際に用いられます。

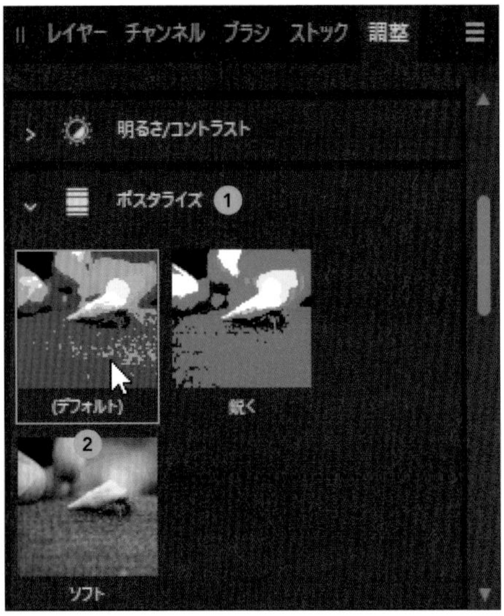

1. ［調整］パネル内の［ポスタライズ］をクリックし①、［デフォルト］をクリックします②。［ポスタライズ］パネルが開きます。

2. ［ポスタライズレベル］スライダーをドラッグし③、階調の数を指定します。ポスタライズレベルは2～256の間で調整が可能で、256はポスタライズ適用前の画像と変化ありません。

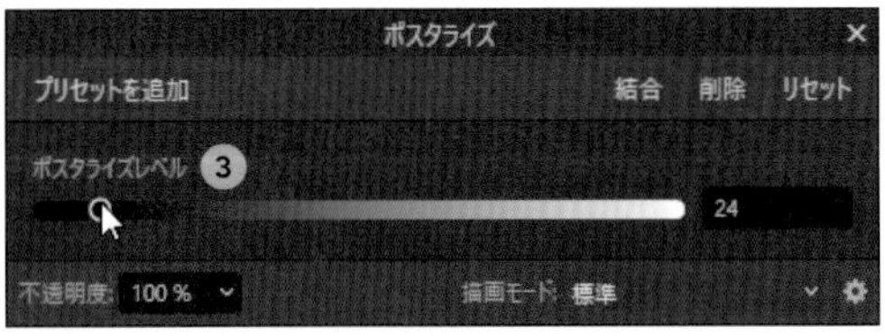

→

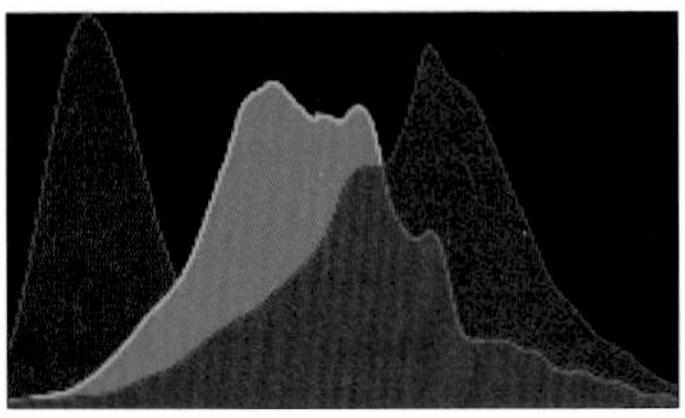

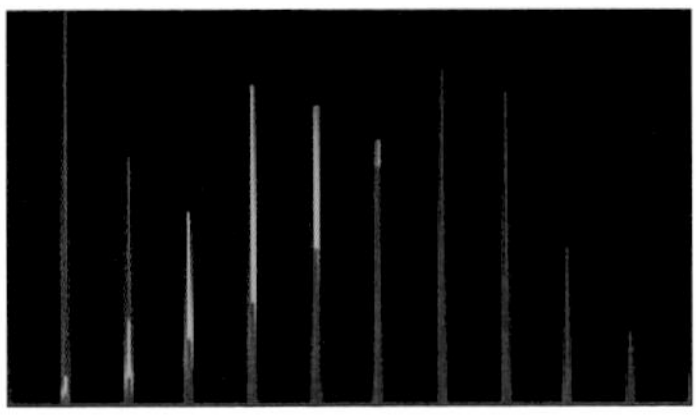

12 ［自然な彩度］を調整する

自然な彩度を調整する

自然な彩度とは、**画像の彩度**（**色の濃さ・鮮やかさ**）**を調整するための機能**です。［自然な彩度］と［彩度］の2つのスライダーがあり、［自然な彩度］スライダーでは画像内の彩度が低いカラーの彩度がより高く補正されます。これにより、彩度が過度に高くなるのを抑えた調整が可能です。
彩度を適切に調整することで、色が強調され、健康的な肌のトーンを表現したり、空や海の青さを強調したりすることができます。

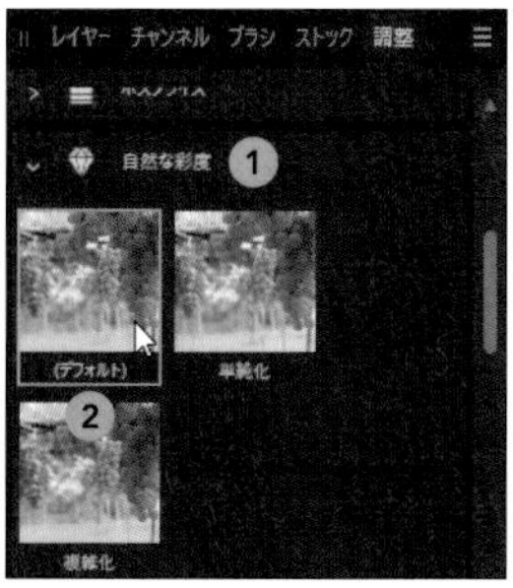

1 ［調整］パネル内の［自然な彩度］をクリックし❶、［デフォルト］をクリックします❷。［自然な彩度］パネルが開きます。

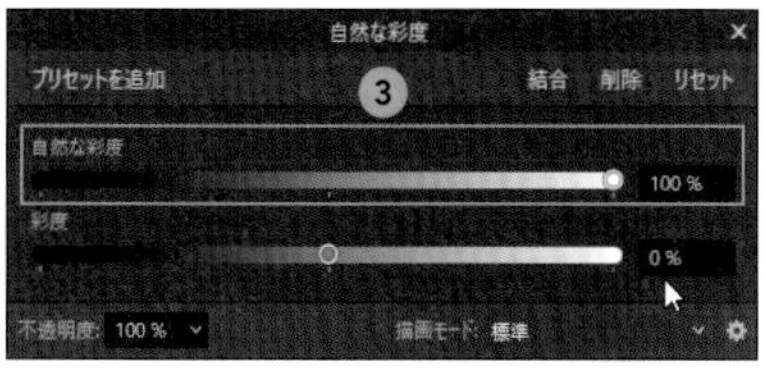

2 ［自然な彩度］スライダーをドラッグし❸、自然な彩度を調整します。値を100％にしても彩度が過度に引き上げられることはありません❹。

自然な彩度：100％／彩度：0％

3 ［彩度］スライダーを調整すると、［自然な彩度］よりも強く彩度が変化します❺。

自然な彩度：0％／彩度：100％

> **MEMO**
>
> ［彩度］は画像全体に対して均等に彩度を調整します。そのため、もともと彩度が高い部分の彩度が過度に高くなってしまいます。

13 ［露出］を調整する

▷▷ 露出を調整する

露出とは、一般的にはカメラのイメージセンサーに取り込む光の総量を指しますが、Affinity Photo では、**画像の全体的な明るさを調整する機能**のことを指します。暗い箇所（シャドウ）も明るい箇所（ハイライト）も同じ分だけ明るさが変化するため、白飛びや黒つぶれに注意しながら使用します。

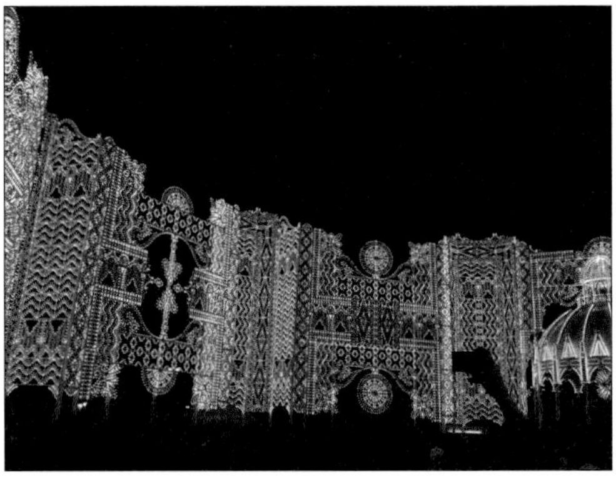

1 ［調整］パネル内の［露出］をクリックし❶、［デフォルト］をクリックします❷。［露出］パネルが開きます。

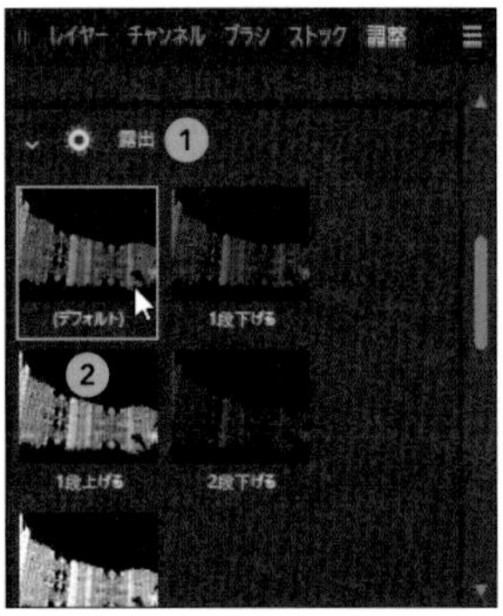

2 ［露出］スライダーをドラッグします❸。スライダーを右側にドラッグすると明るくなり、左側にドラッグすると暗くなります。

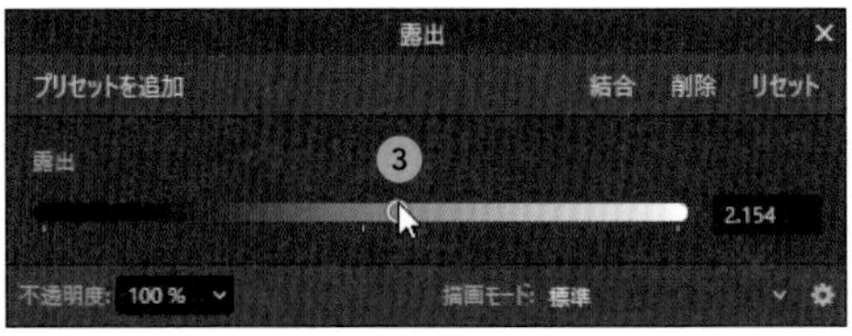

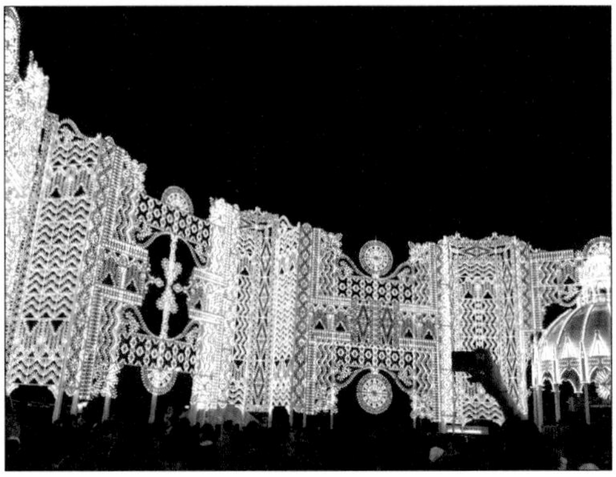

14 ［シャドウ／ハイライト］を調整する

シャドウ／ハイライトを調整する

画像内の**暗い部分**（**シャドウ**）**または明るい部分**（**ハイライト**）**に対してのみ、調整を行うことができる機能**です。調整の影響範囲が限定的なため、大きくイメージを損なわずに調整できます。逆光により暗くつぶれてしまった被写体を明るくしたり、白く飛んでしまった背景のディティールを表現する際に使用します。

1. ［調整］パネル内の［シャドウ／ハイライト］をクリックし①、［デフォルト］をクリックします②。［シャドウ／ハイライト］パネルが開きます。

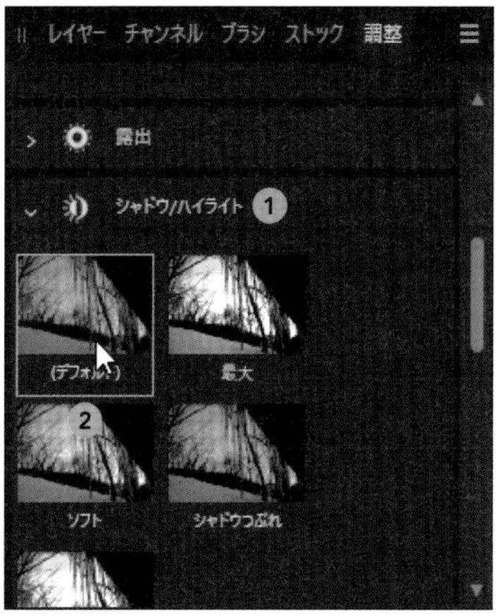

2. ［シャドウ］スライダー③と［ハイライト］スライダー④をドラッグして調整します。スライダーを左側にドラッグするとより暗くなり、右側にドラッグすると明るくなります。

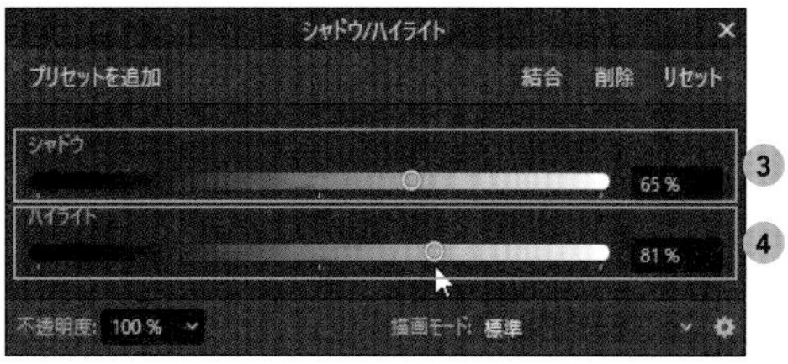

15 ［しきい値］を調整する

2階調化する

しきい値を指定すると、**指定された値を境に、白と黒の2階調に変換**されます。指定されたしきい値よりも明るいピクセルは白、暗いピクセルは黒になります。2階調に変換された画像はイラスト風に加工したり、ほかのレイヤーと組み合わせることで表現の幅を広げることができます。

1 ［調整］パネル内の［しきい値］をクリックし❶、［デフォルト］をクリックします❷。［しきい値］パネルが開きます。

2 ［しきい値］スライダーをドラッグし❸、画像内のピクセルの明るさ分布のうち、どの部分を分岐点にするかを決定します。スライダーを左側にドラッグすると白いピクセルが増加し、右側にドラッグすると黒いピクセルが増加します。

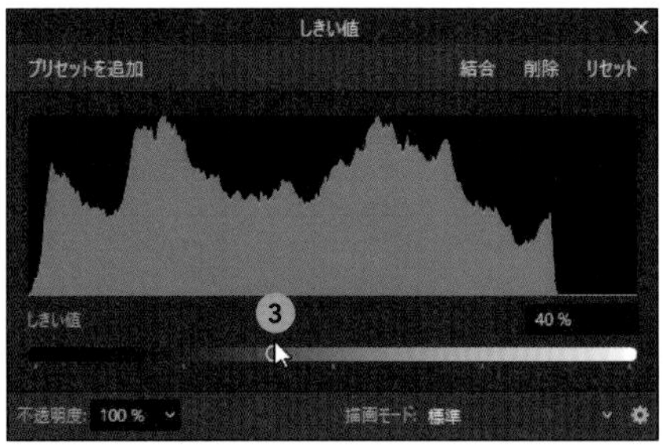

16 ［カーブ］を調整する

カーブを調整する

カーブとは、カーブの形状を変化させることで**画像の明るさやコントラスト、カラーバランスを整えることができる機能**です。同様の機能を持つほかの調整機能よりも精細な調整が可能です。
［カーブ］パネル中央に表示される白線が「カーブ」です。このカーブをクリックしてノードを追加し、それをドラッグして形状を変化させることによって画像の明るさを変化させます。

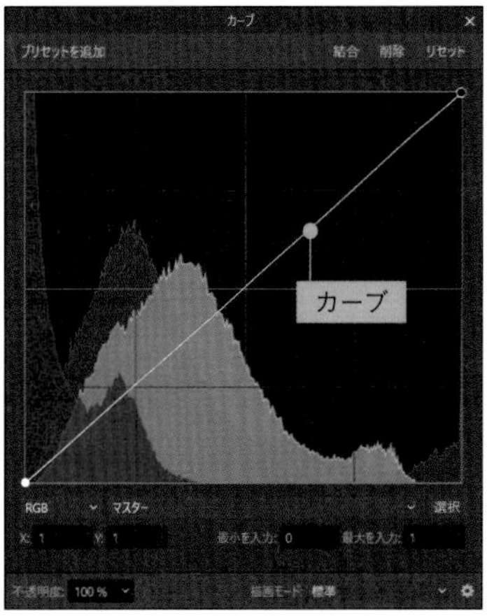

1 ［調整］パネル内の［カーブ］をクリックし❶、［デフォルト］をクリックします❷。［カーブ］パネルが開きます。

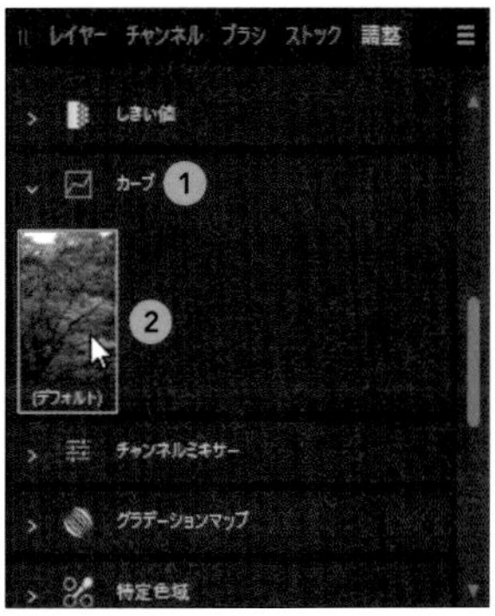

2 カーブの中間あたりをクリックして上方向にドラッグすると❸、画像が全体的に明るくなります❹。

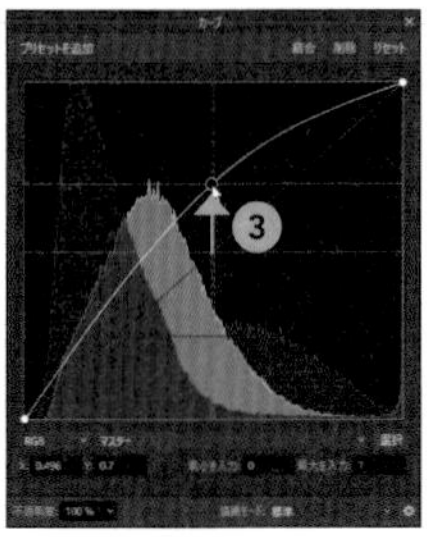

MEMO

間違ってノードを追加した場合は、削除したいノードを右クリックすると削除されます。Macでは、削除したいノードをクリックして選択後、Deleteキーを押して削除します。

3 カーブの中間あたりをクリックして下方向にドラッグすると❺、画像が全体的に暗くなります❻。

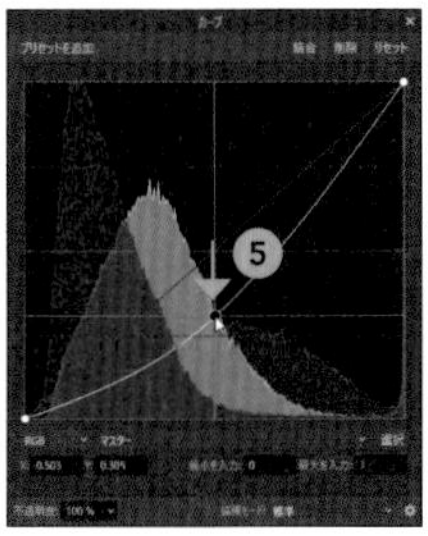

4 カーブを3分割するようにノードを追加し、緩やかな「**S字**」を描くようにすると❼、画像のコントラストが高くなります❽。

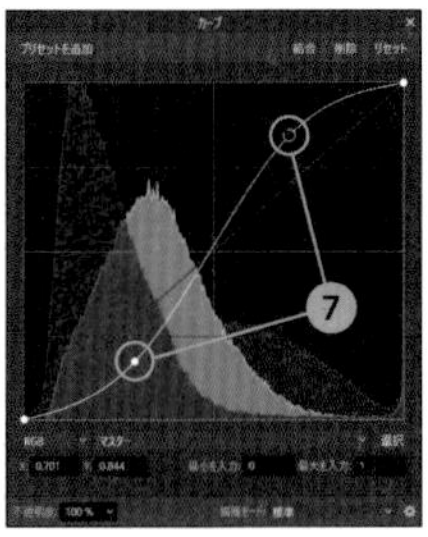

5 カーブを3分割するようにノードを追加し、緩やかな「**逆S字**」を描くようにすると❾、画像のコントラストが低くなります❿。

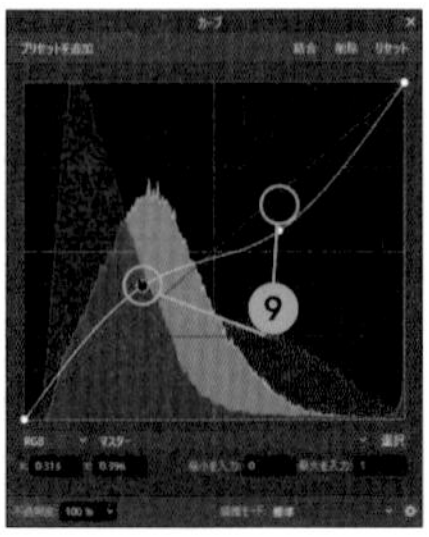

チャンネルごとに調整する

特定の環境下で撮影された画像は、環境光の影響を受けていわゆる色かぶりを起こしてしまうことがあります。そのような場合には、**色の要素ごとにカーブを調整**することで、適切なカラーバランスの画像に補正することができます。

1 作例は照明の影響で赤く色かぶりしています。P.53を参考にカーブを適用し、パネル下部のカラーリストをクリックして［赤］を選択します①。

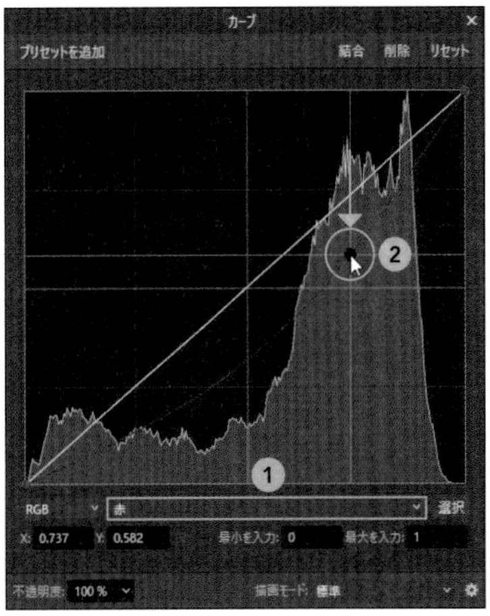

2 赤のカーブを下方向にドラッグし②、赤の要素を弱めます。

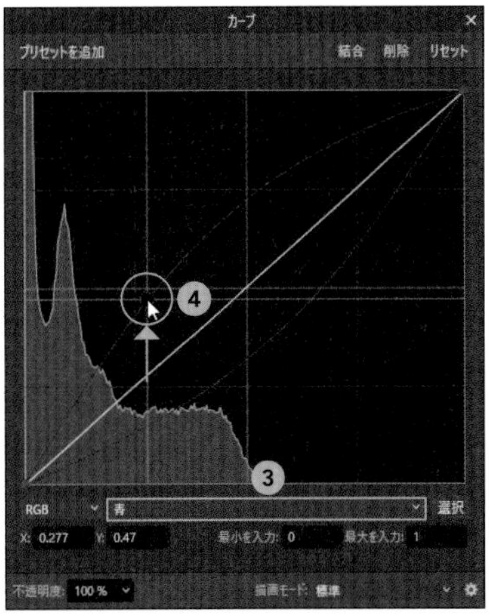

3 同様にカラーリストから［青］を選択し③、上方向にドラッグして④、青の要素を強めます。

MEMO

このようにカーブは、カラーリストで選べる項目（マスター／赤／緑／青）ごとに編集を加えることができます。

第2章
色調補正と画像修整

17 ［グラデーションマップ］を調整する

グラデーションマップを調整する

グラデーションマップとは、**画像の明るさに応じて、指定したグラデーションで再配色する機能**です。風景写真をノスタルジックな雰囲気にしたり、モノクロのイラストに着色する際などに使われます。

1 ［調整］パネル内の［グラデーションマップ］をクリックし❶、［デフォルト］をクリックします❷。［グラデーションマップ］パネルが開きます。

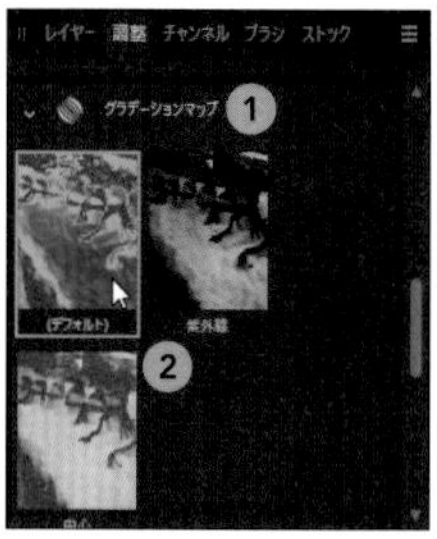

2 グラデーションパスの右端が画像の明るい部分、左端が暗い部分に対応しています。グラデーションパス右端の**カラーストップ**をクリックし❸、［カラー］をクリックします❹。任意の色を設定します❺。ほかのカラーストップも同様に色を設定します。

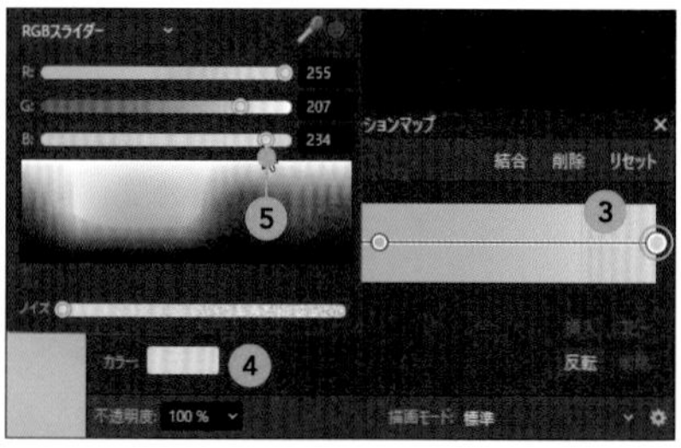

MEMO

グラデーションパス上をクリックするとカラーストップが追加されます。また、不要なカラーストップは下方向にドラッグすると削除されます。Macでは、カラーストップを選択後、［挿入］または［コピー］をクリックして追加し、［削除］をクリックして削除します。

3 端点以外のカラーストップをドラッグすると❻、位置を変更することができます。

MEMO

［レイヤー］パネルでグラデーションマップの調整レイヤーを選択し、描画モードや不透明度を変更することで、画像に効果をなじませることができます。

18 [特定色域]を調整する

特定色域を調整する

特定色域は、画像内の**特定の色に対して繊細な調整を行う**際に使用します。特定の色にのみ影響するので、夕焼けの風景から赤や黄色の要素を弱くして青空のように見せたり、花の色を違和感なく白く見せるような加工ができます。

1 [調整]パネル内の[特定色域]をクリックし①、[デフォルト]をクリックします②。[特定色域]パネルが開きます。

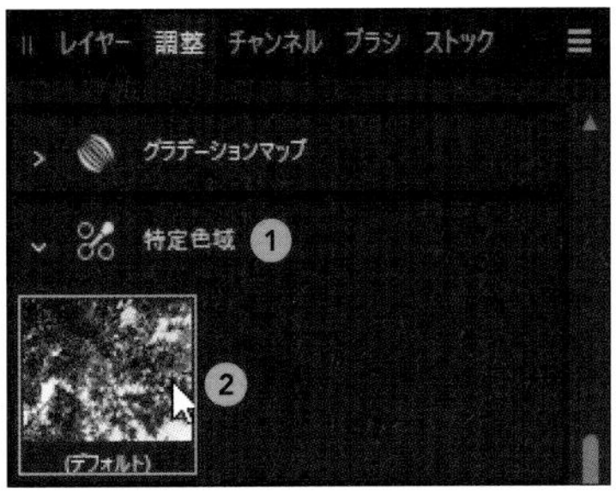

2 [カラー]ポップアップメニューをクリックし③、調整対象とする色を選択します。

[カラー]の選択項目:赤、黄、緑、シアン、青、マゼンタ、白、中間色、黒

3 選択したカラーの色調を、各スライダーをドラッグして変更します④。調整効果は選択したカラーごとに保持されるので、このあと、別の[カラー]に切り替えて調整を続けることもできます。

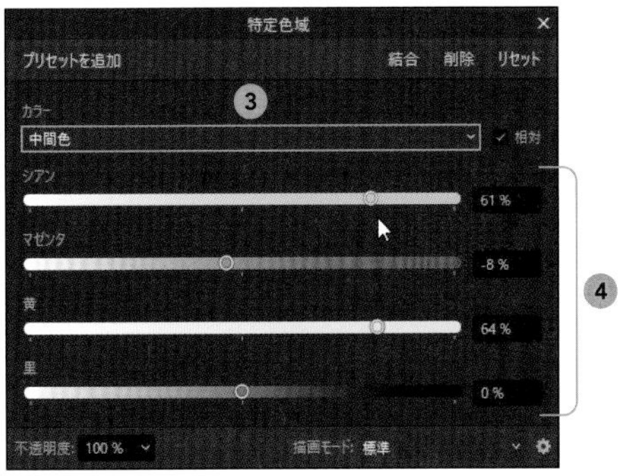

MEMO

[相対]にチェックが入っている場合、画像内のもともとの色の値に各スライダーで指定した値を掛け合わせて色が変化するので、より自然な感じになります。基本はチェックをつけておきましょう。

19 [カラーバランス]を調整する

カラーバランスを調整する

シャドウ／中間調／ハイライトの3つの階調の範囲に対して、用意されたカラースライダーごとにバランスを整える機能がカラーバランスです。光源による色かぶりを補正したり、意図的にバランスを崩すことで古い写真のように演出することもできます。

1 [調整] パネル内の [カラーバランス] をクリックし❶、[デフォルト] をクリックします❷。[カラーバランス] パネルが開きます。

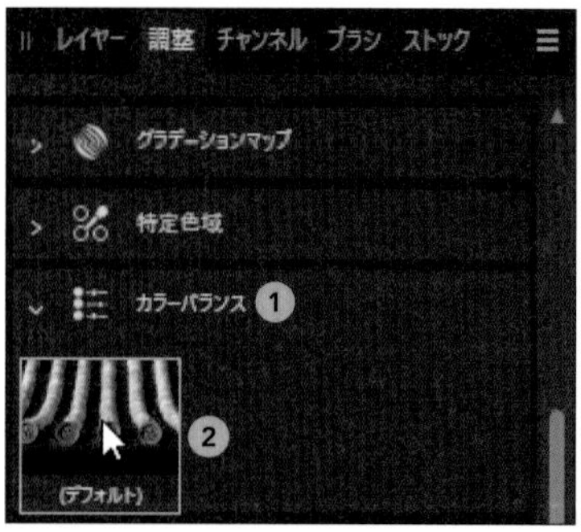

2 [階調範囲] をクリックし❸、補正の対象とする階調を選択します。

[階調範囲]の選択項目:シャドウ、中間調、ハイライト

画像の中の比較的暗い部分はシャドウ、明るい部分はハイライト、中間の部分は中間調を指定します。

3 強調したい色味の方向にスライダーをドラッグします❹。例えば画像の青っぽさを打ち消すのであれば、[シアン／赤] スライダーを赤側にドラッグし、[黄／青] スライダーを黄側にドラッグします。

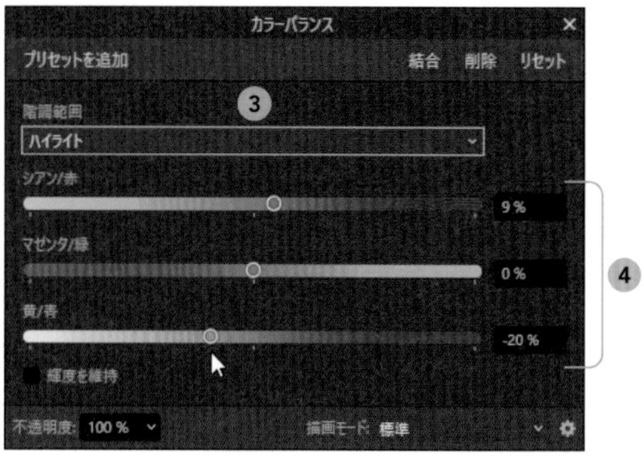

MEMO

[輝度を維持]チェックボックスは、カラーバランスを調整する際に画像の明るさが変わってしまわないようにするためのものです。通常はチェックを入れることをおすすめします。

20 ［反転］する

色の階調を反転する

ここでいう反転とは、画像の色の階調を反転させる機能です。一般的な8ビットの画像は0～255までの256階調があり、反転すると、「0」の値が「255」に、「10」の値が「245」になります。ネガフィルムをスキャン後に反転させてポジにしたり、マスクを作成する際に使用します。

1 ［調整］パネル内の［反転］をクリックし❶、［デフォルト］をクリックします❷。

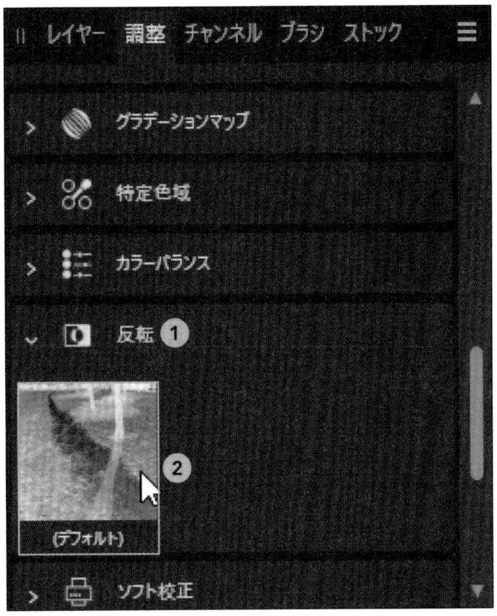

2 画像の階調が反転されました。反転には専用の設定パネルはありません。

21 ［ソフト校正］を利用する

ソフト校正を利用する

画像を特定のプリンタやモニタに出力する場合に、**画面上でシミュレーションする機能**です。再現できない階調の部分はグレー表示になることで警告します。調整レイヤーとして動作するので、実際に出力する際には忘れずに非表示にするか削除しましょう。

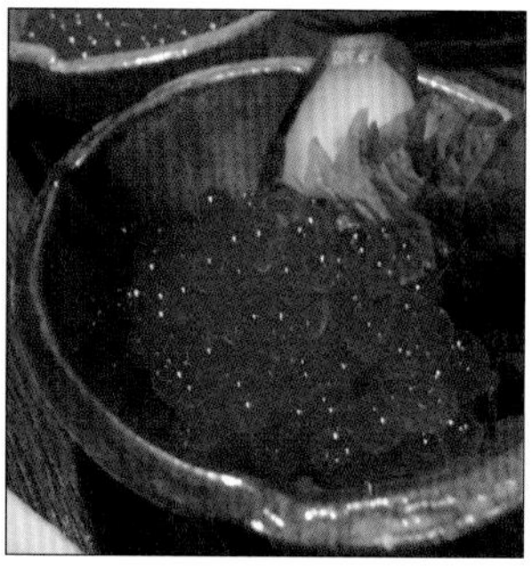

1. ［調整］パネル内の［ソフト校正］をクリックし①、［デフォルト］をクリックします②。

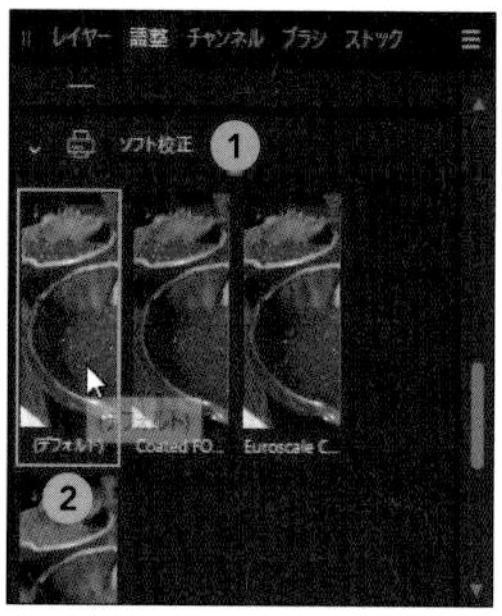

2. ［校正プロファイル］の中から使用するカラープロファイルをクリックします③。

3. ［レンダリングインテント］プルダウンメニューをクリックし④、校正する際にどういう基準での校正を行うかを指定します。通常は「知覚」もしくは「相対的な色彩を保持」を使います。

4. ［色域チェック］をクリックし⑤、チェックを入れた状態にします。オンになっていると、等価なCMYKカラーがないRGBカラーはグレーで表示されます。グレーで表示された箇所は、元画像に色調補正を加えることで調整できます。

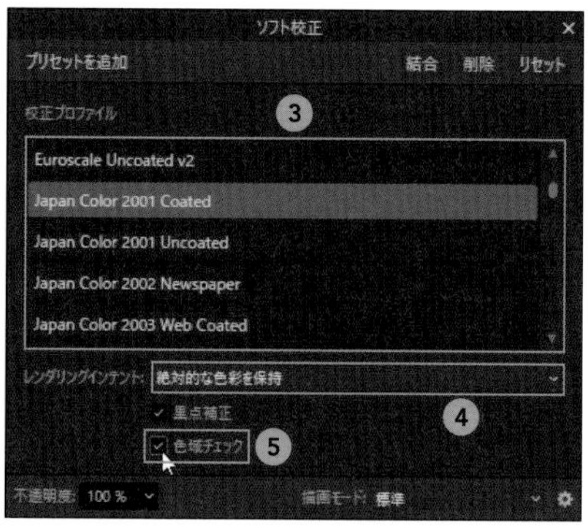

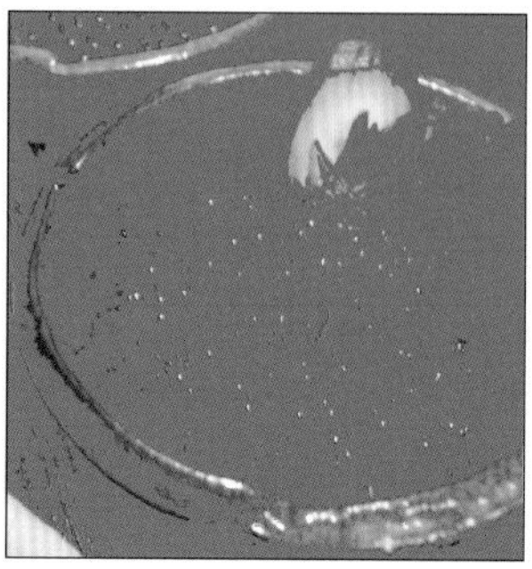

MEMO

［黒点補正］は初期状態ではオンの状態になっています。オフにすると、シャドウ部分の階調がつぶれてしまう場合があるため、特に理由がなければチェックは入れておきましょう。

22 ［LUT］を利用する

LUTを利用する

LUTは、**さまざまな入力値に対して対応する値をプリセットとしてまとめたものを参照することで、効率的に処理を行うことができる機能**です。Affinity Photoでは、いくつかの色覚表現をエミュレートできるプリセットが用意されています。また、ネットで配布されているLUTファイルを読み込むことで雰囲気のある描画にすることも可能です。

1 ［調整］パネル内の［LUT］をクリックし❶、［デフォルト］をクリックします❷。［LUT］パネルが開きます。

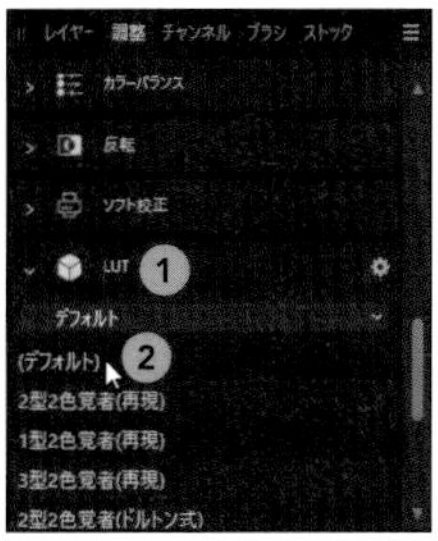

2 ［LUTを読み込み］ボタンをクリックします❸。LUTファイルを選択し❹、［開く］ボタンをクリックします。

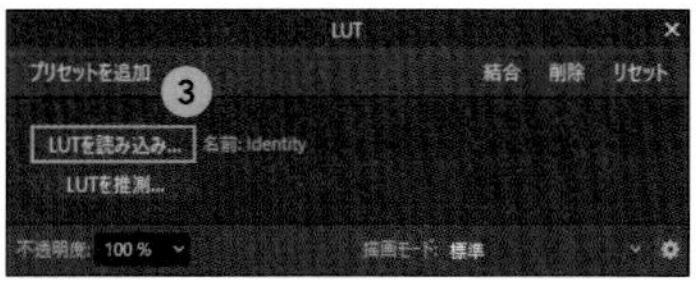

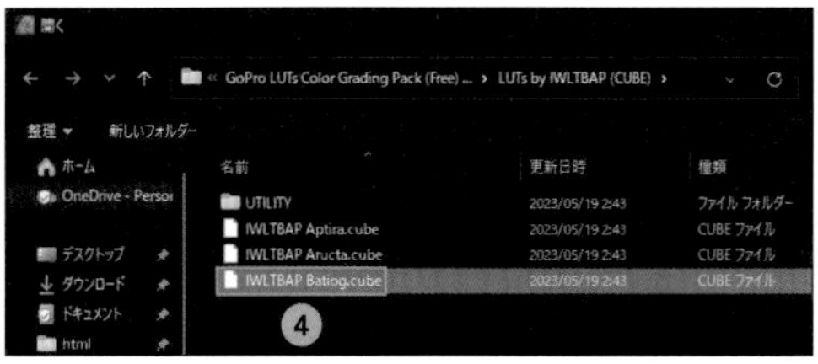

MEMO

ネット上ではさまざまな色調や調整をLUTファイルにしたものが配布されています。「LUT　ダウンロード」などのキーワードで検索すると見つかります。また、LUTファイルは自作することも可能です。画像を補正し、［ファイル］メニュー→［LUTをエクスポート］を実行すると、補正した結果をLUTファイルとして出力します。

23 ［レンズフィルター］を調整する

レンズフィルターを調整する

写真を撮影する環境によって、画像の色調はその光の影響を受けてしまいます。そのような色調の補正をするために、**撮影時に使用するカラーフィルターを再現したものがレンズフィルター機能**です。ホワイトバランス調整と同じく色合いを補正する機能ですが、カラーを直感的に選択することができる利点があります。

1. ［調整］パネル内の［レンズフィルター］をクリックし❶、［デフォルト］をクリックします❷。［レンズフィルター］パネルが開きます。

2. ［フィルターカラー］をクリックし❸、フィルターの色合いを選択します❹。

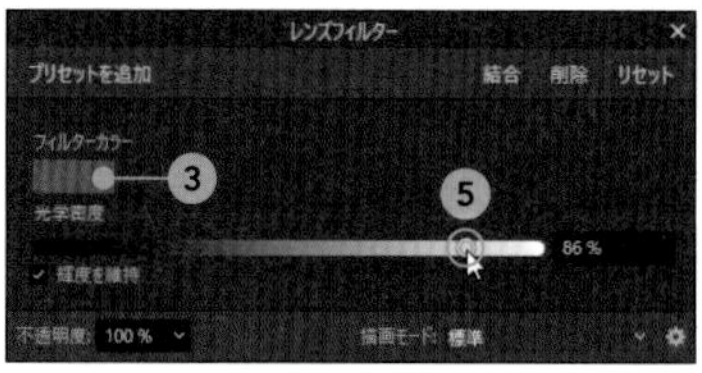

3. ［光学密度］スライダーをドラッグし❺、フィルターの適用度を決定します。

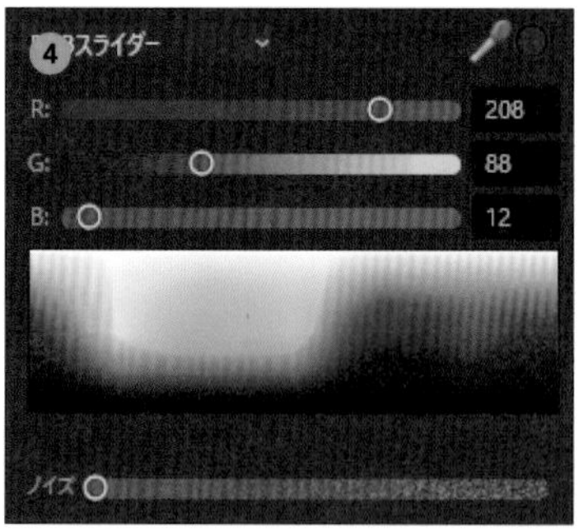

MEMO

フィルターカラーで選ぶべき色はどのような補正をしたいのかによって変わります。温かい色味の表現がしたい場合はオレンジ色などの暖色系の色を、反対にクールな印象を与えたければ青系の色を選択します。

24 ［明暗別色補正］を調整する

明暗別色補正を調整する

画像の**明るい部分**（**ハイライト**）**および暗い部分**（**シャドウ**）**の色調や彩度を個別に調整できる機能**です。設定したハイライト／シャドウのバランスをコントロールすることもできます。ハイライトとシャドウの色味を変えてブレンドするなど、画像の雰囲気づくりに役立ちます。

1 ［調整］パネル内の［明暗別色補正］をクリックし❶、［デフォルト］をクリックします❷。［明暗別色補正］パネルが開きます。

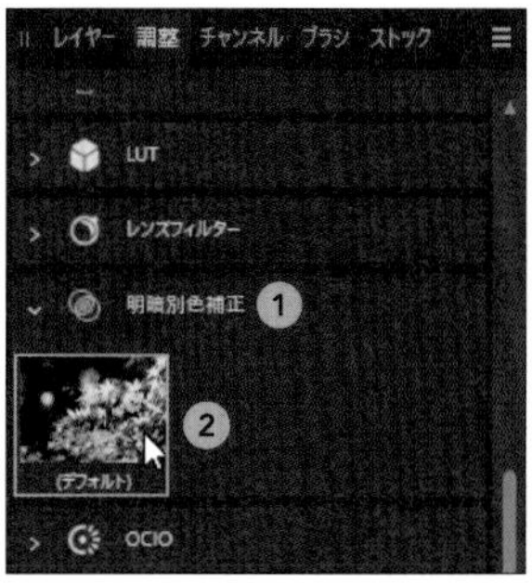

2 ［シャドウの色相（または［ハイライトの色相］）］スライダーをドラッグし❸、カラーの色味（色相）を選択します。

3 ［シャドウの彩度（または［ハイライトの彩度］）］スライダーをドラッグし❹、カラーの強度を選択します。右側にドラッグすると強度が上がり、左側にドラッグすると強度が下がります。

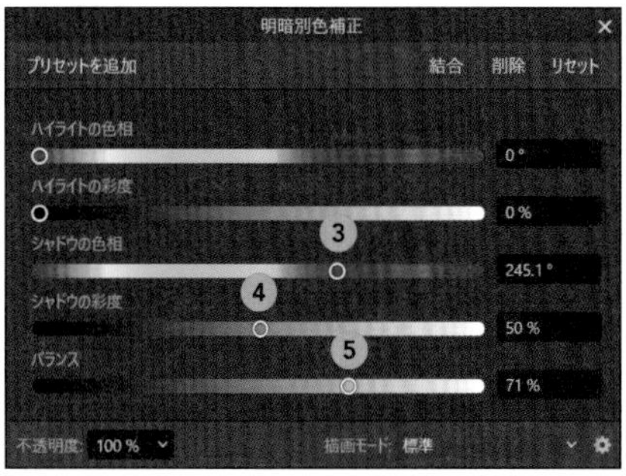

4 ［バランス］スライダーを左右にドラッグし❺、ハイライトとシャドウのどちらの影響を強くするかを調整します。左側にドラッグするとハイライトカラーが、右側にドラッグするとシャドウカラーがそれぞれ強調されます。

25 画像を切り抜く

見せたい部分だけ切り抜く

画像の**余計なものを切り取ったり、画像の縦横比率を変更する**には、[切り抜き] ツールを使用します。残したい部分を枠で囲むだけなので、直感的に画像を切り抜くことができます。また、切り抜き後の画像の大きさをあらかじめ指定してから切り抜いたり、任意の角度に回転させることも可能です。

フリーハンドで範囲を指定する

1 [ツール] パネルから [切り抜き] ツールをクリックします❶。画像に切り抜き範囲を示すグリッドが表示されます❷。

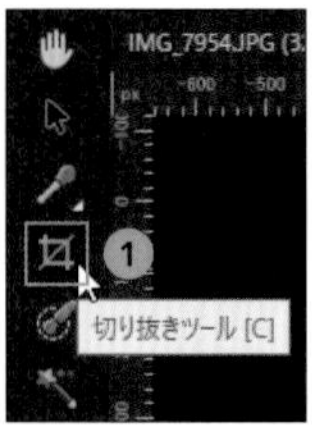

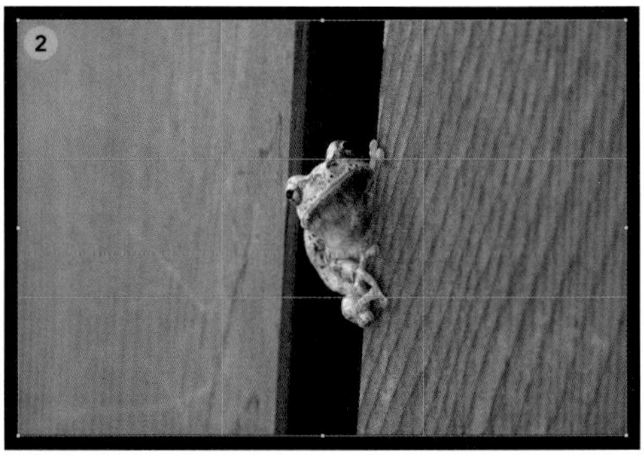

2 グリッドのコーナー部分をドラッグし❸、切り抜き範囲を指定します。

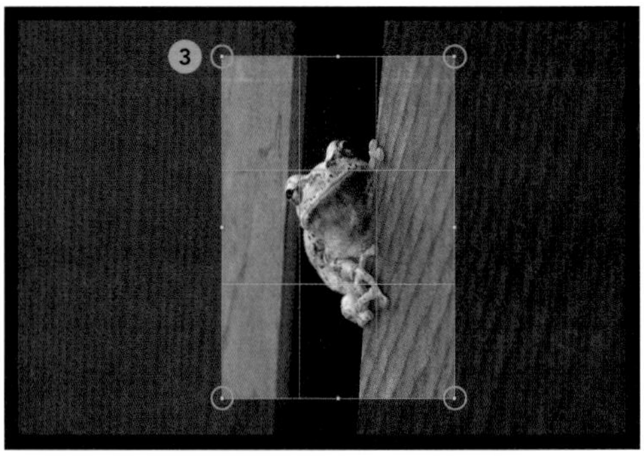

MEMO

縦横比を変更したくない場合は、画面上部のコンテキストツールバーで[モード]を[元の比率]に設定します。

3 Enter キーを押すか、画面上部のコンテキストツールバーの [適用] ボタンをクリックすると❹、切り抜きが実行されます❺。

MEMO

切り抜き作業を途中でやめるには、Esc キーを押すか、画面上部のコンテキストツールバーで[キャンセル]ボタンをクリックします。

大きさを指定して範囲を指定する

1 ［切り抜き］ツールを選択後、画面上部のコンテキストツールバーで［モード］を［制約なし］にして❶、幅と高さの値を入力します❷。

2 切り抜き枠が指定した大きさに変更されます。枠の内側をドラッグし❸、切り抜き範囲を指定したら Enter キーを押して確定します。

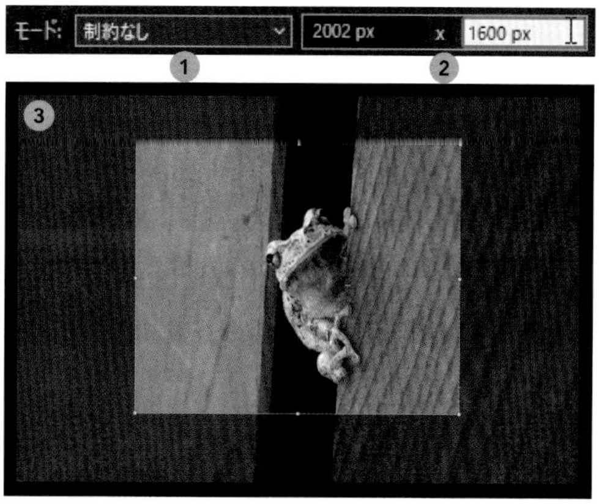

COLUMN

画像を回転するには

切り抜きツールで枠の外側をドラッグすることで、画像を回転させることができます。なお、コンテキストツールバーに［回転］ボタンがありますが、これは切り抜き範囲の枠を90度回転させるためのものですので注意してください。

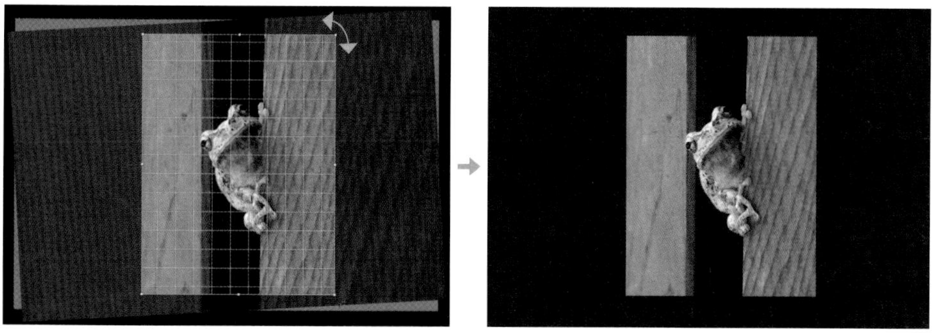

枠外をドラッグすると回転できる

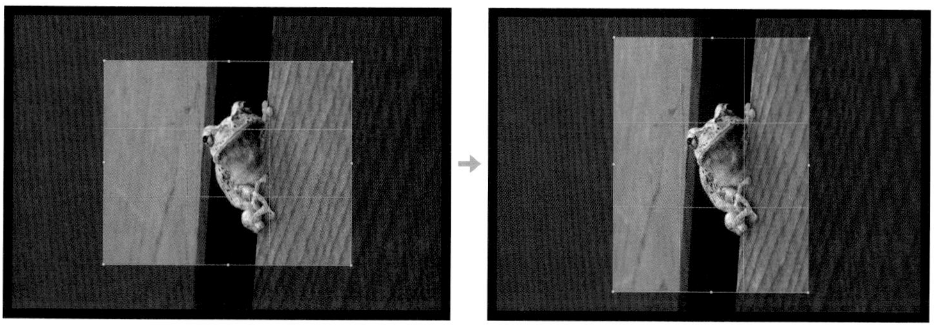

コンテキストツールバーの［回転］ボタンは、切り抜き枠を90度ずつ回転する

26 傾きを補正する

傾きを補正する

［切り抜き］ツールはトリミングするだけのものではなく、**画像を回転させたり傾きを補正する**際にも使用します。ここでは、水平ではない画像の角度を補正するために［切り抜き］ツールを使用する方法について解説します。

1 ［ツール］パネルから［切り抜き］ツールをクリックします①。

2 コンテキストツールバーの［傾き補正］ボタンをクリックします②。

3 画面のグリッドが枠だけの表示に変わったら、画面内の水平または垂直にしたいラインに沿ってドラッグします③。

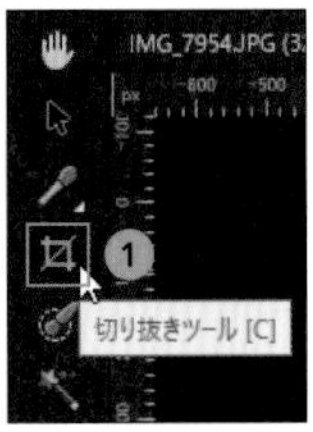

COLUMN

画像の向きを変えるには？

最近のカメラは縦位置／横位置どちらの画像かを撮影時に情報として記録していますが、古いデジカメの画像やスマートフォンで真上から書類を撮影した場合は、縦横の方向が逆になることがあります。その場合は、［ドキュメント］メニュー→［(反)時計回りに90゜回転］を選択します。

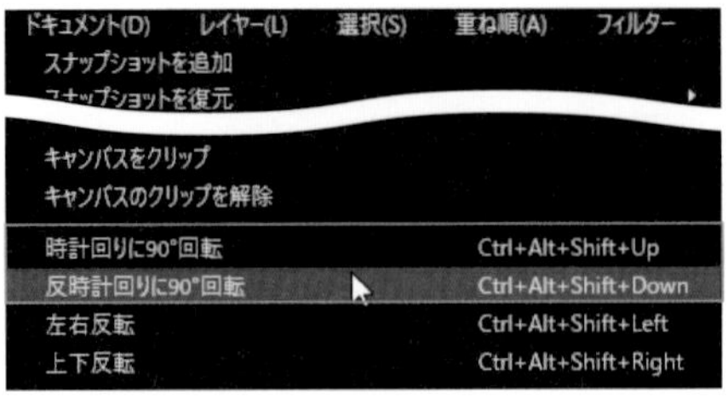

27 画像の一部を明るく／暗くする

ブラシで明るさを調整する

フィルムの現像処理では、写真を部分的に明るくする「覆い焼き」、部分的に暗くする「焼き込み」という手法があります。この手法を再現した［覆い焼きブラシ］ツール、［焼き込みブラシ］ツールを使えば、**画像をブラシでなぞることで部分的に明るく／暗くする**ことができます。

1 ［ツール］パネルの［覆い焼きブラシ］ツールをクリックし❶、［レイヤー］パネルで部分的に明るくしたいレイヤーをクリックします。

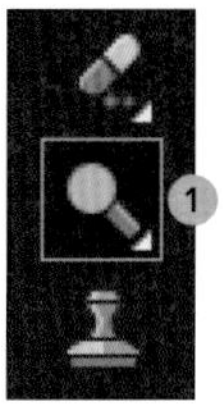

2 コンテキストツールバーでブラシの設定をします❷。各項目についてはP.143を参照してください。

3 コンテキストツールバーの［階調範囲］を選択します❸。これは画像のどの階調部分に対して効果を与えるかを指定するもので、今回は暗い箇所を補正するので［シャドウ］を選択します。

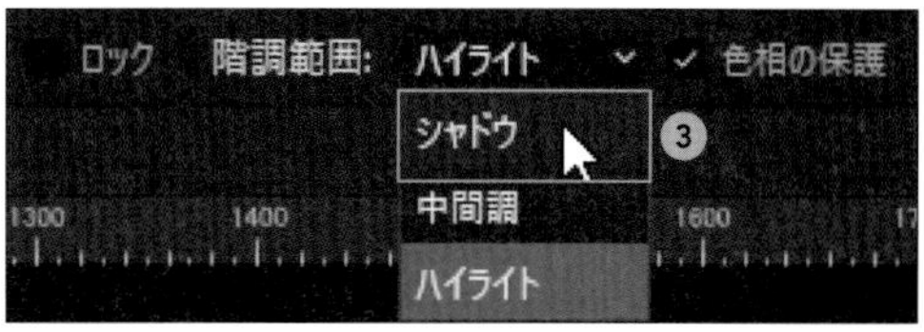

4 覆い焼きをしたい部分をブラシでなぞると、ブラシでなぞった部分が明るくなりました❹。部分的に暗くしたい場合は［焼き込みブラシ］ツールを選択し、同様にブラシで対象部分をなぞります。

第2章
色調補正と画像修整

28 ブラシでぼかしやシャープをかける

部分的にぼかす／シャープ化する

部分的に対象をぼかしたり、逆に部分的にコントラストを上げてシャープに見せる際には［ぼかしブラシ］ツール、［シャープブラシ］ツールをそれぞれ使用します。画像に映り込んだ車のナンバープレートや人物の顔をぼかしたり、ピントが甘い部分をはっきりさせる際などに使用すると効果的です。

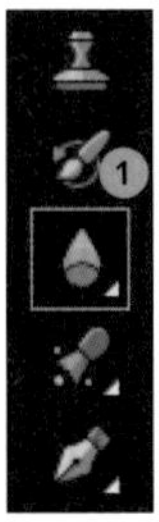

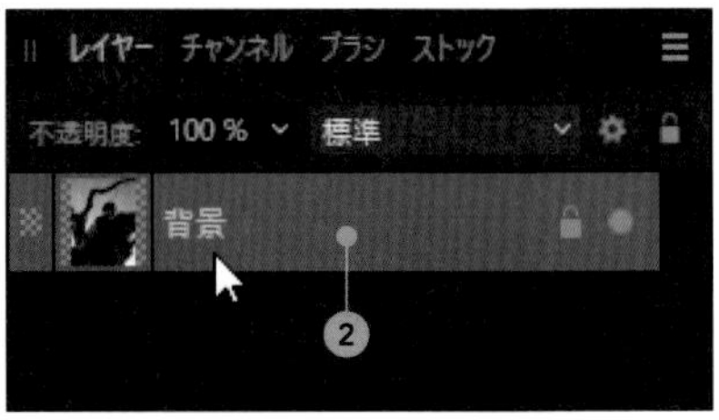

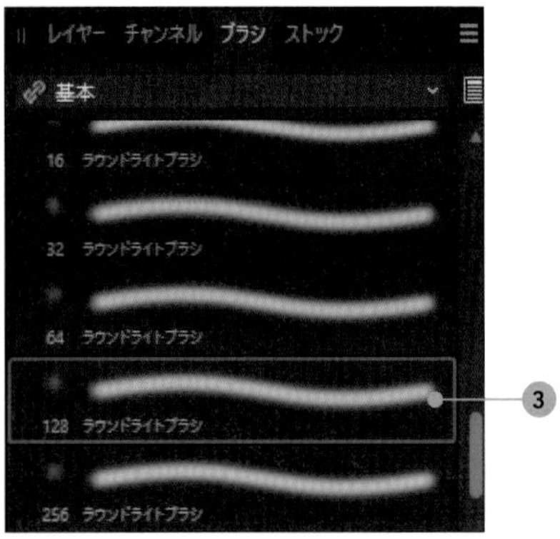

1 ［ツール］パネルから［ぼかしブラシ］ツール（もしくは［シャープブラシ］ツール）をクリックし❶、加工したい画像レイヤーをクリックします❷。

2 ［ブラシ］パネルから適宜プリセットブラシを選択し❸、画像上の対象範囲をドラッグします❹。

3 ぼかし具合やシャープ化を強くしたい場合はドラッグ後、いったんマウスボタンを放したあと、再度ドラッグを繰り返します❺。

29 色置換ブラシを活用する

ブラシで色を置き換える

色置換ブラシを使用すると、ブラシでなぞった範囲のカラーを指定したカラーで塗り替えることができます。あくまでもブラシでなぞった範囲の近似色のカラーのみを置き換えるため、異なったカラーには影響がありません。

1 ［ツール］パネルの［色置換ブラシ］ツールをクリックし❶、［レイヤー］パネルでカラーを置き換える対象となるレイヤーをクリックします。

2 ［ブラシ］パネルからプリセットブラシを適宜選択し、［カラー］パネルで置き換え後のカラーを指定します❷。

3 コンテキストツールバーの［許容量］を設定し❸、置き換えたいカラーをドラッグします❹。

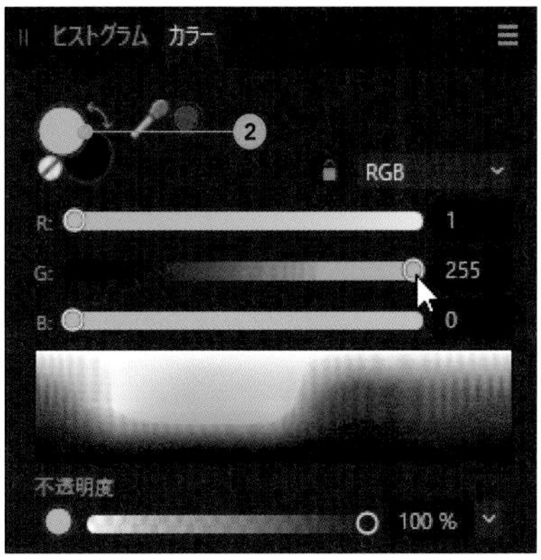

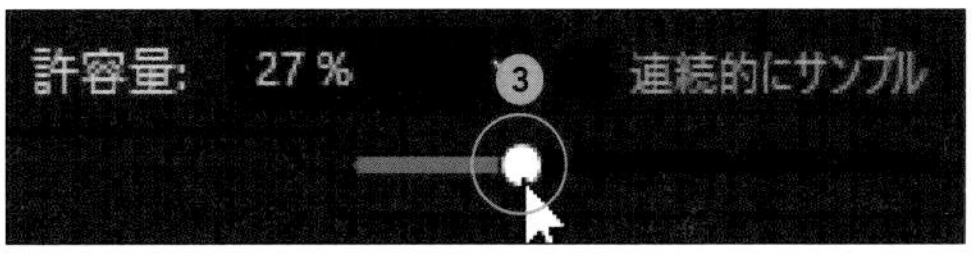

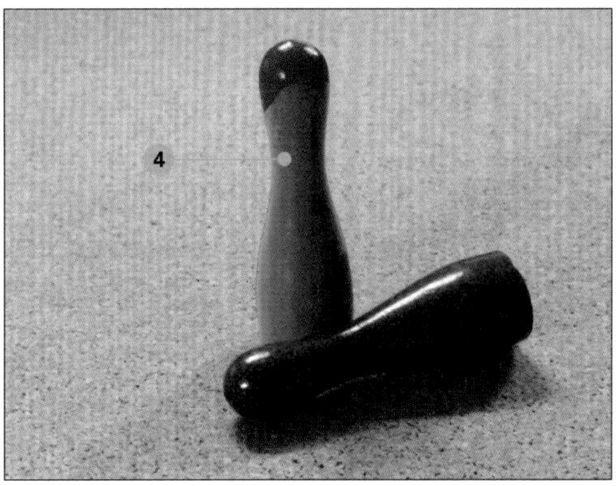

30 修復ブラシで不要なものを消す

修復ブラシを使用する

画像内に映り込んだ**ゴミや電線、顔写真の傷やシミなどを消す**には、［修復ブラシ］ツールを使用します。［修復ブラシ］ツールは修復したい部分を別のピクセルで置き換える機能ですが、単純に複製するのではなく、**周囲のピクセルとなじむようにブレンド**しながら置き換えられます。

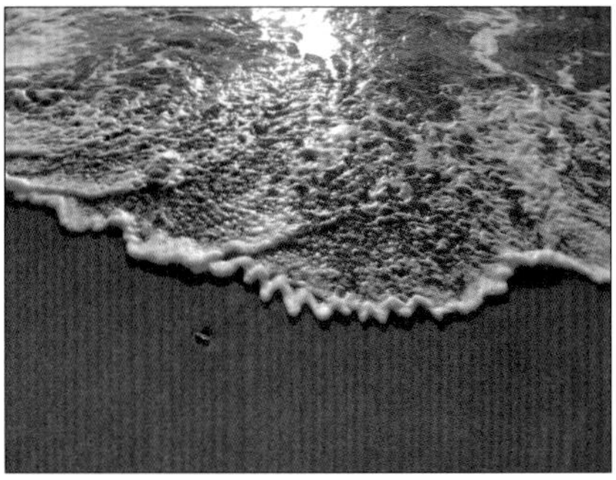

1. ［ツール］パネルから［修復ブラシ］ツールをクリックします❶。

2. コンテキストツールバーで［幅］を調整し❷、ブラシサイズを決定します。

3. サンプル元となる部分を Alt （option）キーを押しながらクリックし❸、サンプリングします。

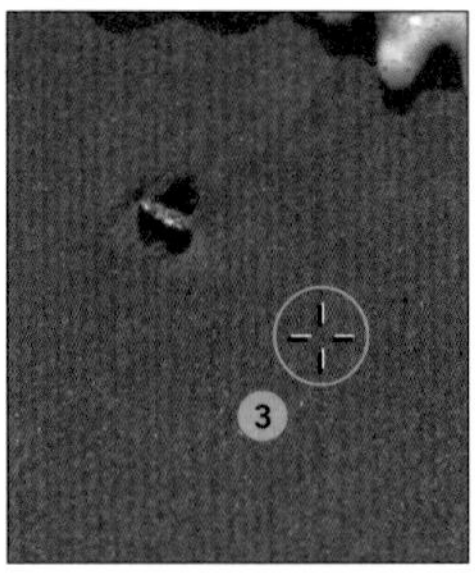

4. 修正したい部分をドラッグします❹。サンプルとして指定した部分の画像でドラッグした部分が置き換えられます。

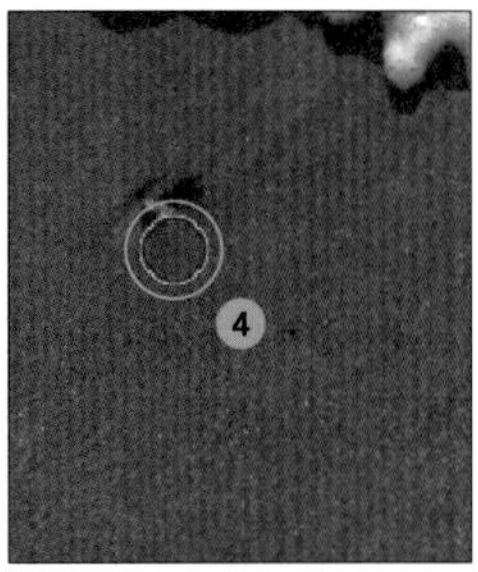

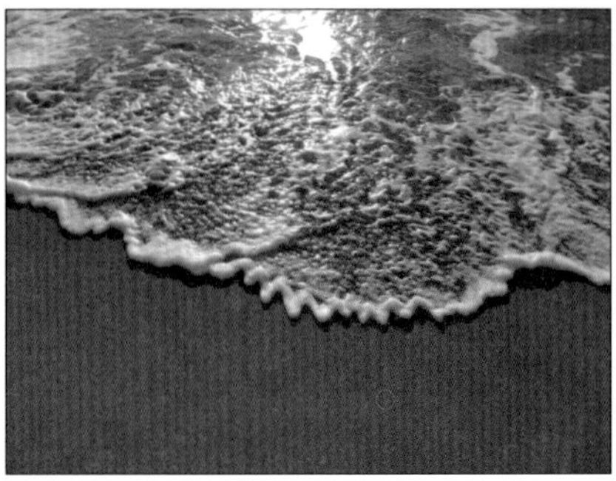

紙面版 **電脳会議** 一切無料

DENNOUKAIGI

今が旬の書籍情報を満載してお送りします！

『電脳会議』は、年6回刊行の無料情報誌です。2023年10月発行のVol.221よりリニューアルし、A4判・32頁カラーとボリュームアップ。弊社発行の新刊・近刊書籍や、注目の書籍を担当編集者自らが紹介しています。今後は図書目録はなくなり、『電脳会議』上で弊社書籍ラインナップや最新情報などをご紹介していきます。新しくなった『電脳会議』にご期待下さい。

修復ブラシのコンテキストツールバー

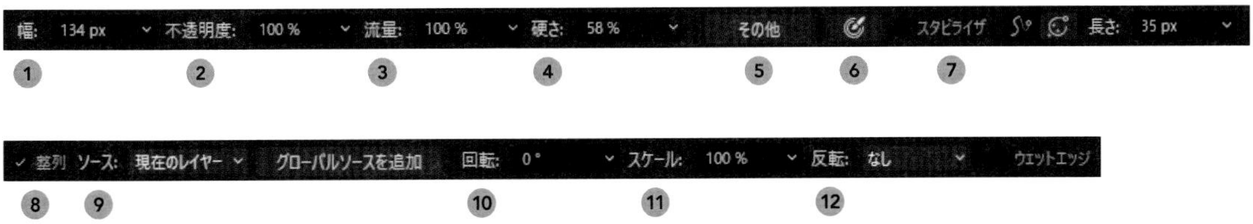

❶幅	ブラシの大きさを指定します。補正したい対象の大きさによって調整します。
❷不透明度	ブラシの透け具合を指定します。透明度を上げるためには値を小さくします。
❸流量	ブラシの適用度を指定します。値を小さくすると適用度が下がります。
❹硬さ	ブラシのエッジ部分のボケ具合を指定します。値が小さくなるとエッジのボケ具合が大きくなります。
❺その他	クリックすると［ブラシ］ダイアログが表示され、より詳細にブラシの設定を行うことができます。［ブラシ］ダイアログについてはP.146を参照してください。
❻筆圧でサイズを制御	クリックしてオンにすると筆圧感知が可能なデバイス（ペンタブレットなど）を利用している際に筆圧に応じてブラシサイズが変化します。もう一度クリックするとオフになります。
❼スタビライザ	チェックを入れることでブラシのブレを緩和し、ストロークを滑らかにすることができます。
❽整列	チェックを入れることで、サンプリング位置とブラシの相対的な位置関係を常に保ちます。
❾ソース	サンプリング元のレイヤーを選択します。［グローバル］を選択すると［ソース］パネルで選択した画像を元に修復することができます。なお、グローバル修正をするためには、あらかじめサンプリング元の画像で Alt キーを押しながらクリックして［グローバルソースを追加］ボタンをクリックする必要があります。
❿回転	サンプリングした内容を複製する際の回転角度を指定します。
⓫スケール	サンプリングした内容をどれくらいの大きさで複製するかを指定します。
⓬反転	サンプリングした内容を水平または垂直に反転します。

31 コピーブラシで不要なものを消す

≫ コピーブラシを使用する

画像内の対象物を指定し、複製することができるツールがコピーブラシです。基本的な使い方は修復ブラシと同じですが、修復ブラシが周囲のピクセルの色調に合わせてサンプリングした内容を自動的に補正するのに対し、コピーブラシは**サンプリングした内容がそのまま複製**されます。

1. ［ツール］パネルから［コピーブラシ］ツールをクリックします❶。
2. コンテキストツールバーで［幅］を調整し❷、ブラシサイズを決定します。
3. サンプリング元となる部分を Alt（option）キーを押しながらクリックし❸、サンプリングします。
4. 修正したい点をドラッグします❹。サンプリングした部分の画像でドラッグした部分が置き換えられます。

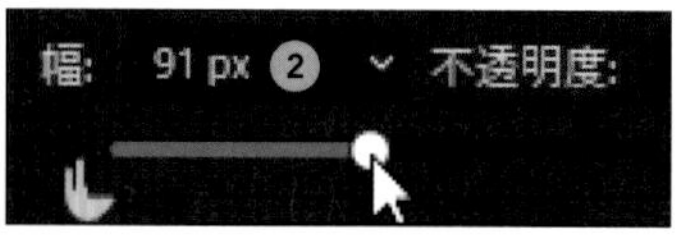

MEMO

違和感なく複製するには、［整列］をオンにし、必要に応じてブラシの幅や硬さを変更しながら複製するのがおすすめです。

第3章

選択範囲の作成

01 選択範囲の基本

Affinity Photoで**画像の一部を編集する場合、編集対象となる部分の選択範囲を作成する必要があります**。選択範囲をいかにうまく作るかが、画像加工の良し悪しの重要な要素といえるでしょう。
この章では、選択範囲を作成するために必要なツールや手順について解説します。

選択ツールの共通操作

レイヤーを切り替える

選択範囲を作成する前に、［レイヤー］パネルを表示し、**選択範囲作成の対象となるレイヤーをクリックしておく**必要があります❶。特に調整レイヤーを使用して画像を補正したあとは、調整レイヤーにフォーカスが移動しているので必ず確認しましょう。

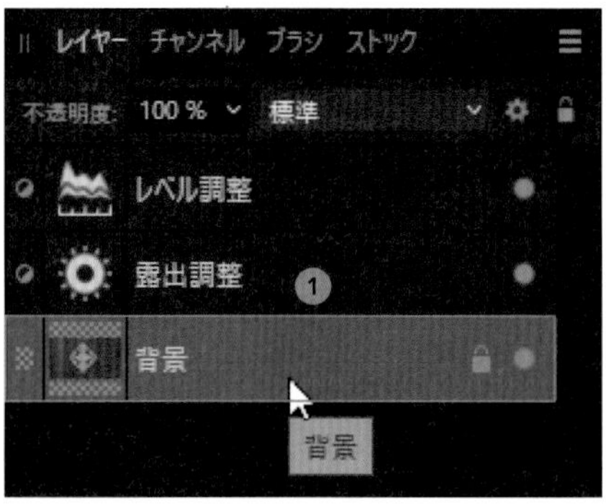

選択範囲を移動する

作成した選択範囲を移動するには、コンテキストツールバーの［新規］が選択されていることを確認し❶、選択ツール（種類は問わない）を選択した状態で❷、選択範囲の内側をドラッグします❸。
または、選択範囲が作られた状態でコンテキストツールバーの［クイックマスク］ボタンをクリックして**クイックマスクモード**に切り替え❹、［移動］ツールで❺、ドラッグして移動／回転／拡大／縮小をすることができます❻。変形後、再度［クイックマスク］ボタンをクリックしてモードを解除すると変形した選択範囲が適用されます。

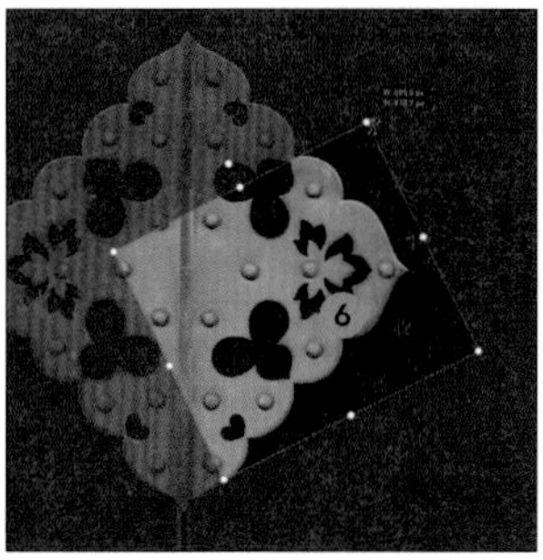

選択範囲を解除する

作成した選択範囲を解除するには、メインメニューの［選択］メニュー→［選択解除］の順にクリックします❶。または、ショートカットキーで Ctrl（command）+ D キーを押すことでも解除が可能です。

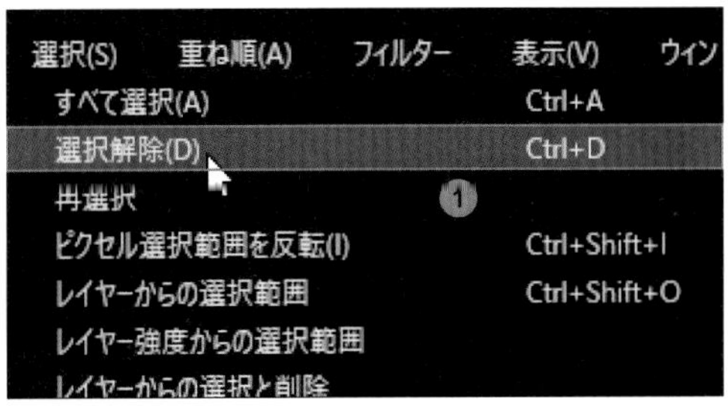

選択範囲を反転する

選択対象の背景が単色だったり、シンプルな場合、選択対象を直接選択するよりも、**背景を選択してから選択範囲を反転する方が効率的**です。選択範囲を作成後、［選択］メニュー→［ピクセル選択範囲を反転］の順にクリックすると❶、選択範囲が反転します。または、ショートカットキーで Ctrl（command）+ Shift + I キーを押すことでも反転が可能です。

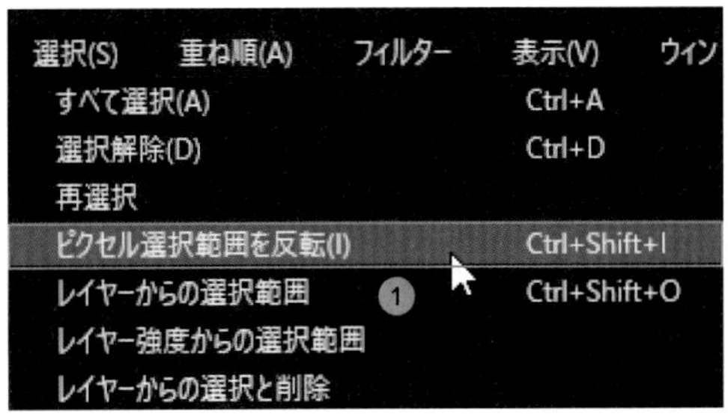

選択ツールのコンテキストツールバー

❶**新規**	現在の選択範囲を解除し、新しく選択範囲を作成するモードです。
❷**追加**	既存の選択範囲に新たに選択範囲を追加するモードです。Ctrl + Alt キー（Mac は control キーのみ）を押しながらドラッグすることでも追加できます。
❸**型抜き**	既存の選択範囲から選択範囲を除外するモードです。Alt（option）キーを押しながらドラッグすることでも除外できます。
❹**交差**	既存の選択範囲内の一部をさらに選択する際に使用するモードです。
❺**ぼかし**	数値を入力するか、プルダウンメニューからスライダーをドラッグすることで選択範囲のエッジをぼかすことができます。選択範囲の作成後に境界線をぼかす場合は、選択範囲の作成後、［選択］メニュー→［ぼかし］の順にクリックし、［選択範囲をぼかす］パネルで［半径］スライダーを左右にドラッグします。
❻**アンチエイリアス**	選択範囲のエッジを滑らかにします。通常はチェックを入れておきましょう。
❼**調整**	選択範囲の境界をより詳細に調整します。選択範囲を作成後、［調整］ボタンをクリックするか、［選択］メニュー→［エッジを微調整］の順にクリックします。詳しい使用方法は、P.88を参照してください。

02 図形で選択する

図形で選択する

長方形や楕円形などの単純な形状で画像を選択したい場合は、[長方形選択] ツールや [楕円形選択] ツールを使用します。正方形や正円の選択範囲を作成したり、選択範囲の追加/削除を行うことも可能です。

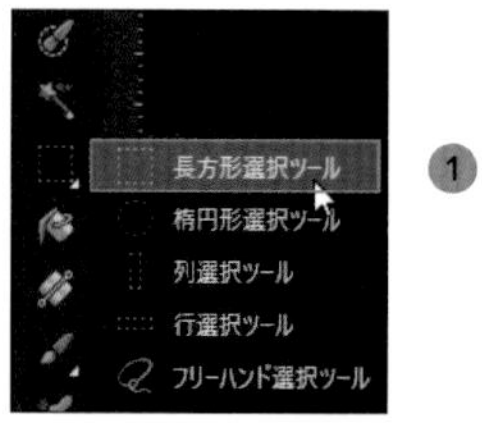

長方形の選択範囲を作成する

1. [ツール] パネルから **[長方形選択] ツール**をクリックします❶。
2. 画像上をドラッグすると❷、ドラッグした距離を対角線とする長方形の選択範囲が作成されます。

MEMO

Shift キーを押しながらドラッグすると、正方形が選択範囲として作成されます。

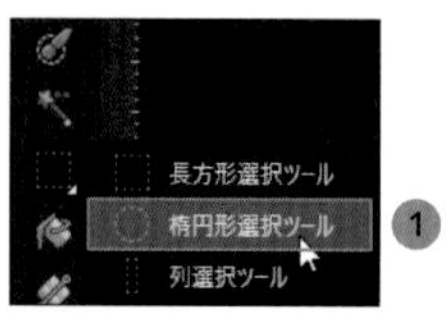

楕円形の選択範囲を作成する

1. [ツール] パネルから **[楕円形選択] ツール**をクリックします❶。
2. 画像上をドラッグすると❷、ドラッグした距離に応じた楕円形の選択範囲が作成されます。最初にクリックした点が中心となります。

MEMO

Shift キーを押しながらドラッグすると正円が選択範囲として作成されます。

03 フリーハンドで選択する

手動で選択する ［フリーハンド］

［フリーハンド選択］ツールの［フリーハンド］タイプを使用すると、**ドラッグした軌跡で選択**することができます。

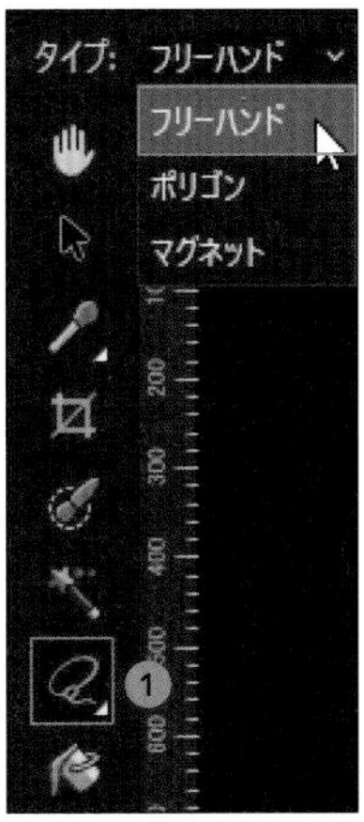

1 ［ツール］パネルから［フリーハンド選択］ツールをクリックし❶、コンテキストツールバーから［フリーハンド］をクリックします❷。

MEMO

Macの場合はボタン表示なので、［フリーハンド］ボタンをクリックします。

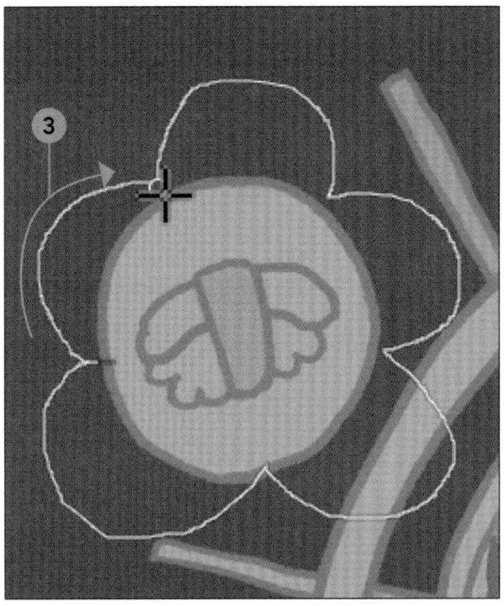

2 画像上の選択範囲を作成したい範囲をドラッグします❸。

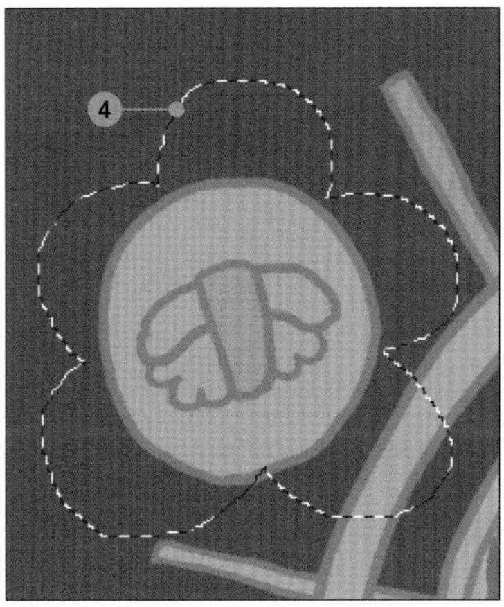

3 マウスボタンを放すとドラッグで囲んだ部分が選択範囲となります❹。

直線で選択する ［ポリゴン］

多角形を選択したい場合は、［フリーハンド選択］ツールの［ポリゴン］タイプが便利です。

1. ［ツール］パネルから［フリーハンド選択］ツールをクリックし❶、コンテキストツールバーから［ポリゴン］（Macは［ポリゴン］ボタン）をクリックします❷。

2. 画像上をクリックすると開始点が作成されます❸。カーソルを移動してクリックすると❹、2点間を結ぶラインが作成されます。

3. そのまま選択範囲を作成したい形状のコーナーに合わせてクリックを繰り返し、多角形を作成します❺。

4. 最初にクリックした開始点にカーソルを合わせてクリックすると、画像上に描かれた境界線が選択範囲に変わります❻。

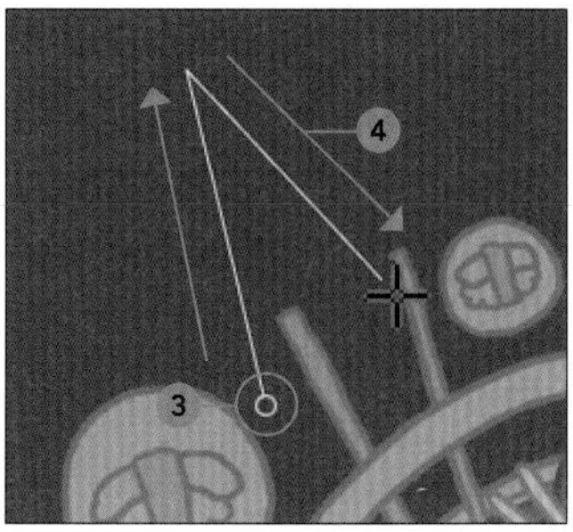

▶》半自動で選択する ［マグネット］

選択範囲を作成する対象物の色が周囲とはっきり違っている場合は、［マグネット］タイプが有効です。**カーソルでなぞった部分に近い色の境界に吸着**します。

1 ［ツール］パネルから［フリーハンド選択］ツールをクリックし❶、コンテキストツールバーから［マグネット］（Macは［マグネット］ボタン）をクリックします❷。

2 画像上の対象物の境界部分をクリックし❸、開始点を作成します。

3 対象物に沿ってマウスカーソルを移動すると❹、色の境界を自動的に検知・吸着し、境界線を描いていきます。

MEMO

途中で対象物の境界線を外れた箇所が選択された場合は、Ctrl（command）＋Zキーを押します。すると、境界線の描画途中にいくつか作られる吸着ポイントが一段階ずつ作成される前の状態に戻っていきます。

4 対象物を囲み終えたら、開始点をクリックすると❺、境界線が選択範囲に変わります。

COLUMN タイプを一時的に切り替える

［フリーハンド選択］ツールを使用中にShiftキーを押すことで、別のタイプに一時的に切り替えることができます。例えば、［マグネット］タイプを使用中、選択対象物に明らかな直線状の色の境界がある場合に、Shiftキーを押して［ポリゴン］タイプに切り替える、という使い方ができます。

- **［フリーハンド］タイプ＋Shiftキー：**［ポリゴン］タイプに切り替え
- **［ポリゴン］タイプ＋Shiftキー：**［マグネット］タイプに切り替え
- **［マグネット］タイプ＋Shiftキー：**［ポリゴン］タイプに切り替え

04 ブラシで選択する

ブラシで選択する

［選択ブラシ］ツールを使用すると、**ブラシで対象物を塗りつぶすようにドラッグすることで、塗りつぶしたエリアから選択範囲を作成**します。ブラシの大きさを変更することで範囲を広げたり、また、色の境界を検知して吸着させることができます。

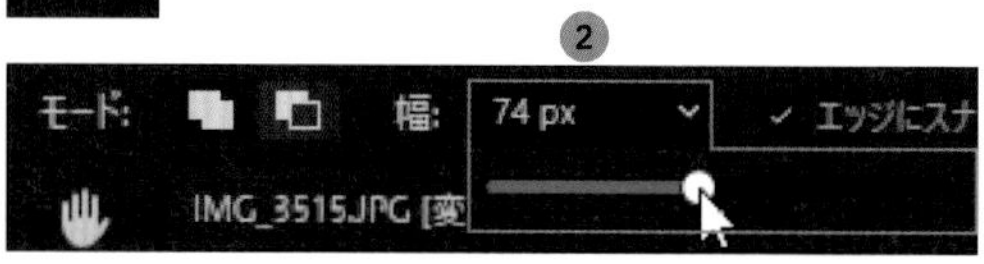

1 ［ツール］パネルから［選択ブラシ］ツールをクリックします❶。

2 コンテキストツールバーの［幅］のポップアップスライダーをドラッグするか数値を入力し❷、ブラシサイズを変更します。

3 画像上の選択したい対象をドラッグすると❸、ブラシでなぞった箇所と同系色の部分が選択範囲として追加されます。

4 はみ出てしまった選択範囲は、Alt キーを押しながらドラッグすると削除することができます❹。

▶▷ スナップさせずに選択する

初期設定ではコンテキストツールバーの［エッジにスナップ］がオンになっています。この状態だと、ブラシの範囲に含まれる同系色のエッジを自動検知して選択範囲を作成しますが、**単純に塗りつぶすようにして選択**したい場合は［エッジにスナップ］をオフにします。

1 ［ツール］パネルから［選択ブラシ］ツールをクリックし、コンテキストツールバーの［エッジにスナップ］をオフにします❶。

2 選択したい箇所をドラッグすると、塗りつぶす感覚で選択範囲を作成できます❷。

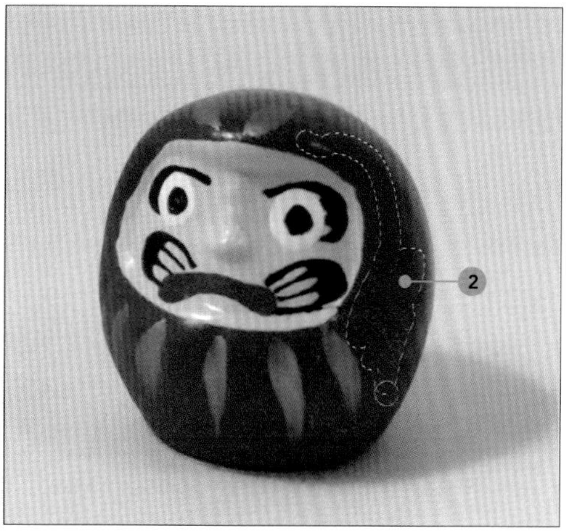

MEMO

コンテキストツールバーの［ソフトエッジ］は、アンチエイリアスと同等の設定です。オンにすることで、選択範囲のエッジを部分的に半透明にすることで滑らかにしてくれます。

COLUMN

ブラシサイズ変更のショートカット

ブラシサイズの変更はショートカットが便利です。[、]キーを押して変更するか、Ctrl＋Alt（control＋option）キーを押しながら左右にドラッグすると無段階でブラシサイズを変更できます。

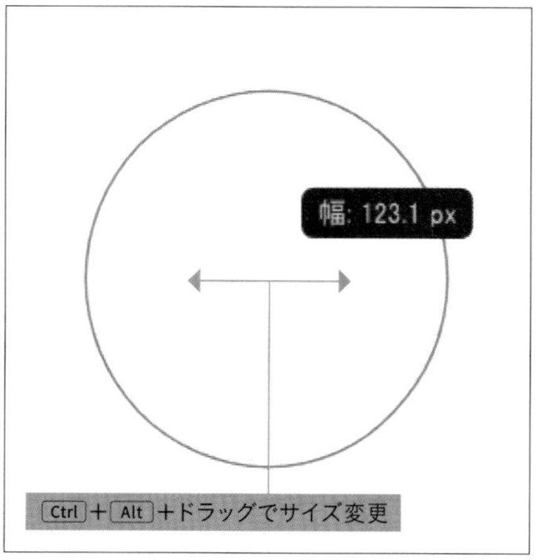

05 近似範囲を自動で選択する

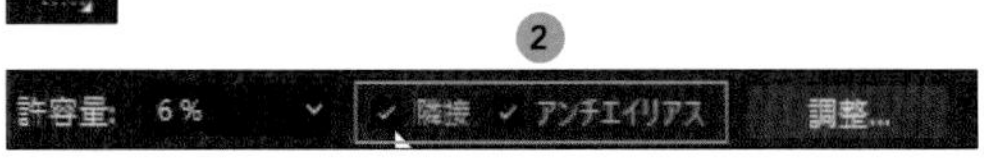

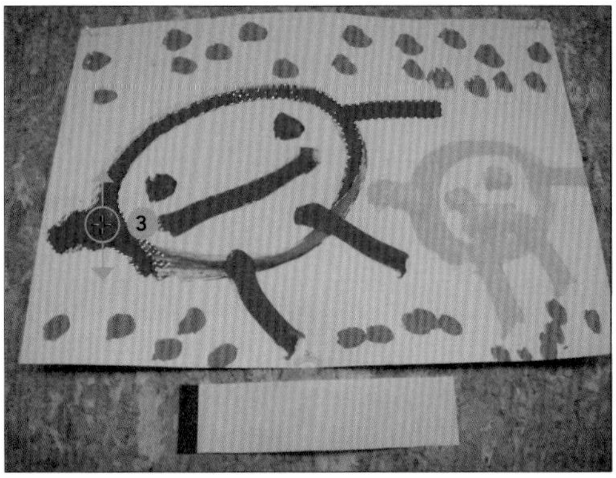

近似範囲を自動で選択する

［自動選択］ツールを使用して画像内をクリックすると、**クリックしたピクセルの色を基準に近似色を検知し、選択範囲を作成**します。色の差がはっきりした対象物を選択する際に有効です。

1 ［ツール］パネルから［自動選択］ツールをクリックします❶。

2 コンテキストツールバーの［隣接］と［アンチエイリアス］のチェックを確認します❷。

MEMO

［隣接］が有効な場合、選択しようとするエリアと隣接したピクセルのみが選択対象となります。無効になっている場合は、画像全体のピクセルが対象となります。［アンチエイリアス］はエッジを半透明にすることで滑らかにする設定です。

3 選択の基準とする色をドラッグすると❸、ドラッグした距離に応じて許容量が変化し、選択範囲が広がったり狭まったりします。

COLUMN

［許容量］で範囲を調整しよう

コンテキストツールバーの［許容量］を低く設定すると、クリックしたピクセルに近いピクセルが選択対象となります。逆に、値を高く設定すると、多少かけ離れた色であっても選択対象となります。あらかじめ設定していても手順3の方法で値を変更することが可能です。

06 色域から選択する

色域から選択する

選択範囲を作成したい対象物が木のように複雑な形状の場合など、**同系色の対象をまとめて選択**したいときがあります。そういったケースでは［サンプリングされたカラーを選択］機能が有効です。**クリックした地点のピクセルの色を基準に、設定された許容量に基づいて選択範囲を作成**します。

1 ［選択］メニュー→［サンプリングされたカラーを選択］（Macは［サンプルカラーを選択］）の順にクリックします❶。

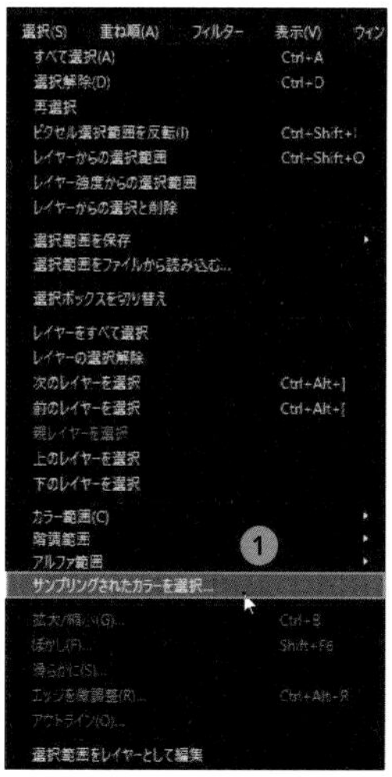

2 ［サンプルカラーの選択］画面が表示されます❷。画像内の選択したい対象のカラーをクリックすると❸、選択範囲が作成されます。

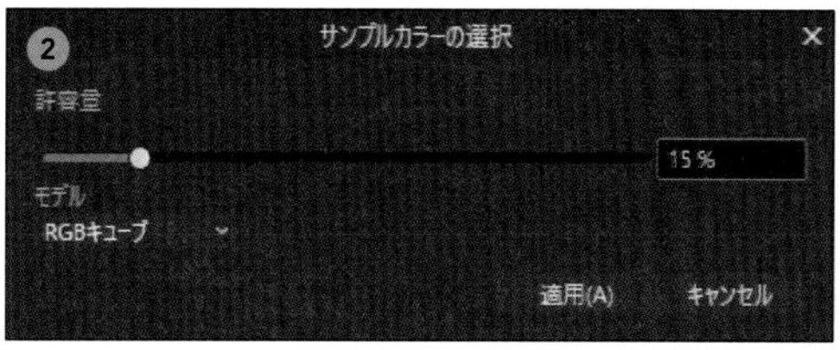

3 ［許容量］スライダー（→P.82）を左右にドラッグして調整し❹、ちょうどいい範囲を選択できたら［適用］ボタンをクリックします❺。

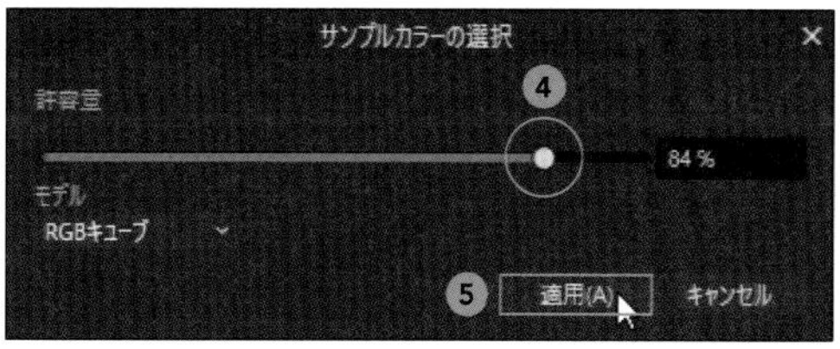

MEMO

［モデル］は選択範囲を作成する際にどのカラーモデルを使用するのかを指定します。通常は［RGBキューブ］で問題ありません。

07 明暗やカラー範囲から選択する

明暗の調子から選択する

階調の範囲を選択範囲としてあらかじめ作成しておくことで、調整レイヤー単体で調整するよりも、より細やかな調整が可能となります。例えばある特定の階調のみ明るくする、といったことが可能です。

1 ［選択］メニュー→［階調範囲］から、ここでは［ハイライトを選択］をクリックします❶。

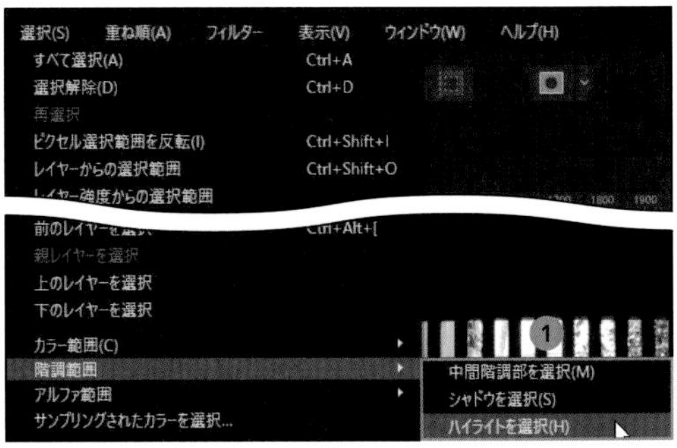

2 画像内のハイライトの範囲が選択されます❷。

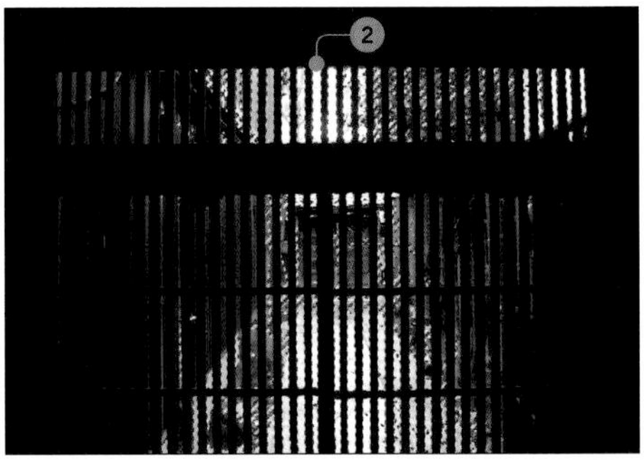

3 この状態で例えば、［調整］パネルで［レベル］→［暗くする］を指定すると❸、ハイライト部分だけを暗くすることができます。

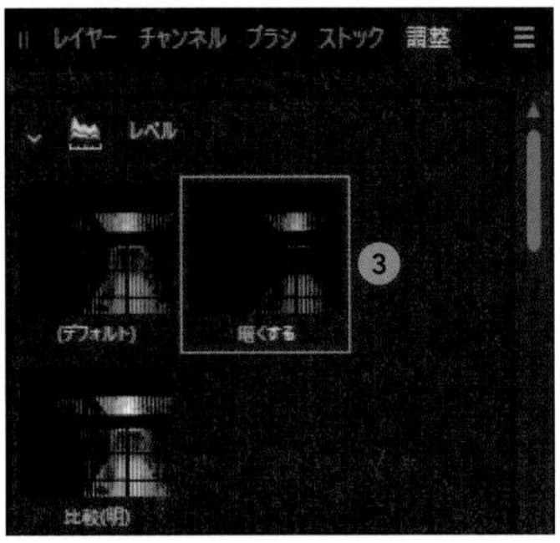

▷▷ カラー範囲から選択する

赤／緑／青といった**カラー範囲**をもとに選択範囲を指定することも可能です。

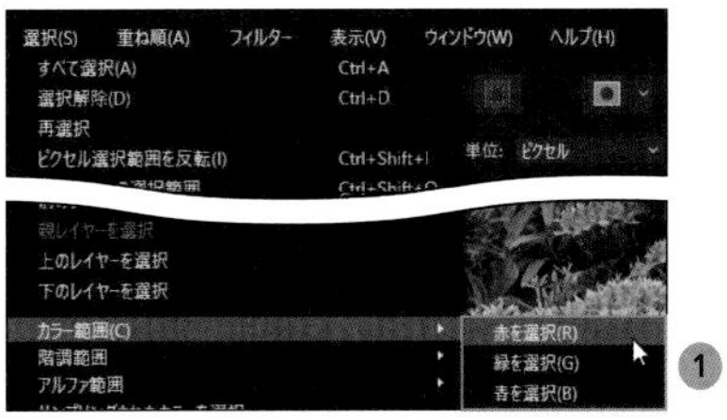

1 ［選択］メニュー→［カラー範囲］から、ここでは［赤を選択］をクリックします❶。

2 画像内の赤い色の範囲が選択されます❷。

MEMO

不要な選択範囲が作られた場合は［フリーハンド選択］ツールなどで Alt （ option ）キーを押しながらドラッグし、選択範囲を除外しましょう。

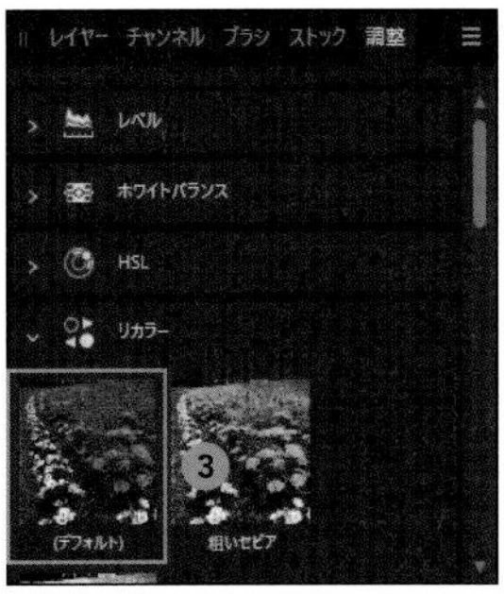

3 ここでは［調整］パネルで［リカラー］→［デフォルト］の順にクリックし❸、［色相］を変更して花の色を変えました。

COLUMN

アルファ範囲も選択できる

［選択］メニュー内に含まれる［アルファ範囲］を使用すると、透明部分を対象とした選択範囲を作成することができます。背景から切り抜いた対象物を選択する際などに使用します。

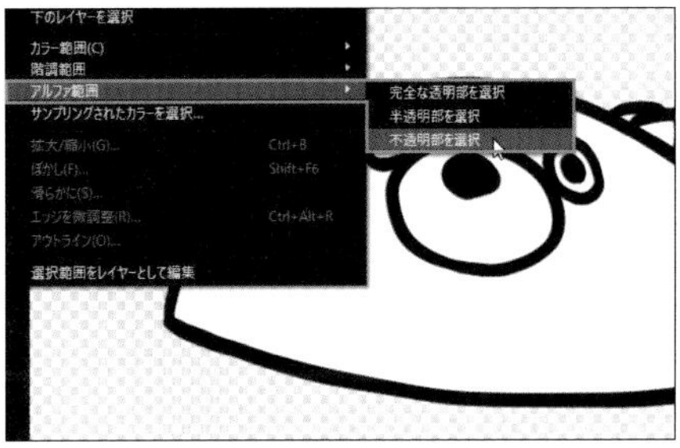

第3章
選択範囲の作成

08 クイックマスクモードで選択する

クイックマスクモードで選択する

クイックマスクモードは、**選択／非選択の範囲を可視化する機能**です。半透明の赤で表示された範囲がマスク（非選択）範囲を意味します。**白でペイントすると選択範囲として追加され、黒でペイントするとマスク範囲となり選択範囲から除外されます**。また、グレーでペイントすると、その濃度により、選択範囲の透明度が変化します。ブラシのボケ具合、透明度なども選択範囲として反映されるため、複雑なエッジを持つ被写体や一度作成した選択範囲の微調整に有効です。

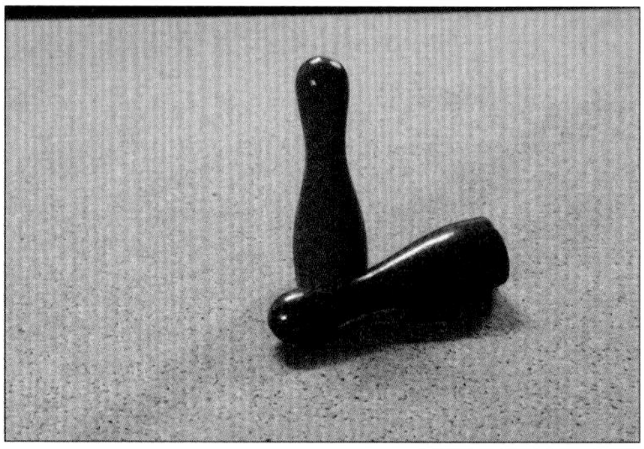

1 画像を開き、コンテキストツールバーの［クイックマスク］ボタンをクリックし❶、クイックマスクモードに切り替えます。

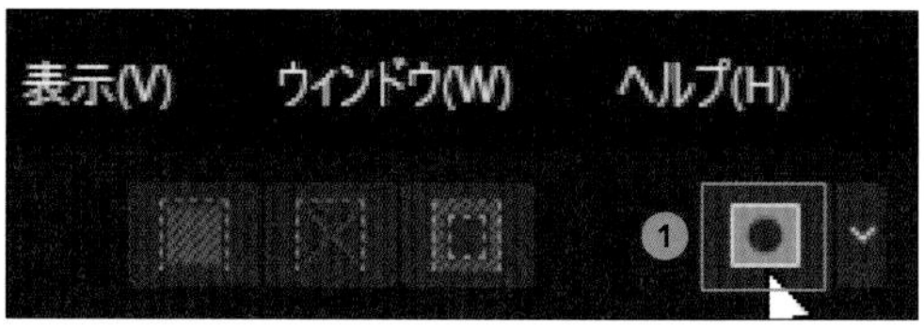

MEMO

Qキーを押すことでもクイックマスクモードに切り替えられます。

2 画面全体が半透明の赤で覆われました。赤い部分は非選択状態ということです。［ツール］パネルの［ペイントブラシ］ツールをクリックします❷。

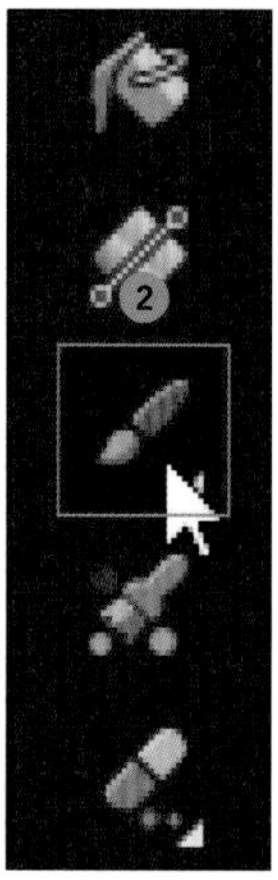

MEMO

ブラシの使い方については、P.142を参照してください。

3 ［ツール］パネルや［カラー］パネルでブラシのストロークカラーを白に設定します❸。

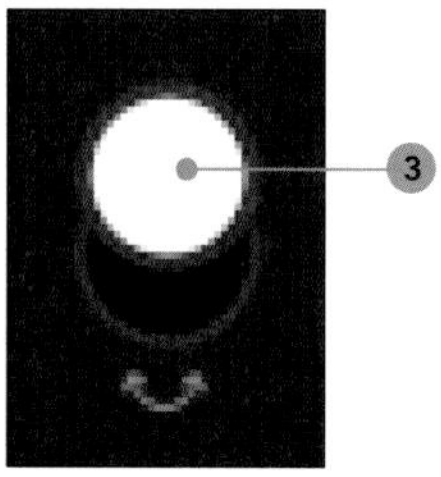

4 選択範囲の対象としたい部分をドラッグしてマスクを除外していきます❹。

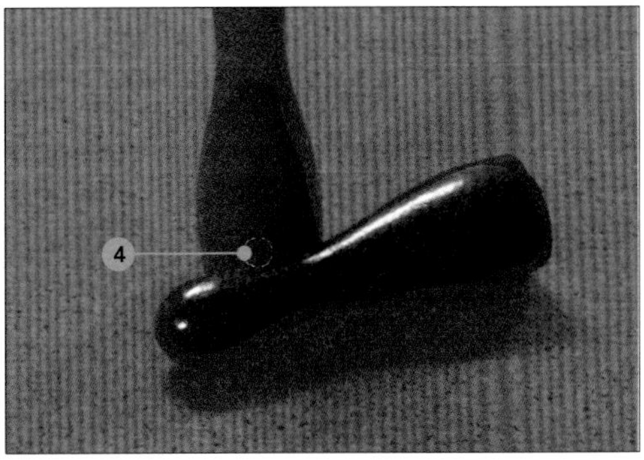

5 マスクが完成したら❺、再度ツールバーの［クイックマスク］ボタンをクリックするかQキーを押すと、対象が選択範囲になります❻。

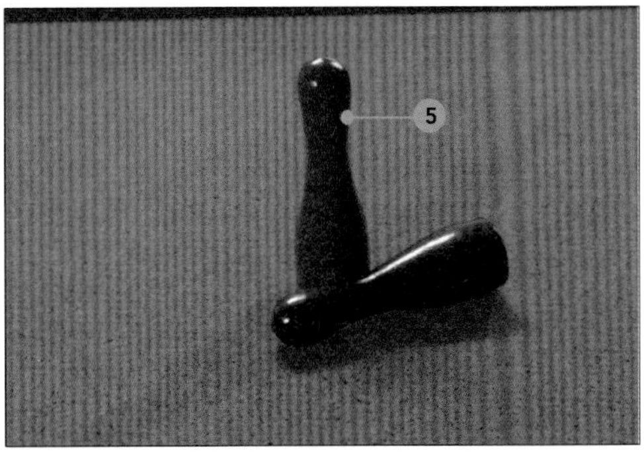

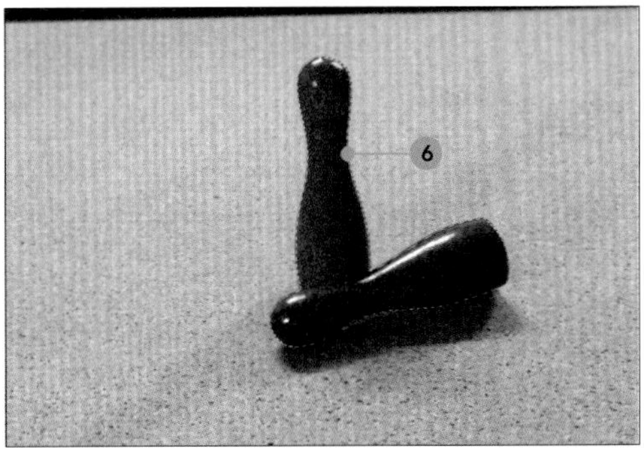

COLUMN

［グラデーション］ツールも使用可能

クイックマスクモードでは［グラデーション］ツールを使うこともできます。クイックマスクモードで［ツール］パネルの［グラデーション］ツールを選択し、ドラッグすると、グラデーションのマスクが作成されます。クイックマスクを解除すると選択範囲になるので、部分的に色調補正を行う場合などに利用できます。

グラデーションでマスクされた画像

09 細かい毛を選択する

エッジを微調整する

動物の毛や人物の髪の毛など、複雑な形状の選択範囲を作成するのは難しいものですが、［選択］メニューの［エッジを微調整］機能を使うことで、**精細な選択範囲を効率よく作成する**ことができます。

1. このサンプルではあらかじめ髪の毛以外の部分の選択範囲を作成しています。ここから、髪の毛の選択範囲を作成していきます。

2. ［ツール］パネルから［フリーハンド選択］ツールをクリックし❶、コンテキストツールバーの［追加］ボタンをクリックします❷。

3. 画像内の選択対象をドラッグし❸、粗く囲みます。

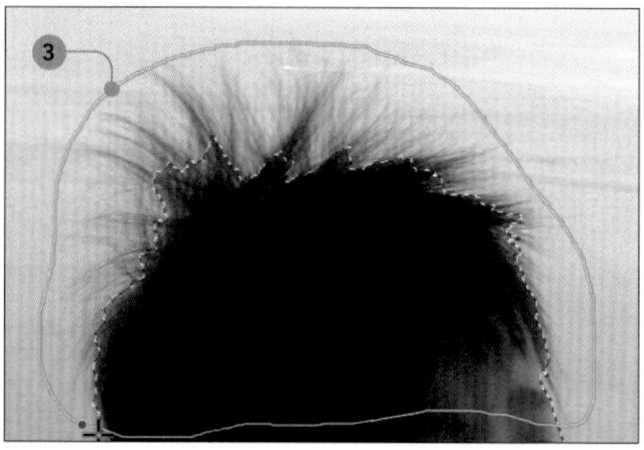

4. ［選択］メニュー→［エッジを微調整］の順にクリックします❹。

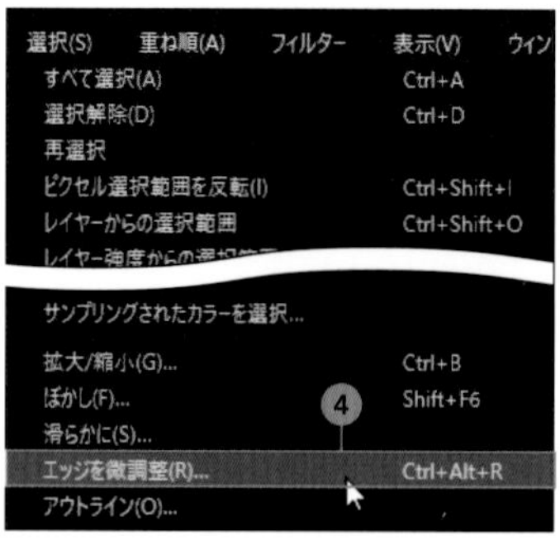

5 ［選択範囲の調整］パネルが表示され、クイックマスクモードと同様の赤い半透明のマスクで覆われます❺。

6 ［選択範囲の調整］パネルの［調整ブラシ］欄で［マット］を選び❻、ちょうどいいブラシサイズにします❼。

MEMO

Ctrl＋Alt（control＋option）キーを押しながら画像上を左右にドラッグすることでブラシサイズを調整することができます。

7 選択対象の境界部分をドラッグしてブラシで塗りつぶすと❽、塗りつぶした部分の境界が検知され、自動的にマスクが作成されます❾。

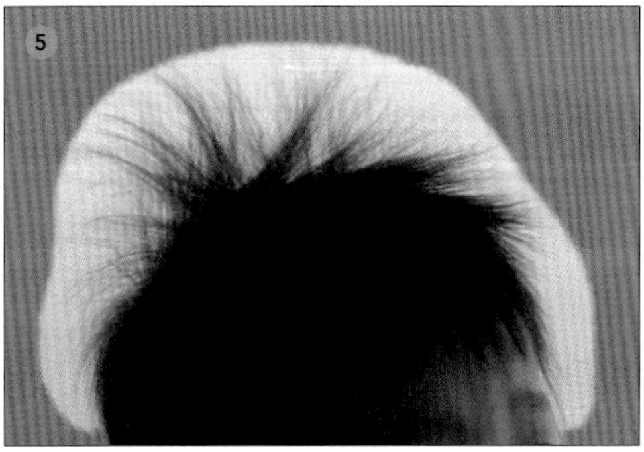

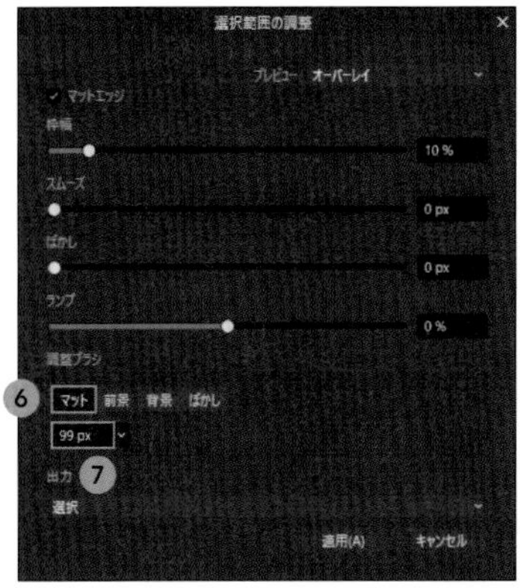

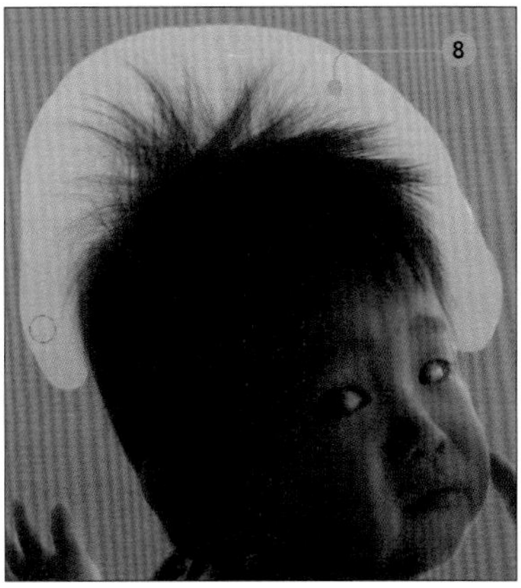

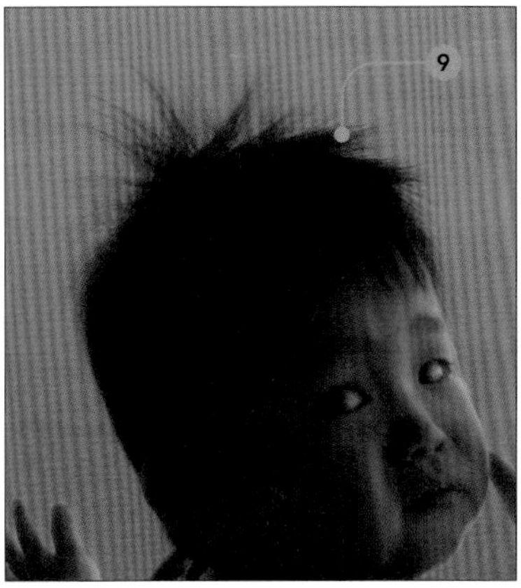

8 ちゃんと選択できたか確認するときは、[プレビュー]を[白黒]にすると❿、選択範囲が白黒で表示されるのでわかりやすいです⓫。

MEMO

プレビューは非選択部分を半透明の赤で記した[オーバーレイ]のほかに、黒い背景にすることで選択残りを確認しやすい[黒マット]と白い背景の[白マット]、選択範囲を白、それ以外を黒で示した[白黒]、背景を透明にして切り抜きイメージを示した[透明]の4種類があります。

9 調整を終えたら[適用]ボタンをクリックします。これで選択範囲が作成されました⓬。

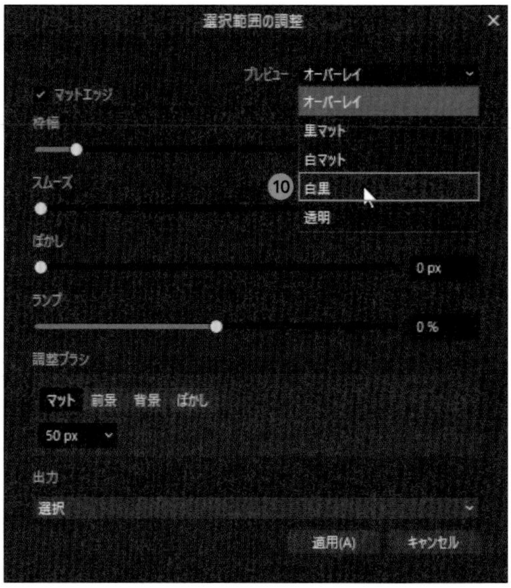

▶ ［選択範囲の調整］パネルの項目

［エッジを微調整］機能を使うと表示される［選択範囲の調整］パネルには、選択範囲を加工するためのさまざまな項目が表示されます。ここでは各項目について解説します。

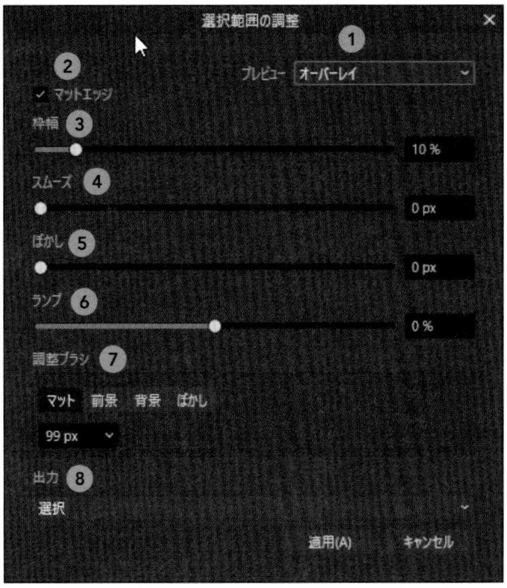

❶プレビュー	マスクの表現方法を切り替えます。
❷マットエッジ	自動で境界を検知するかどうかを指定します。通常はチェックを入れておきます。
❸枠幅	選択範囲を自動で作成する範囲を指定します。
❹スムーズ	選択範囲のエッジ部分の滑らかさを指定します。
❺ぼかし	選択範囲のエッジの固さを指定します。値が小さいと境界がぼけた選択範囲を作成します。
❻ランプ	マスクの境界位置をシフトさせます。スライダーを左側にドラッグすると選択範囲の内側に、右側にドラッグすると外側にシフトします。
❼調整ブラシ	調整ブラシのモードを切り替えます。 ・マット：ブラシで塗った範囲の境界を分析します。 ・前景：マスクされた部分を除外し、選択範囲に追加します。 ・後景：マスクされていない部分を塗りつぶし、選択範囲から除外します。 ・ぼかし：マスクの境界線をぼかします。 ・幅：調整ブラシのサイズを指定します。
❽出力	パネルの［適用］ボタンをクリック後に選択範囲をどのように適用するかを指定します。 ・選択：調整結果を選択範囲として出力します。 ・マスク：調整結果をマスクレイヤーとして出力します。  ・新規レイヤー：調整結果を切り抜き、新規レイヤーに出力します。  ・マスク付き新規レイヤー：調整結果を新規レイヤーにマスクレイヤーとして出力します。 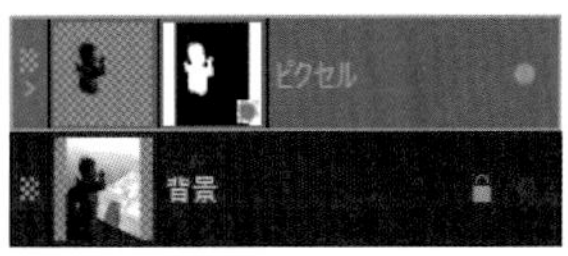

10 選択範囲を加工する

選択範囲を加工する3つの項目

作成したピクセル選択範囲は、範囲作成後であってもさまざまな方法で変更することができます。ここでは、**選択範囲の大きさを変更したり、境界線をぼかしたり、角を丸くしたりといった、選択範囲の編集**について解説します。

操作は、[選択] メニューにある [拡大／縮小] [ぼかし] [滑らかに] から行うことができます❶。

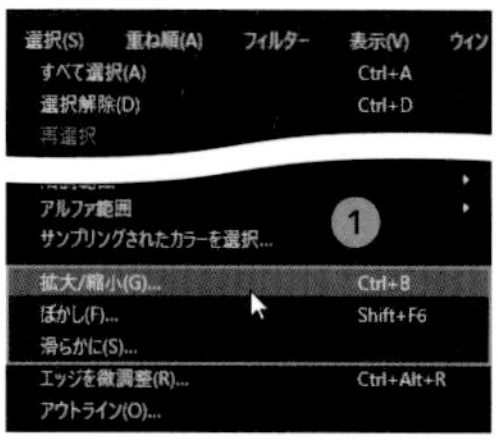

選択範囲を拡大／縮小する

1 選択範囲を作成後、[選択] メニュー→ [拡大／縮小] をクリックすると、[選択範囲の拡大／縮小] パネルが表示されます。

2 [半径] スライダーを左右にドラッグすると❶、選択範囲を拡大／縮小することができます❷。

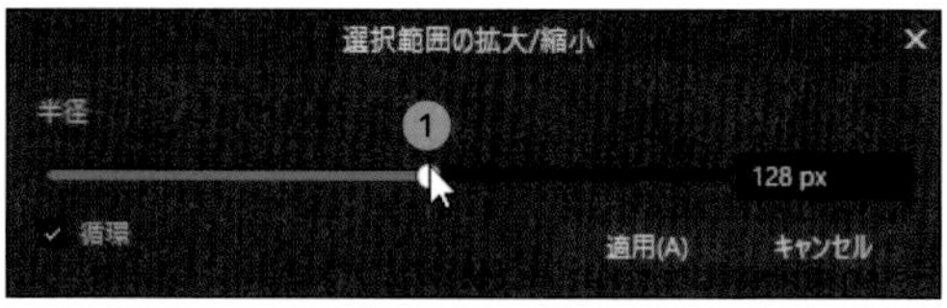

MEMO

[循環]にチェックを入れると拡大／縮小時に角が丸くなります。

選択範囲をぼかす

1 選択範囲を作成後、[選択] メニュー→ [ぼかし] クリックすると、[選択範囲をぼかす] パネルが表示されます。

2 [半径] スライダーを左右にドラッグすると❶、ぼかす範囲の半径を変更することができます❷。

3 ぼかした状態はそのままの状態ではわかりづらいので、ここでは試しにぼかした選択範囲を切り抜きました❸。選択範囲の境界線がぼやけ、半透明になっているのがわかります。

選択範囲の角を丸くする

1 選択範囲を作成後、[選択] メニュー→ [滑らかに] クリックすると、[選択範囲を滑らかにする] パネルが表示されます。

2 [半径] スライダーを左右にドラッグすると❶、選択範囲の角が滑らかになります❷。

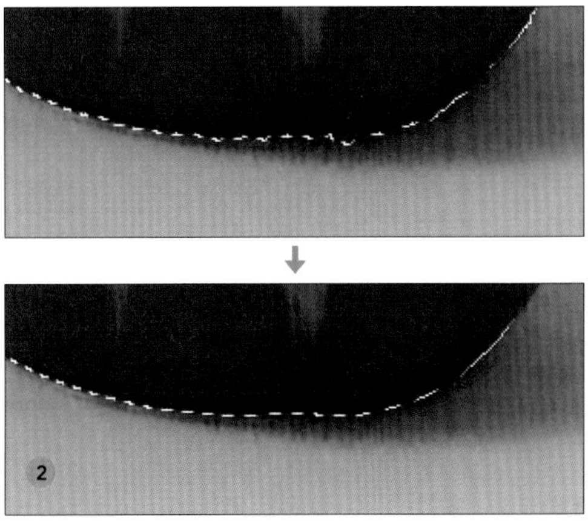

11 選択範囲を保存する／読み込む

Affinity Photoでは、**作成した選択範囲を保存し再利用する**ことができます。作成した選択範囲をアルファチャンネルとして保存する方法と、独立したファイルとして保存する方法の2種類が用意されています。

選択範囲をチャンネルとして保存する

1 選択範囲を作成後、［選択］メニュー→［選択範囲を保存］→［スペアチャンネルとして］の順にクリックします❶。

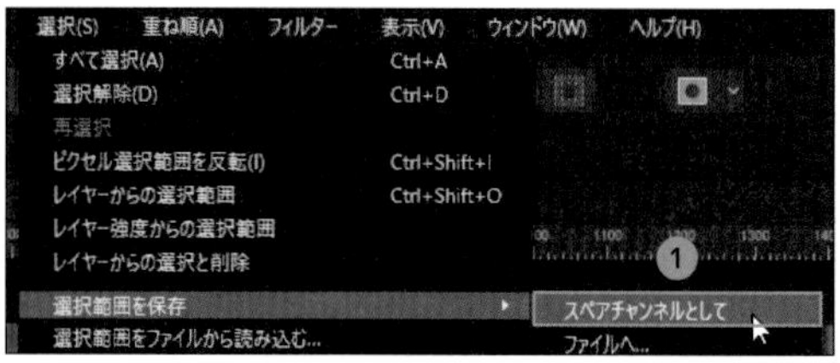

2 ［チャンネル］パネルを開き❷、［スペアチャンネル］として選択範囲が保存されていることを確認します❸。

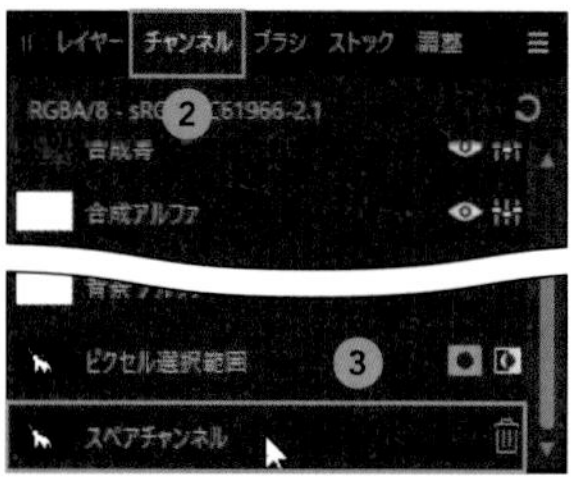

チャンネルから選択範囲を読み込む

1 選択範囲を読み込むには、［スペアチャンネル］を右クリックし❶、［ピクセル選択範囲に読み込み］をクリックします❷。

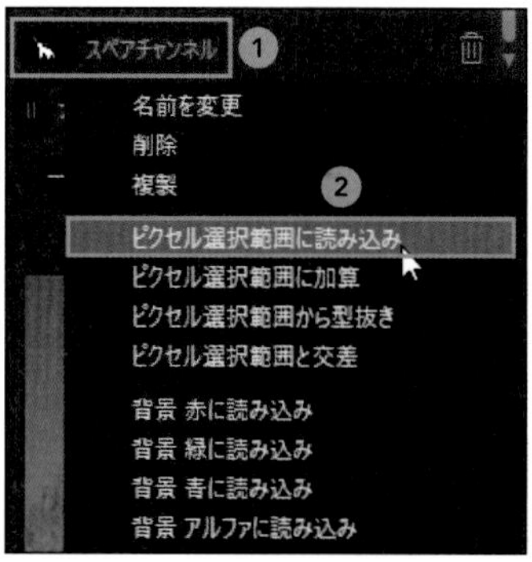

2 選択範囲が読み込まれました❸。

▷▷ 選択範囲をファイルとして保存する

1 選択範囲を作成後、[選択] メニュー→ [選択範囲を保存] → [ファイルへ] の順にクリックします❶。

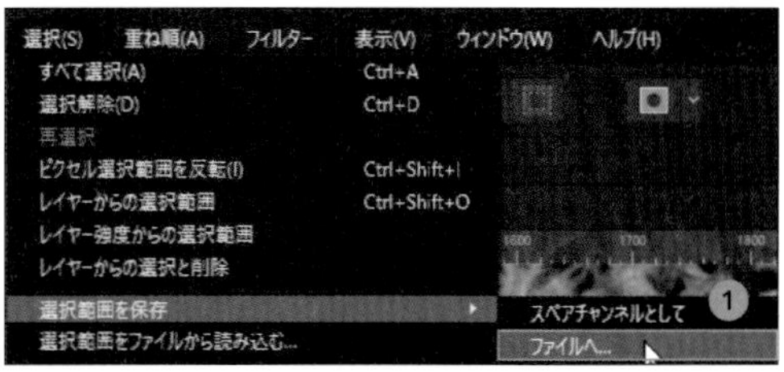

2 保存先を指定します。ファイル名を入力し❷、[保存] ボタンをクリックします❸。

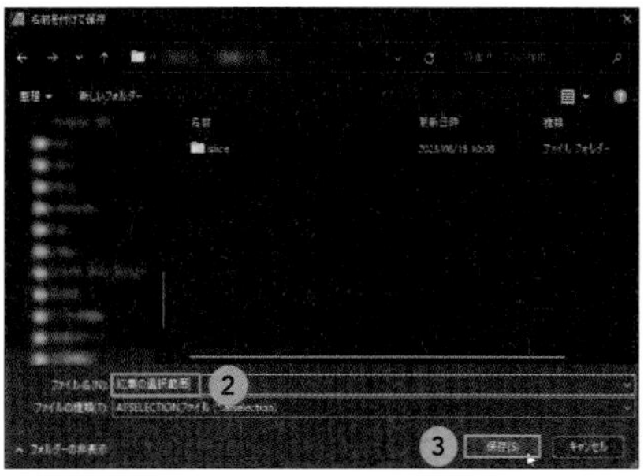

▷▷ ファイルから選択範囲を読み込む

1 [選択] メニュー→ [選択範囲をファイルから読み込む] の順にクリックします❶。

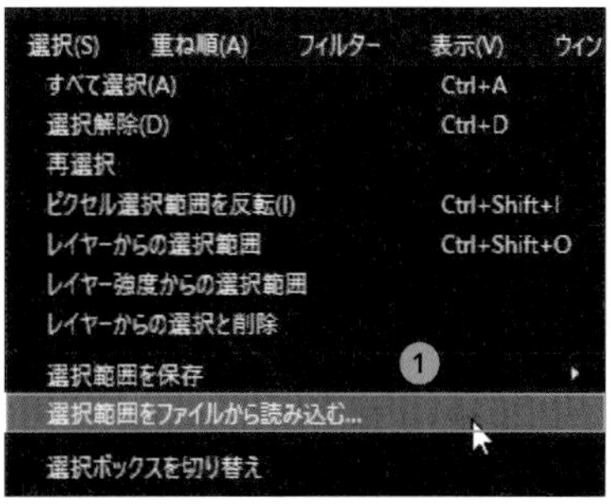

2 事前に保存した選択範囲ファイル（afselection 形式）を指定し❷、[開く] ボタンをクリックします❸。

3 選択範囲が読み込まれました❹。

→

第3章 選択範囲の作成

12 チャンネルを理解する

チャンネルとは

チャンネルとは、**画像の色情報や選択範囲の情報など、さまざまな情報を格納したグレースケールの画像**です。例えばカラー画像は複数のチャンネルによって構成されています。チャンネルの数はカラーモードによって異なりますが、RGBであれば「レッド（赤）」「グリーン（緑）」「ブルー（青）」の3種類、CMYKであれば「シアン」「マゼンタ」「イエロー（黄）」「ブラック（黒）」の4種類のカラーチャンネルを持っており、色別に用意されたグレースケールの画像で表されます。

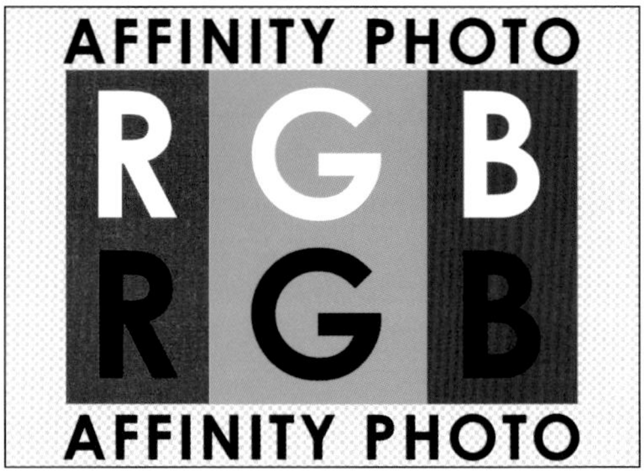

通常画像

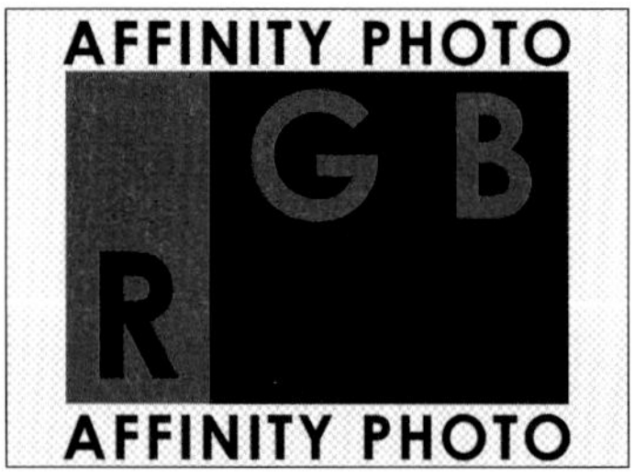

Rチャンネルを表示

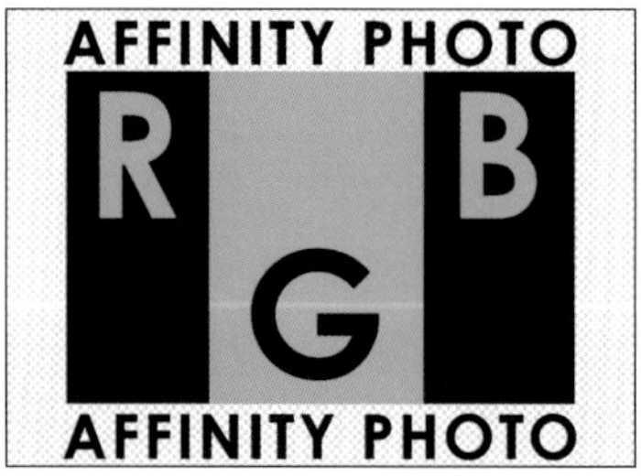

Gチャンネルを表示

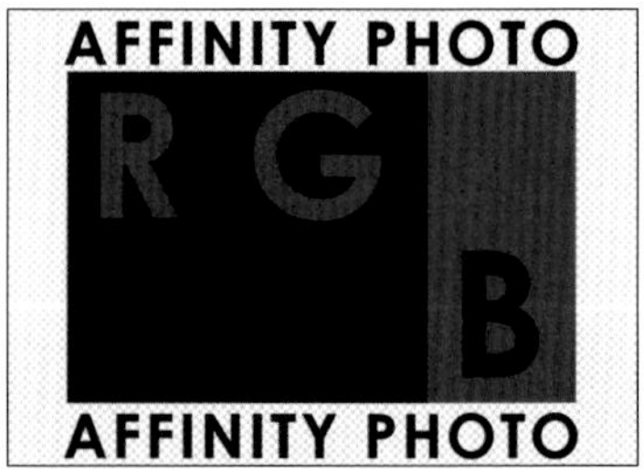

Bチャンネルを表示

アルファチャンネル

チャンネルには画像を構成するカラーチャンネルのほかに、アルファチャンネルがあります。**アルファチャンネルは透明度の情報を保持したもの**で、透明部分が黒、不透明部分が白のグレースケールで表現されます。

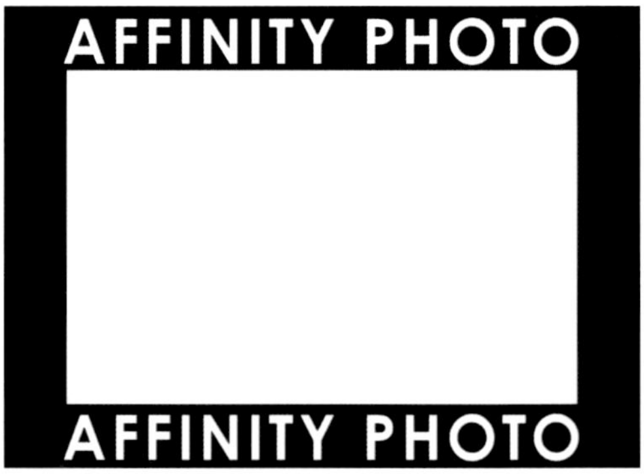

アルファチャンネルを表示

[チャンネル]パネルの見方

[チャンネル] パネルにはさまざまな情報が表示されるので一見複雑に見えますが、前述した内容を押さえておけば難しくありません。まず、「**合成赤/緑/青**」**と表示されているものが画像全体を構成するカラーチャンネル**です。その下に付属する「**合成アルファ**」**が、画像全体の透明度情報を表したアルファチャンネル**になっています。
何らかのレイヤーを選択している場合は、選択中のレイヤーに関するカラーチャンネルとアルファチャンネルが表示されます。

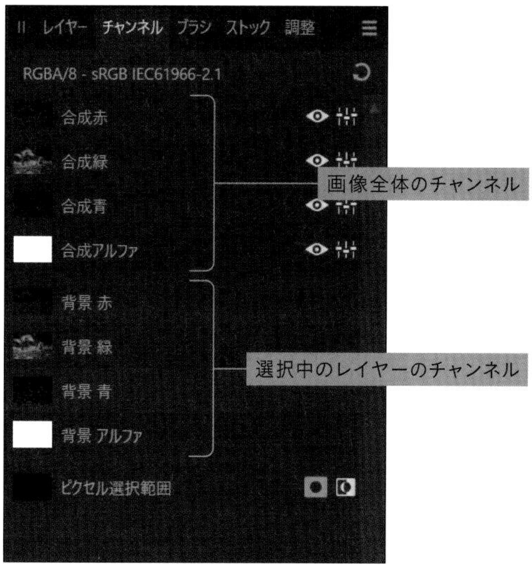

COLUMN

自作可能なスペアチャンネル

Affinity Photoにはスペアチャンネルというものがありますが、これは要するに「自分で作成したチャンネル」ということができます。例えば、既存のチャンネルを右クリックから複製したり、選択範囲をチャンネルとして保存したりしたときにはスペアチャンネルという扱いになります。
スペアチャンネルは画像から独立した存在なので、フィルターやブラシで編集しても元画像には影響を与えません。また、チャンネルはP.94の方法で選択範囲を読み込めるので、スペアチャンネルを編集した上で、そこから選択範囲を作成するということも行えます。

チャンネルの表示を切り替える

1 ［チャンネル］パネルの［表示］アイコン◉をクリックすると❶、チャンネルの表示／非表示を切り替えることができます。ここではRチャンネルを非表示にしました❷。

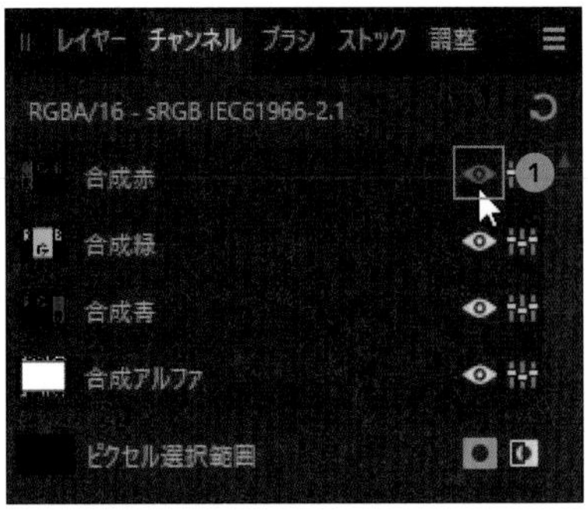

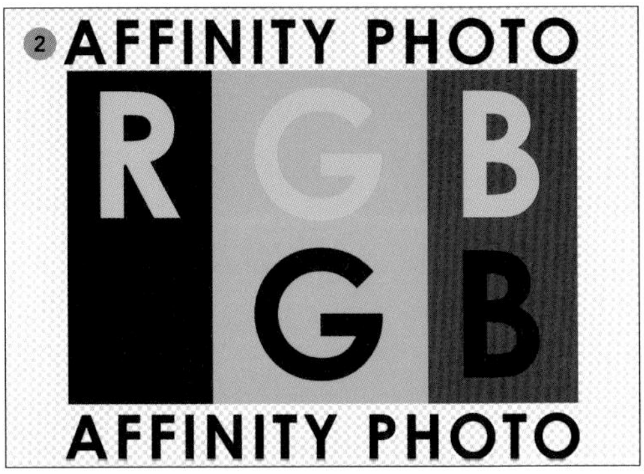

MEMO

［表示］アイコンの右にあるのは［編集可能］アイコンで、そのチャンネルの編集可能状態を切り替えることができます。

2 今度はチャンネル名の部分をクリックします❸。すると、クリックしたチャンネル以外がすべて非表示になります❹。

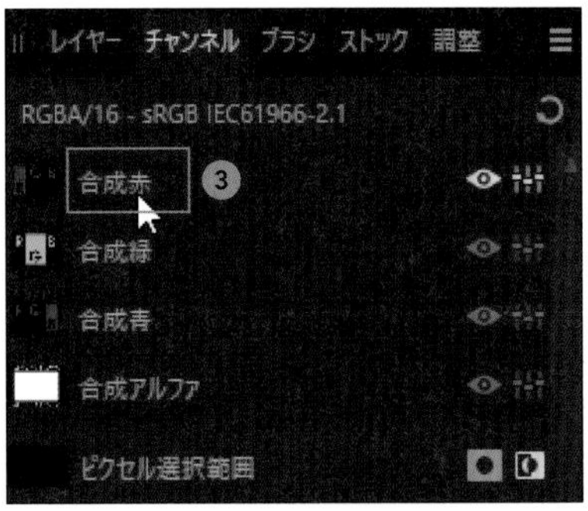

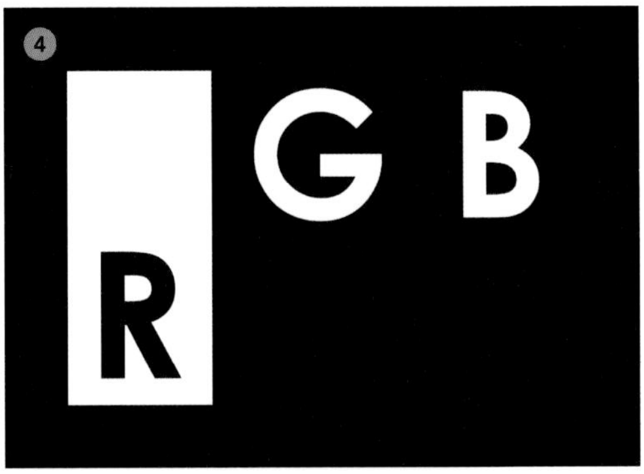

MEMO

単一のチャンネルだけを表示している場合は、画像がグレースケールで表示されます。このとき、［合成アルファ］の［表示］アイコンをオンにすると現在表示中のチャンネルの色が付いた状態で表示されます。

3 ［リセット］アイコンをクリックすると❺、すべてのチャンネルが表示された状態に戻ります。

第4章

レイヤーの活用

01 レイヤーのしくみと種類

レイヤーのしくみ

レイヤーとは、**画像の上に順に重ねられていく透明の紙のようなもの**です。重ねられたレイヤーの透明部分は下の層のレイヤーを表示し、不透明部分は逆に覆い隠します。レイヤーに関する管理は［レイヤー］パネルで行います。

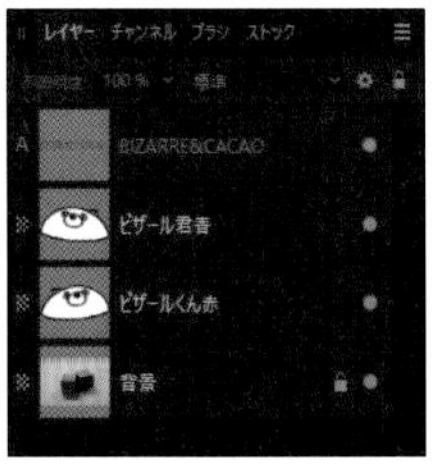

レイヤーの種類

レイヤーにはたくさんの種類がありますが、大きく3つのタイプに分けられます。

基本のレイヤー

画像レイヤー（背景レイヤー）

画像を読み込んだときに作成される、元の画像を含んだレイヤーです。初期状態では背景レイヤーはロックされているため、直接加工するには[レイヤー]パネルでロックを解除する必要があります（→P.103）。

ピクセルレイヤー

ピクセルベースでの編集が可能な画像が含まれるレイヤーです。[ペイントブラシ]ツールや[消去ブラシ]ツールで加工することが可能です。

マスクレイヤー（→P.106）

グレースケールのマスクを用いて元のレイヤーを加工することなく、部分的にレイヤーの表示／非表示をコントロールできるレイヤーです。

グループレイヤー（→P.112）

複数のレイヤーをグループ化してまとめるもので、フォルダのように階層構造にすることができます。

効果情報を保持するレイヤー

調整レイヤー（→P.38）

画像の色調補正などのパラメーターを保持したレイヤーです。元の画像に手を加えることなく補正ができるのが特徴です。

ライブフィルターレイヤー（→P.171）

ぼかしなどのライブフィルター効果を保持したレイヤーです。アイコンをクリックして再度エフェクトを調整することができます。

特定の用途のレイヤー

塗りつぶしレイヤー（→P.122）

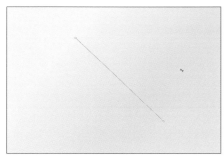

単色カラーやグラデーションで塗りつぶすためのレイヤーです。通常のピクセルレイヤーと異なり、塗りつぶした色やグラデーションをいつでも再調整が可能です。

パターンレイヤー（→P.124）

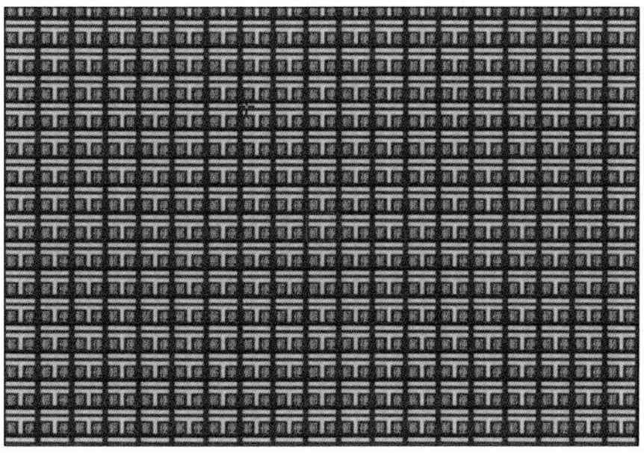

新規で描画した内容や既存の画像の選択範囲からパターンを作成するレイヤーです。パターンの大きさや角度は自由に調整可能です。

ベクターレイヤー（→P.164、166）

図形ツールや[ペン]ツールで使うと作成されるレイヤーです。シェイプ図形などのベクトルコンテンツを含みます。

テキストレイヤー（→P.152、154）

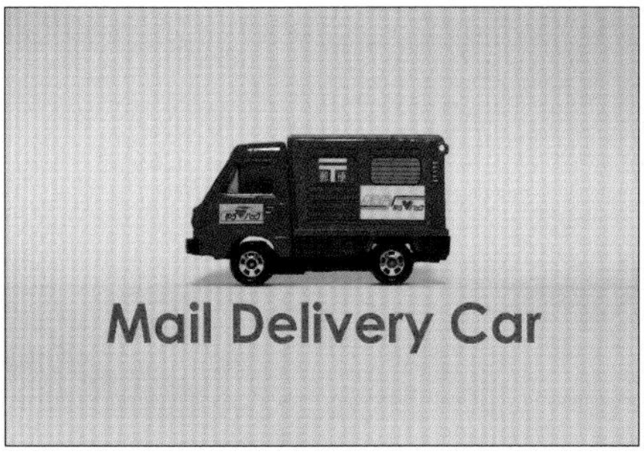

テキストツールで文字を入力すると作成されるレイヤーです。[アーティスティックテキスト]ツールや[フレームテキスト]ツールで入力した文字列ごとにテキストレイヤーが作成されます。

02 レイヤーの基本操作

新規レイヤーを作成する

1 ［レイヤー］パネルの下部にある［ピクセルレイヤーを追加］ボタンをクリックすると1、レイヤーが追加されます2。

MEMO

［レイヤー］メニュー→［新規レイヤー］の順にクリックすることでも同様に新規レイヤーを追加できます。

2 ［レイヤー］パネルのレイヤー名をダブルクリックしてレイヤー名を変更します3。

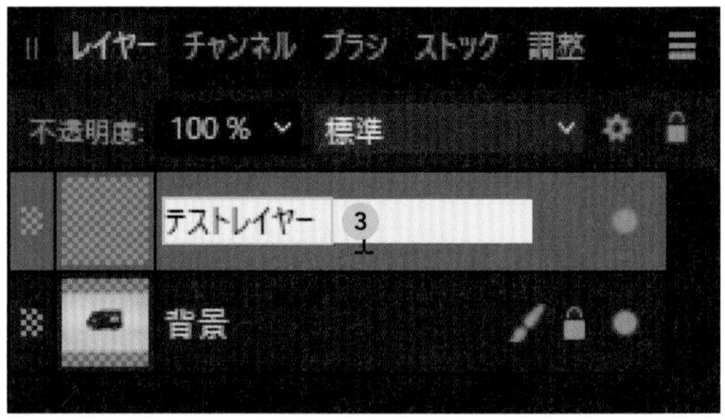

レイヤーを削除する

1 レイヤーを削除するには、レイヤーを選択後1、［レイヤーを削除］ボタンをクリックします2。

MEMO

レイヤーを選択して Delete キーを押しても削除可能です。

2 これでレイヤーが削除されました3。

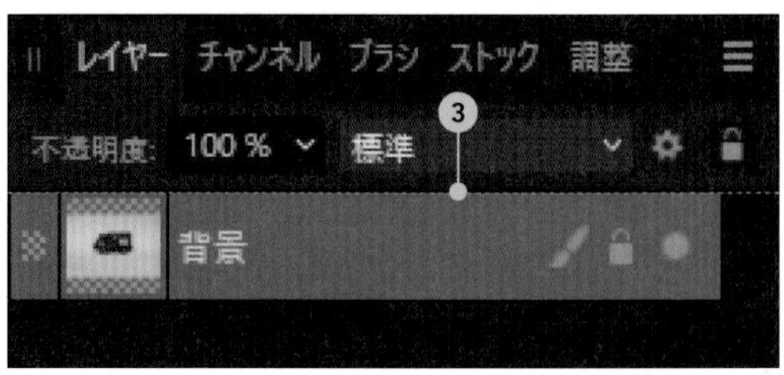

レイヤーの表示／非表示を切り替える

1 ［レイヤー］パネルで対象となるレイヤーの［可視性を切り替え］アイコンをクリックします 1。

2 オフになると、レイヤーが非表示になります 2。再度オンにすればレイヤーが表示されます。

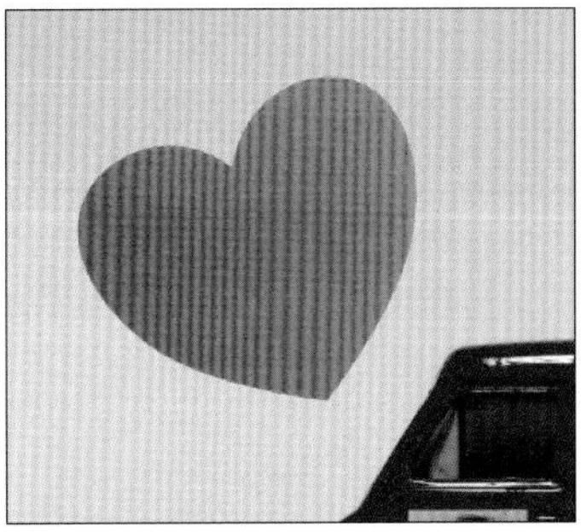

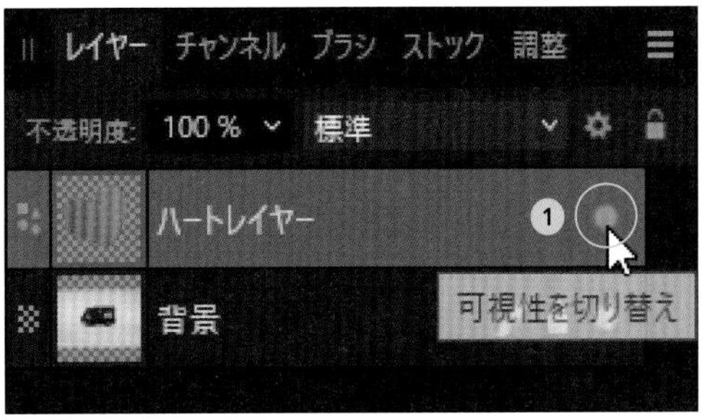

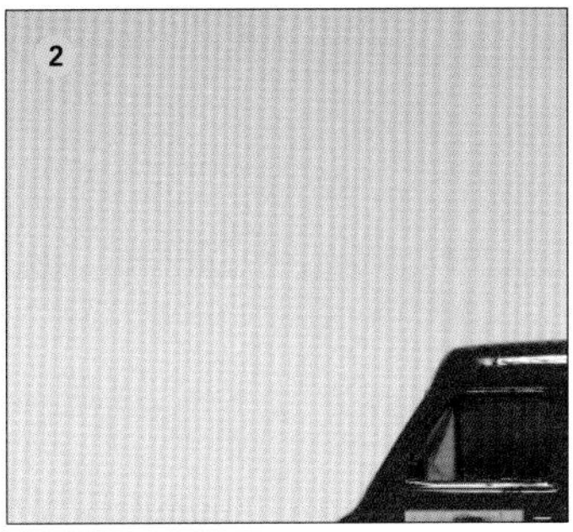

レイヤーをロックする

1 ［レイヤー］パネルの［ロック／ロック解除］ボタン 1、もしくはレイヤー上に表示される［ロックを切り替え］アイコン 2 をクリックするとロックをオン／オフできます。

2 レイヤーをロックすると、［移動］ツールによる選択が制限されるので移動／変形ができなくなります。ただし、ブラシなどの操作は可能です。

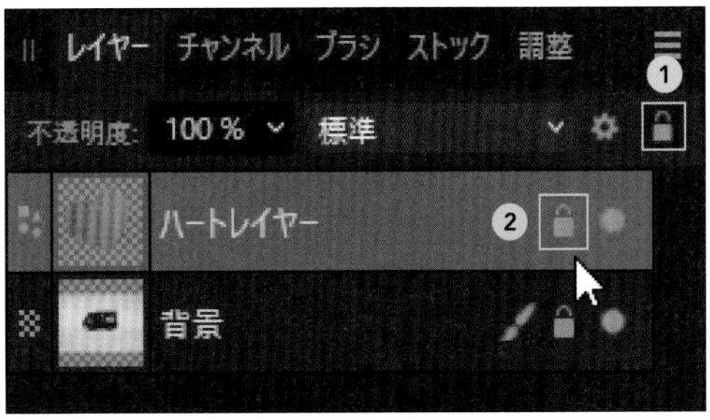

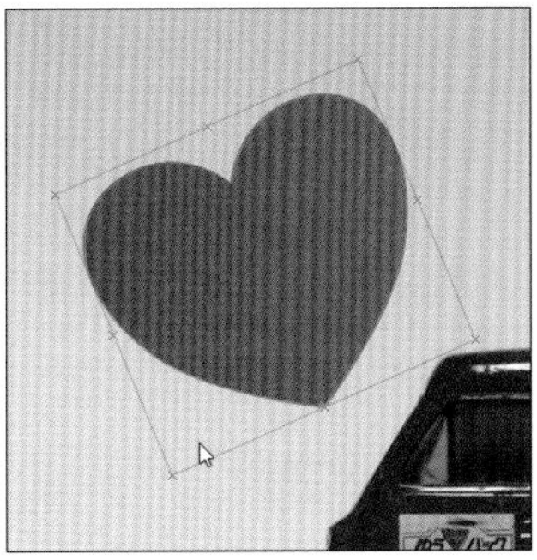

▷▷ レイヤーを複製する

1 ［レイヤー］パネルで複製したいレイヤーを右クリックします①。

2 ［複製］を選択すると②、レイヤーが複製されます③。

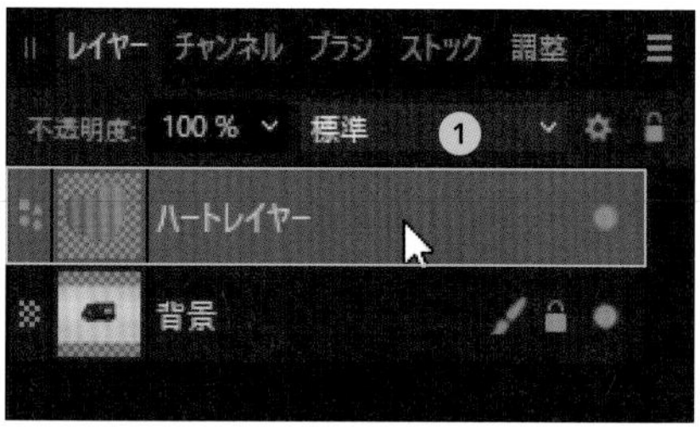

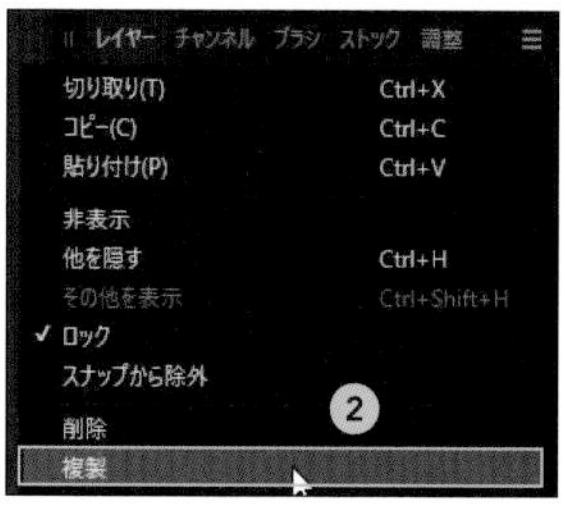

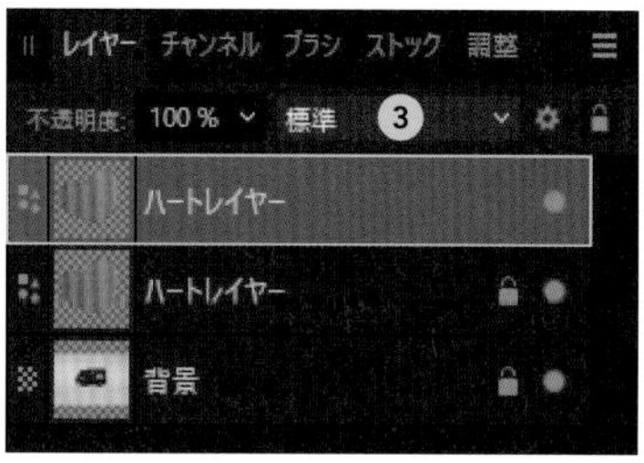

MEMO

Alt（option）キーを押しながらレイヤーを［レイヤー］パネル内でドラッグしても複製できます。

▷▷ ひとつ下のレイヤーと結合する

1 ［レイヤー］パネルで結合したいレイヤーを右クリックします①。

2 ［下のレイヤーと結合］を選択すると②、選択したレイヤーとその直下のレイヤーがひとつにまとめられます③。

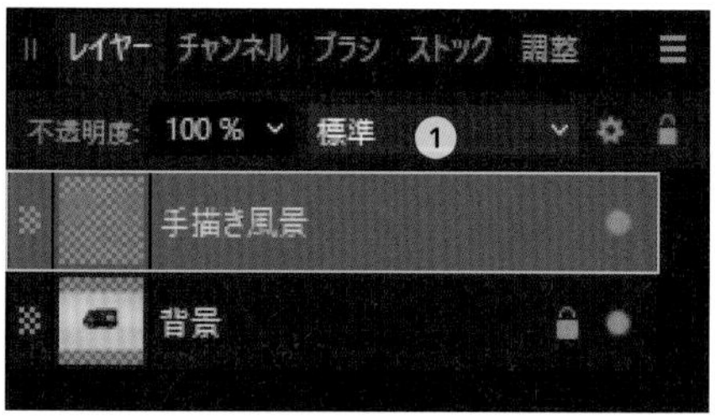

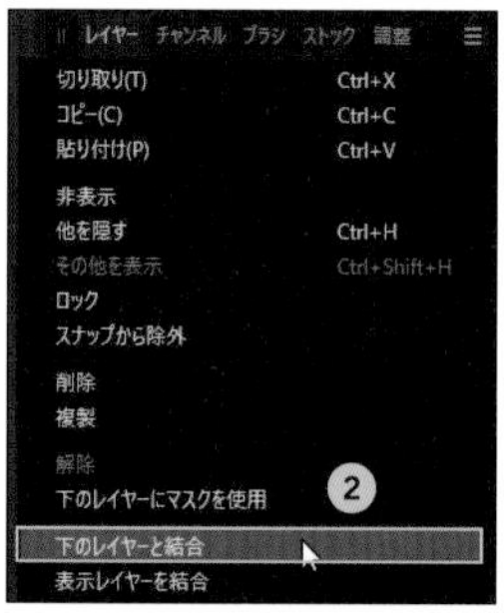

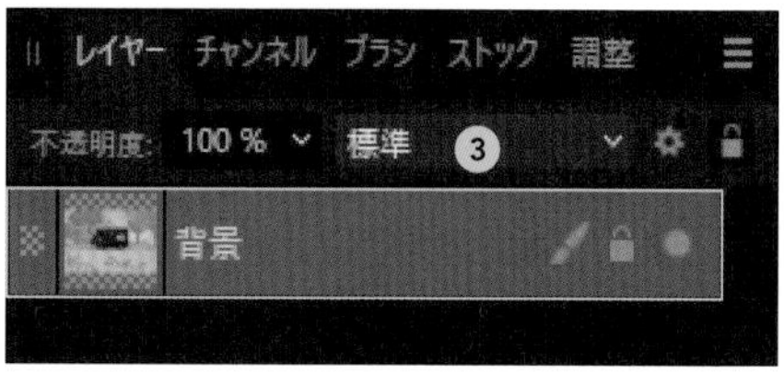

表示レイヤーから 1枚のレイヤーを作成する

この操作は**表示状態のレイヤーを統合して、新たに1枚のレイヤーを作成する機能**です。ボタンの表記には［結合］とありますが、元のレイヤーはそのまま維持されます。

1. ［レイヤー］パネルでレイヤーを右クリックします❶。

2. ［表示レイヤーを結合］を選択します❷。

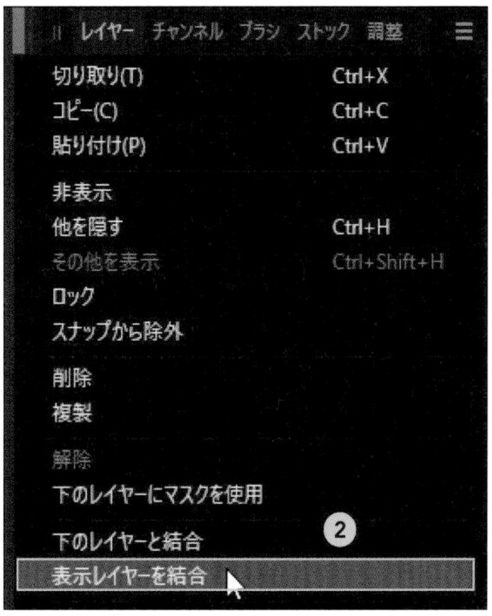

3. 右クリックしたレイヤーの上に、表示されているレイヤーをすべて結合した新しいレイヤーが作成されました❸。

03 マスクレイヤーを活用する

マスクレイヤーの基本的な使い方

マスクレイヤーとは、**レイヤーの一部を見えなく（マスク）することで表示部分と非表示部分をコントロールする機能**です。マスクレイヤーと図形ツールを組み合わせて図形の形に画像をマスクしたり、複雑な形状の対象を下層レイヤーと合成するなど、幅広く活用できます。

1 選択範囲の作成からはじめます。ここでは［長方形選択］ツールをクリックして選択し❶、画像の表示させたいエリアをドラッグして囲みます❷。

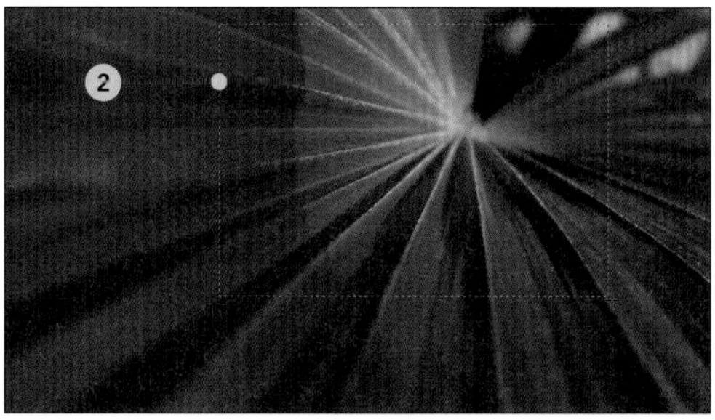

2 ［レイヤー］パネル下部にある［マスクレイヤー］ボタンをクリックすると❸、マスクレイヤーが作成されます❹。マスクレイヤーの黒い部分がマスクされて非表示になり、白い部分が表示されます。

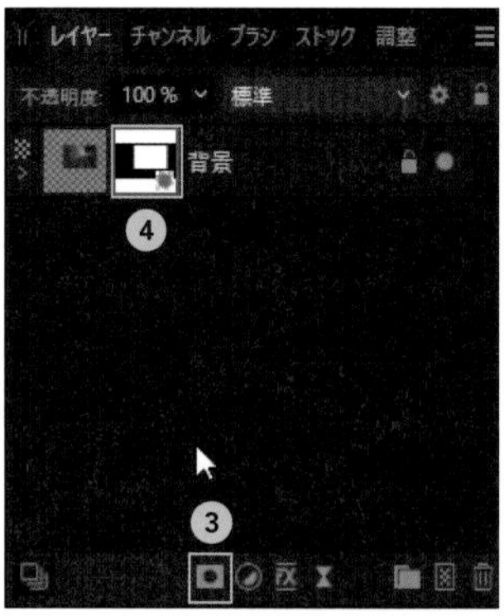

3 自動的に選択部分がマスクされ、非選択部分が非表示になりました❺。

▷ マスクレイヤーを使った合成例

ここでは例として、上層に配置したレイヤーの一部をマスクし、下層にあるレイヤーを表示させる形で合成します。

1 上層のレイヤーに海の画像❶、下層のレイヤーに空の画像❷を配置します。

2 上層の海のレイヤーをクリックし、[レイヤー] パネルの [マスクレイヤー] ボタンをクリックして❸、マスクレイヤーを作成します❹。

3 そのままマスクレイヤーを選択した状態で、[グラデーション] ツールを選択し❺、コンテキストツールバーのタイプを [線形] とします❻。

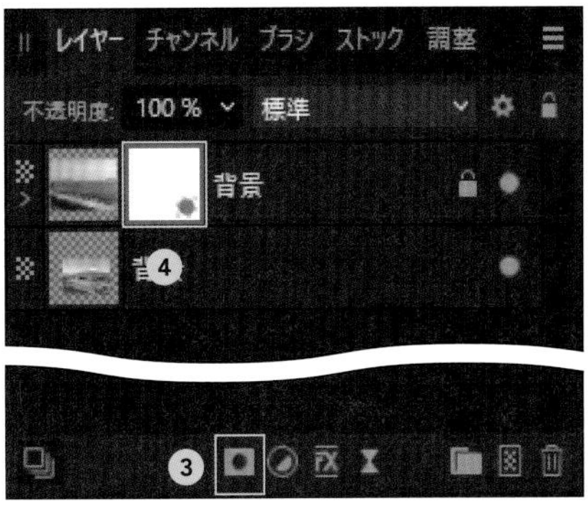

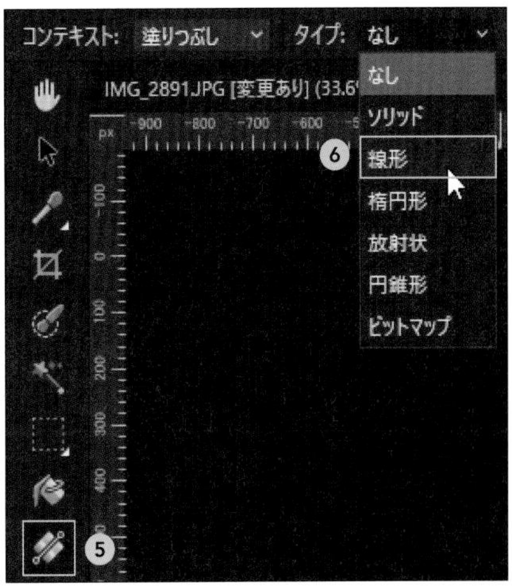

4 コンテキストツールバーのカラースウォッチをクリックし❼、［グラデーション］タブで白から黒のグラデーションに設定します❽。

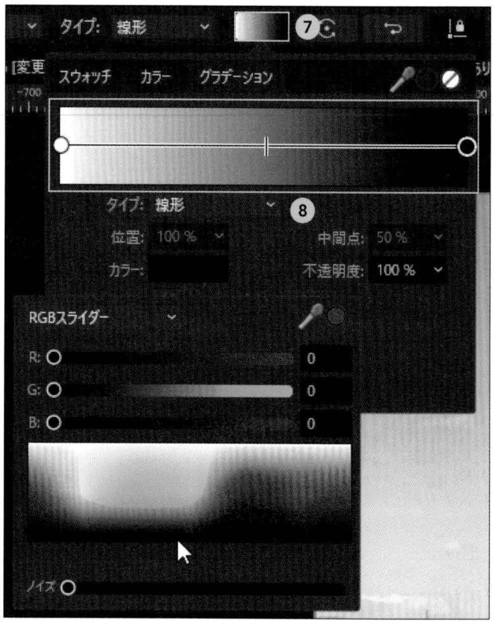

MEMO

黒でペイントするとマスク範囲となり、白でペイントするとマスク範囲から除外されます。[グラデーション]ツールのほか、ブラシツールを使った編集も可能です。

5 海のレイヤーで、下から上方向にドラッグします❾。「海」レイヤーの空部分が徐々に透明になり、下層の空のレイヤーが表示されました。グラデーションでマスクが作られているので自然な感じで背景と合成されています。

COLUMN

マスクレイヤーでつくる反射表現

マスクレイヤーの使いどころはいろいろありますが、例えば、疑似的な反射の表現を作成する際に使用できます。手順は以下の通りです。

(1)対象となるレイヤーを複製する
(2)複製レイヤーの対象物の下部から下を選択し、削除する
(3)複製レイヤーの画像を右クリックし、[変形]→[上下反転]をクリックする
(4)位置を合わせ、[レイヤー]パネルでマスクレイヤーを追加する
(5)グラデーションでマスクを塗りつぶす

マスクの表示／非表示を切り替える

1 マスクレイヤーのサムネイルを、Shift キーを押しながらクリックします1。

2 マスクレイヤーのサムネイルに赤い斜めラインが入り、マスクが非表示になりました2。再度、同じ操作を行えばマスクが表示されます。

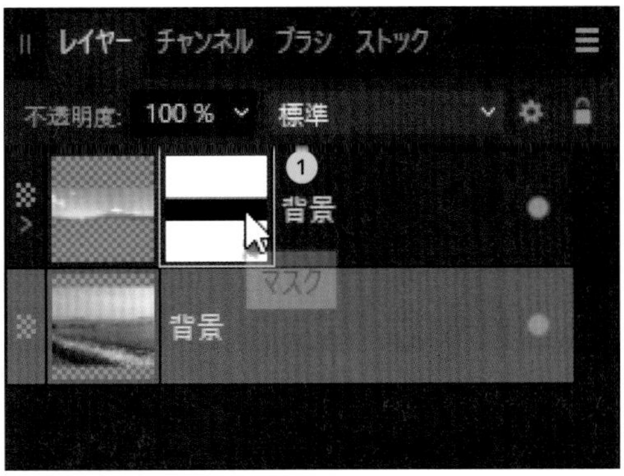

マスクの範囲を白黒で表示する

1 マスクのサムネイルを右クリックし1、[マスクを編集] をクリックします2。

MEMO

Alt（option）キーを押しながらマスクレイヤーのサムネイルをクリックしてもOKです。

2 マスクが白黒表示になり、マスクの範囲を確認しやすくなりました3。

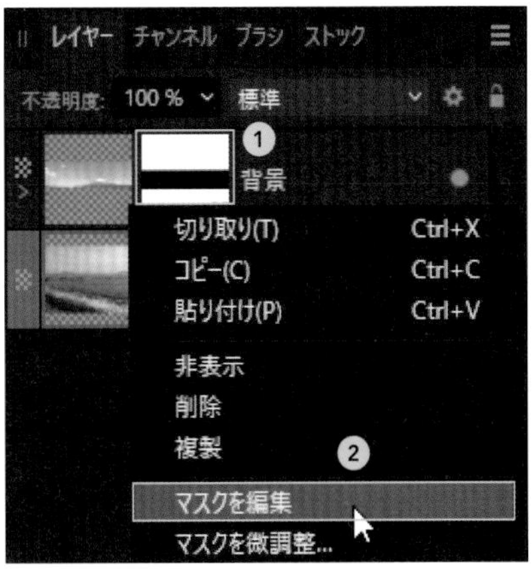

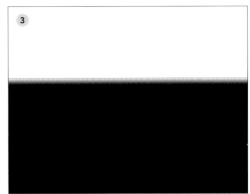

04 マスクにオブジェクトを使用する

図形の色の濃淡でマスクする

図形や文字などの形状に対して、**色の濃淡を用いて画像をマスクする**ことができます。

1. ここでは例として、図形ツールから［楕円］ツールをクリックし1、画像内をドラッグして図形を描きます。

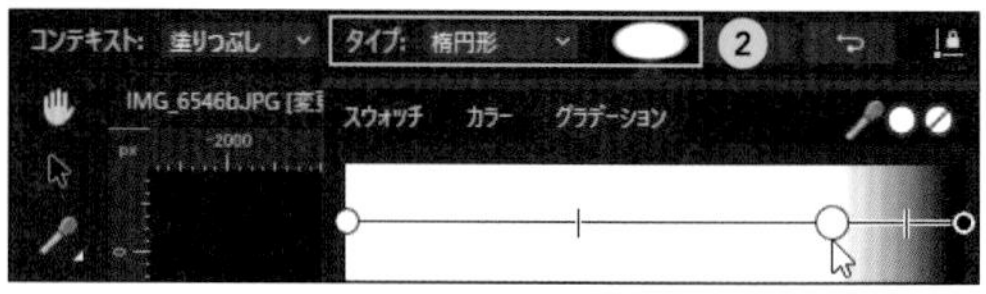

2. 図形を描画したら［グラデーション］ツールに切り替えて、コンテキストツールバーからグラデーションを設定します2。ここでは内側が白、外側が黒のグラデーションにしました3。

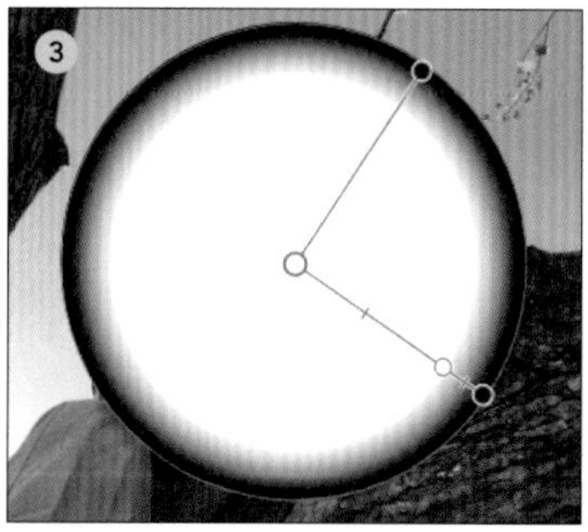

3. ［レイヤー］パネルで図形のレイヤーを右クリックし、［マスクにラスタライズ］をクリックします4。

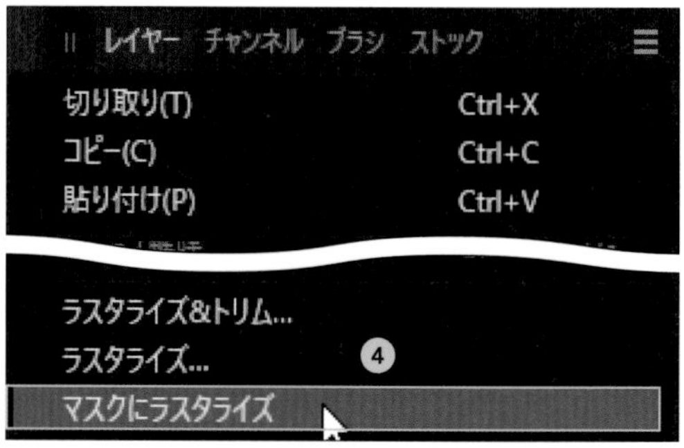

4. マスクレイヤーの濃淡により、画像の透明度が変化しました5。

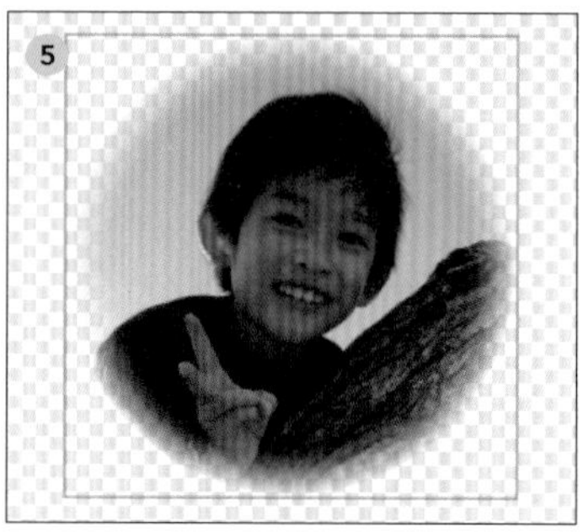

05 クリッピングを活用する

図形の形状で画像を切り抜く

クリッピングを使って、画像の色の濃淡ではなく**図形の形状から画像を切り抜きます**。マスクと異なり、半透明に透過させることはできません。ここでは例として、［ペン］ツールを用いて描いたカーブで画像をクリッピングします。

1. ［ペン］ツールをクリックし①、画像内の対象に沿ってカーブを描画します。

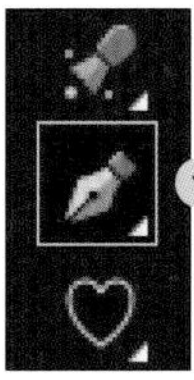

MEMO

カーブを描画している際は、コンテキストツールバーの［塗りつぶし］を［なし］にしましょう。

2. カーブで図形を描画したら、コンテキストツールバーの［塗りつぶし］で適当な色を設定します②。

3. ［レイヤー］パネルでカーブレイヤーをクリッピング対象のレイヤーのサムネイルにドラッグします③。

4. 画像がクリッピングされました④。

06 レイヤーグループでまとめる

レイヤーをグループ化する

レイヤーの枚数が増えてくると、それぞれのレイヤーがどの部分のレイヤーなのかが把握しづらくなってきます。**部位別、役割別などでレイヤーをグループ化**することで、効率の良いレイヤー管理が行えます。

1 グループにまとめたいレイヤーを Ctrl （command）キーを押しながら複数クリックします❶。

MEMO

連続した複数のレイヤーをまとめて選択するには、対象のレイヤーの一端をクリック後、Shift キーを押しながら反対側の端のレイヤーをクリックします。

2 ［レイヤーのグループ化］ボタンをクリックするか❷、選択したレイヤー上で右クリックして［グループ化］を選択します。

3 グループレイヤーが作成されました。［レイヤー］パネルの▶アイコンをクリックすると❸、グループを展開できます。グループ名をダブルクリックすれば、グループ名を変更可能です。

MEMO

グループを解除するには、グループを右クリックして［グループ解除］をクリックするか、個別のレイヤーをグループの外にドラッグします。

07 不透明度を活用する

レイヤーの不透明度を調整する

レイヤーには不透明度を設定することができます。不透明度を操作することで、**下層にあるレイヤーを透かして見せたり、調整レイヤーの効果を微調整したりできます**。不透明度の設定値が0に近づくほど透明になります。

1 ［レイヤー］パネルでレイヤーをクリックし1、［不透明度］をクリックします2。

2 ［不透明度］スライダーを左にドラッグすると3、不透明度が下がり、レイヤーの透明度が増します4。

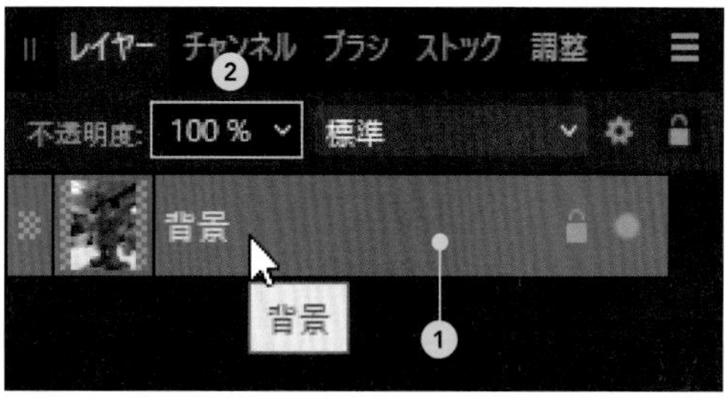

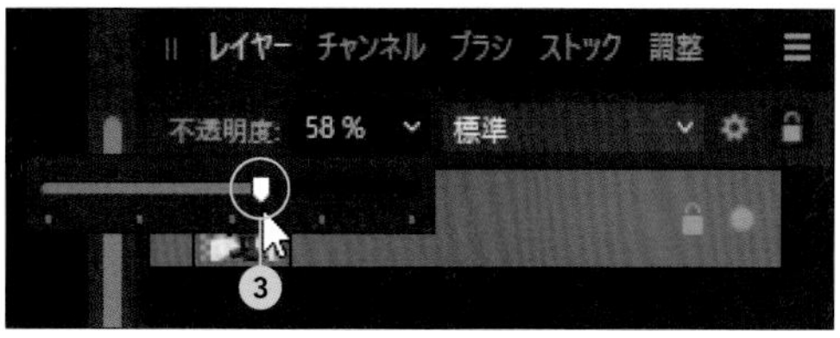

MEMO

透明になったレイヤーはチェック柄で表現されます。このチェック柄は印刷されることはありません。

08 描画モードを活用する

描画モードを変更する

描画モードを変更すると、**下層レイヤーと掛け合わせた表現が可能になります**。通常、描画モードは［標準］となっていて、下層のレイヤーは上層のレイヤーに隠されて見えません。単純な透明度の調整による合成だけでは表現できない複雑な合成が可能です。

1 ［レイヤー］パネルに2枚以上のレイヤーがある状態で、上層のレイヤーをクリックします❶。

2 ［レイヤー］パネルのポップアップメニューから目的の描画モードを選択します❷。ここでは例として［オーバーレイ］を選択します。

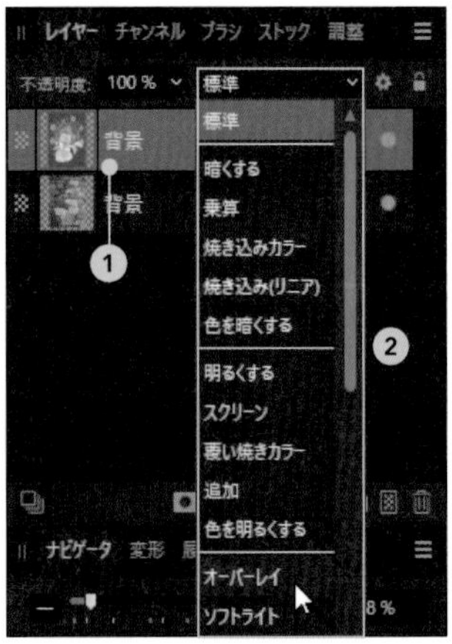

MEMO

オーバーレイは、下のレイヤーの明るい部分は[スクリーン]、暗い部分は[乗算]のブレンド効果が適用されるモードで、明るい部分はより明るく、暗い部分はより暗くなります。

3 上層のレイヤーに描画モードが設定され、下層のレイヤーと合成されました❸。

描画モードの種類

描画モードには全部で**32種類のモード**があります。ここではすべてのモードを一覧で紹介します。

標準

暗くする

乗算

焼き込みカラー

焼き込み(リニア)

色を暗くする

明るくする

スクリーン

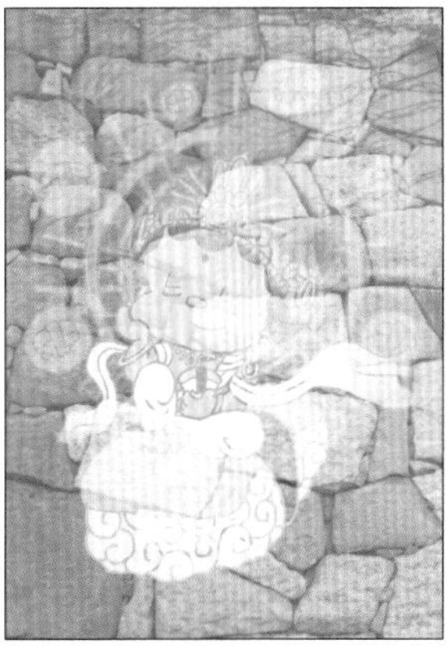

覆い焼きカラー

■追加

■色を明るくする

■オーバーレイ

■ソフトライト

■ハードライト

■ビビッドライト

■リニアライト

■ピンライト

■ハードミックス

■差の絶対値

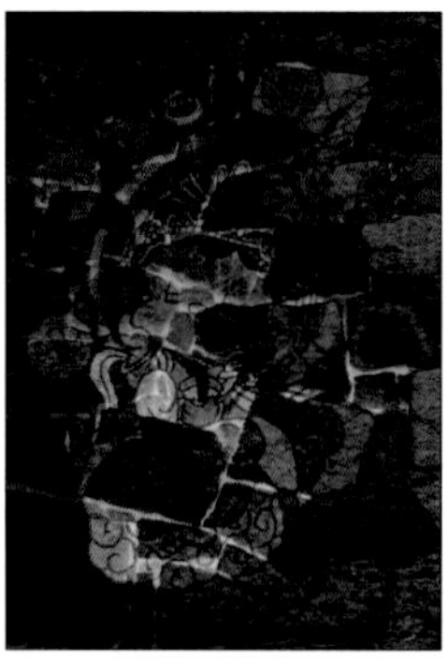

■除外

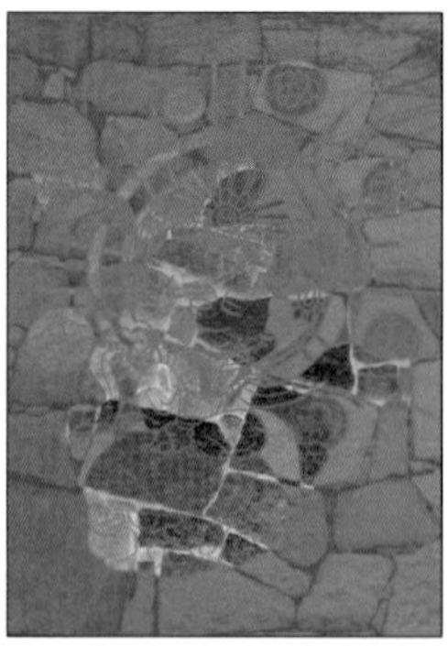

■型抜き

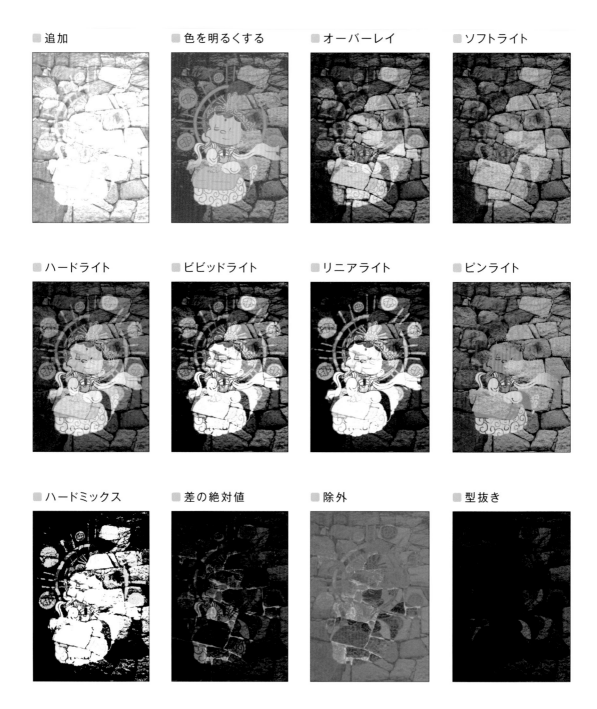

除算

色相

彩度

カラー

輝度

平均

反転

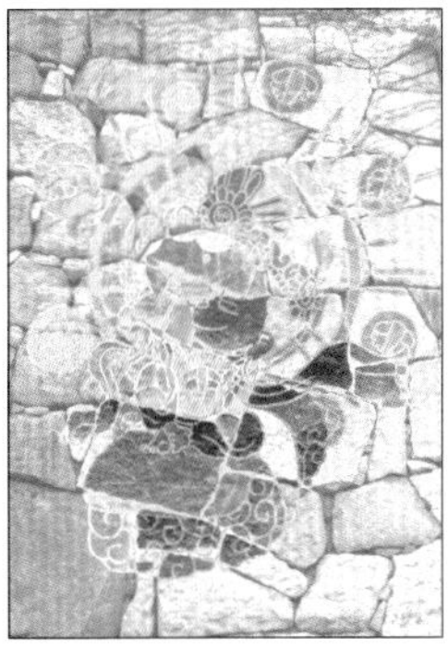

反射

光彩

コントラスト反転

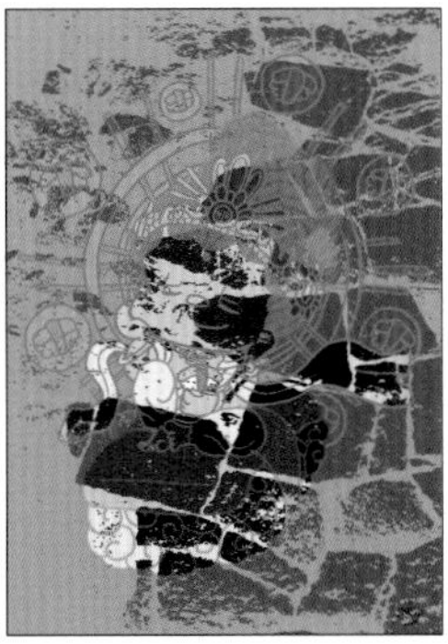

消去

09 レイヤーエフェクトを活用する

レイヤーエフェクトを活用する

レイヤーエフェクトは、**レイヤーに対してさまざまな効果を与える機能**です。レイヤーエフェクトを活用すれば、見栄えのするロゴを効率的に作成することができるほか、クリッピングした画像に縁取りやドロップシャドウの効果をつけるなど、さまざまな場面で活用することができます。ここではロゴ作成を例にレイヤーエフェクトを解説します。

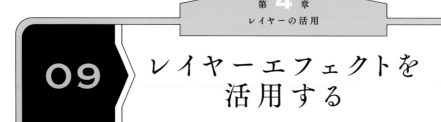

1 ［アーティスティックテキスト］ツールをクリックし①、画像上をドラッグして文字サイズを決定します②。

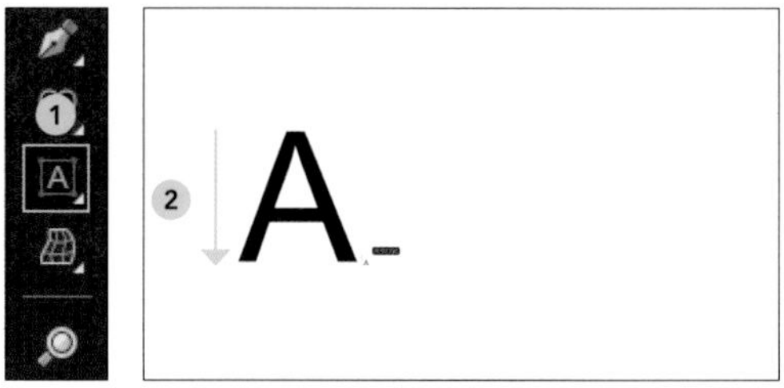

2 ロゴにしたい文字を入力したらすべて選択し、フォントを指定します③。これでテキストの準備ができました④。

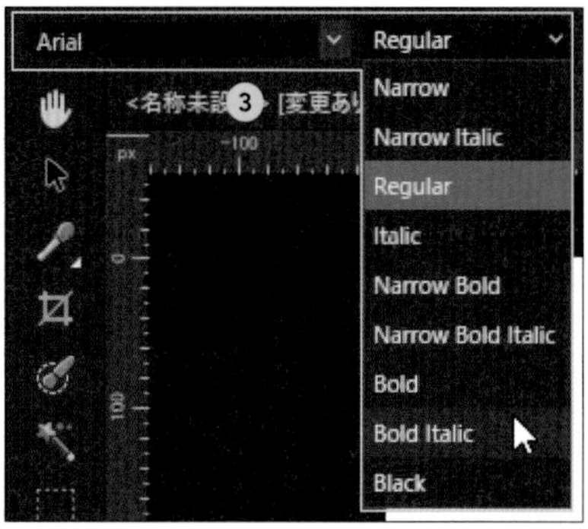

3 ［移動］ツールをクリックし⑤、［レイヤー］パネル下部の［レイヤーエフェクト］ボタンをクリックします⑥。

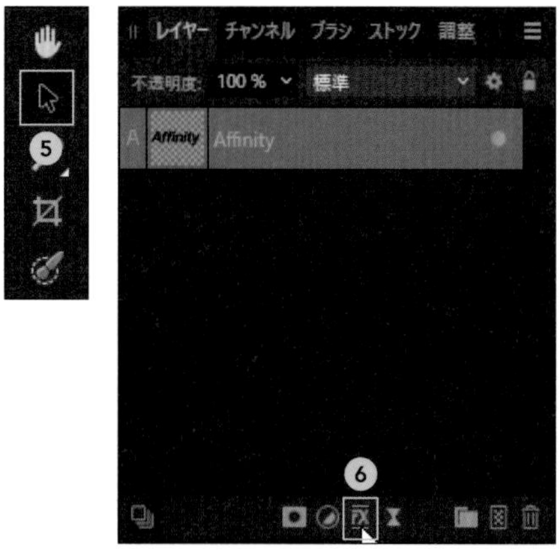

4 ［グラデーションオーバーレイ］の文字をクリックします7。［グラデーション］のカラースウォッチをクリックして8、グラデーションを設定します9。

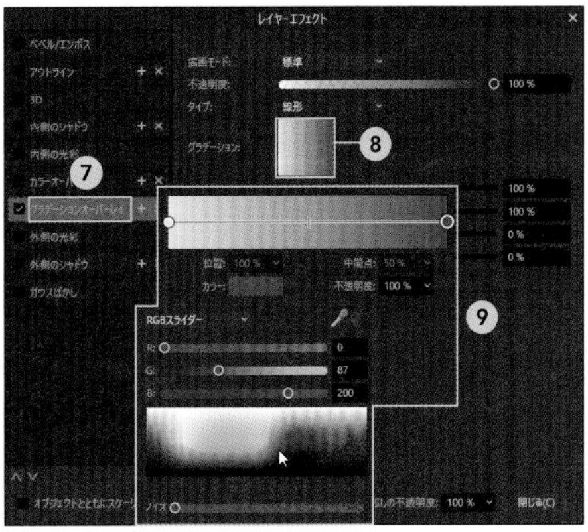

MEMO

エフェクト名をクリックしただけではエフェクトは有効になりませんが、設定値を変更することで有効になります。あるいはエフェクト名の左チェックボックスでオン／オフを切り替えられます。

5 ［アウトライン］をクリックし10、半径やカラーを設定します11。

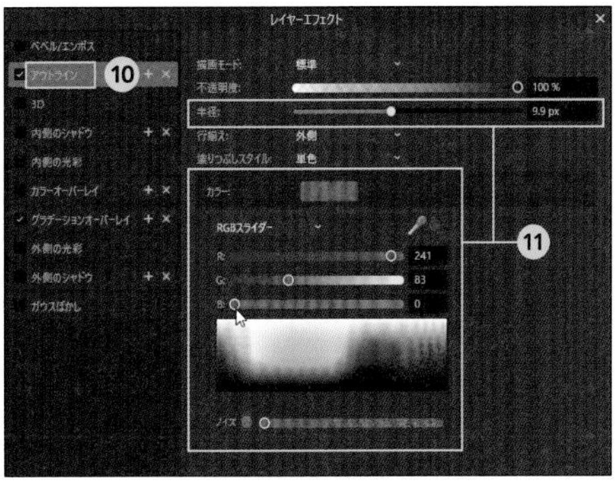

6 ［外側のシャドウ］をクリックし12、半径やオフセット、強度などを設定します13。

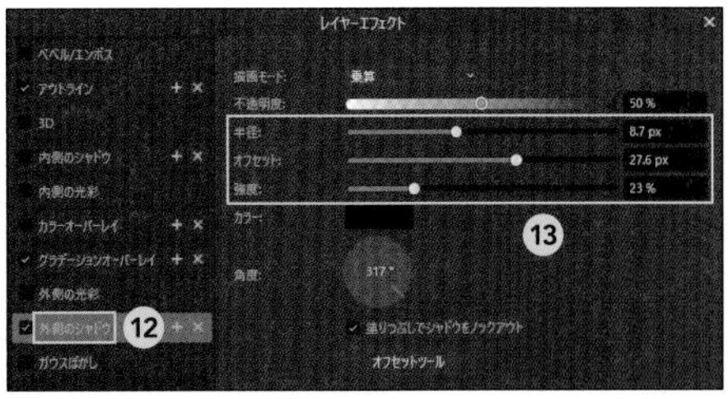

▷ レイヤーエフェクトの種類

ここでは**全10種類**のレイヤーエフェクトの使用例を紹介します。

■ ベベル／エンボス

レイヤー上のピクセルに対してエッジやシャドウを追加することで立体感を与えるエフェクトです。［タイプ］を切り替えることにより、さまざまな効果を表現することができます。

■ アウトライン

レイヤー上のピクセルのエッジ部分にカラーのアウトラインを追加するエフェクトです。［半径］でアウトラインの幅、［配置］でアウトラインの位置、［塗りつぶしスタイル］で色のスタイル、［カラー］でアウトラインの色を調整することができます。

■ 3D

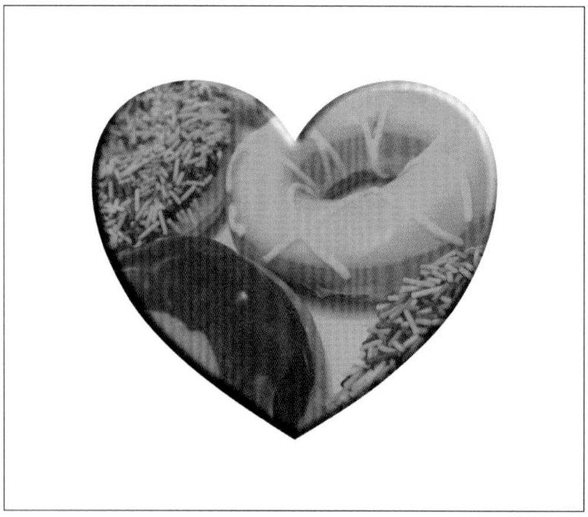

レイヤー上のピクセルに対して立体的な効果を与えるエフェクトです。照明の当たり具合や光源の反射具合、反射や周辺の色などを設定することで立体感を表現します。

■ 内側のシャドウ

レイヤー上のピクセルに対し、その内側にシャドウを追加するエフェクトです。［半径］でエッジのボケ具合、［オフセット］で影のズレ、［強度］で影の強さ、［角度］で影が出る方向をそれぞれ設定します。［オフセットツール］を押すと、画像内をドラッグすることで直接シャドウ位置を調整できます。

内側の光彩

レイヤー上のピクセルのエッジ部分の内側にカラーの境界を追加し、光っているかのような効果を与えます。各調整項目は［外側の光彩］と同様ですが、［カラー］でエッジ部分と中央部分のどちらに光彩を発生させるかを決めることができます。

カラーオーバーレイ

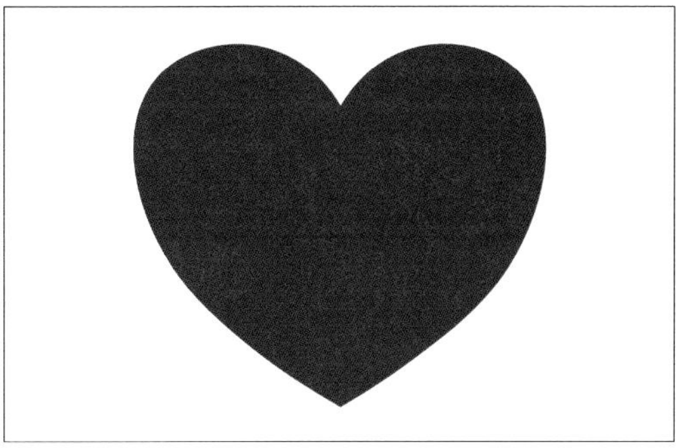

レイヤー上のピクセルに対して指定したカラーを適用します。元のピクセルが持つカラーの上に被せるようにカラーを適用するので、不透明度や描画モードを調整することで色の混ざり具合を変化させることができます。

グラデーションオーバーレイ

レイヤー上のピクセルに対して指定したグラデーションを適用します。元のピクセルがどのような色であっても、レイヤーに存在するピクセル全体に対してグラデーションがかかります。不透明度や描画モードを調整することでほかのレイヤーエフェクトと組み合わせることも可能です。

外側の光彩

レイヤー上のピクセルのエッジ部分の外側にカラーの境界を追加し、光っているかのような効果を与えます。［半径］でエフェクトの大きさ、［強さ］でエフェクトの強さ、［カラー］でエッジの色をそれぞれ調整します。明るい背景に白い文字を載せる場合に暗い色で外側の光彩を設定することもあります。

外側のシャドウ

レイヤー上のピクセルに対し、その外側にシャドウを追加するエフェクトです。各調整項目は［内側のシャドウ］と同様です。

ガウスぼかし

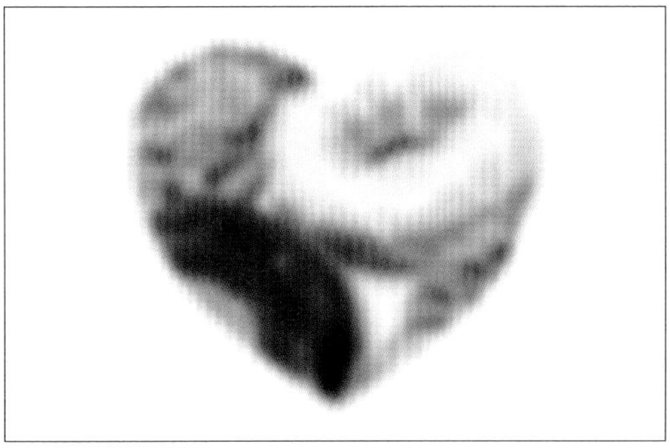

レイヤーに対してぼかしのエフェクトを与えます。ほかのレイヤーエフェクトを含めたまま効果を与えることができます。［アルファの維持］にチェックを入れるとマスク部分のエフェクトが無効になります。

10 塗りつぶしレイヤーを活用する

塗りつぶしレイヤーを活用する

塗りつぶしレイヤーを使用すると、**単色またはグラデーションカラーを適用したレイヤーを作成**できます。通常のピクセルレイヤーと異なり、塗りつぶしに使用した色やグラデーションは**再度調整することが可能**です。描画モードや不透明度を調整してレイヤーを合成することで画像をクリエイティブに加工できます。

1 ［レイヤー］メニュー→［新規塗りつぶしレイヤー］の順にクリックします1。すると、［レイヤー］パネルに塗りつぶしレイヤーが追加されます。

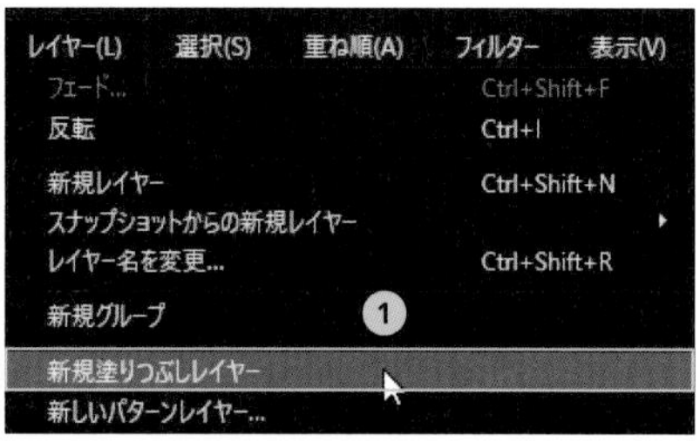

2 ［カラー］パネルで塗りつぶしたい色を選択します2。

2
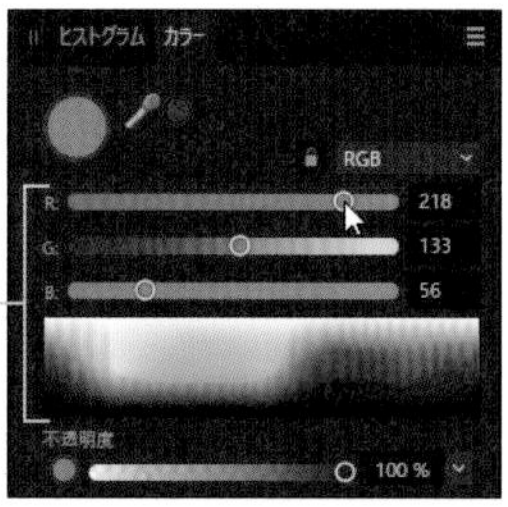

3 ［レイヤー］パネルで不透明度や描画モードを変更して3、合成の度合いを調整します4。

▷▷ 塗りつぶしの種類

コンテキストツールバーの［タイプ］から、グラデーションなどの塗りつぶしの種類を選択できます。このコンテキストツールバーは［グラデーション］ツール選択時と同じものです（→P.140）。表示されていない場合は、［グラデーション］ツールを選択してください。

■ソリッド

単色で塗りつぶします。

■線形

ドラッグした2点間のグラデーションを作成します。

■楕円形

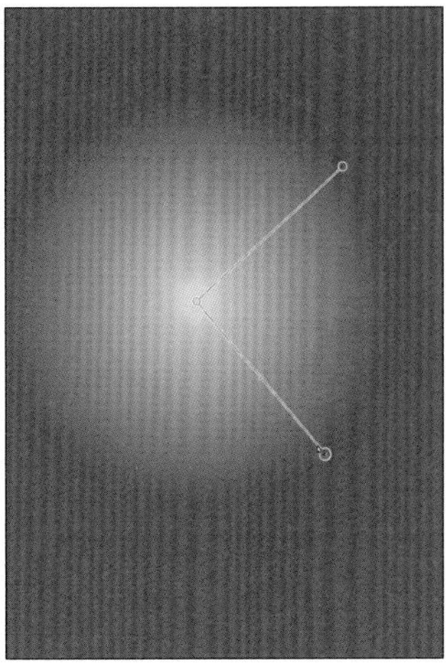

楕円形に広がるグラデーションを作成します。

■放射状

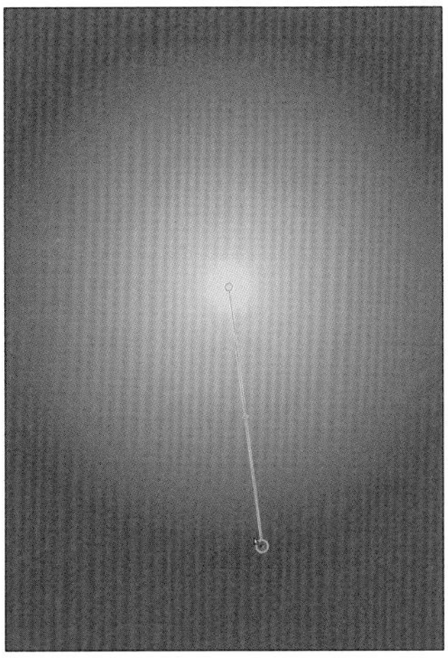

中心から放射状に等しく広がるグラデーションを作成します。

■円錐形

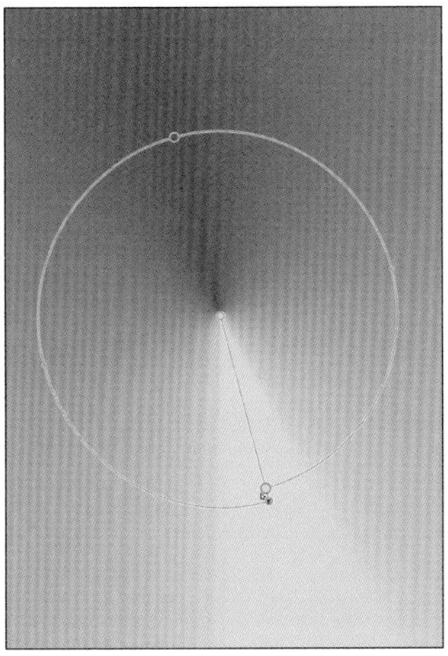

円錐状のグラデーションを作成します。

■ビットマップ

指定した画像をタイル状に並べてレイヤーを塗りつぶします。［拡張］から並べるパターンを選択することができます。

第4章 レイヤーの活用

11 パターンレイヤーを活用する

パターン作成の基本

パターンレイヤーを使用すると、**画像の一部、または全体を一つのパターンとして作成**することができます。

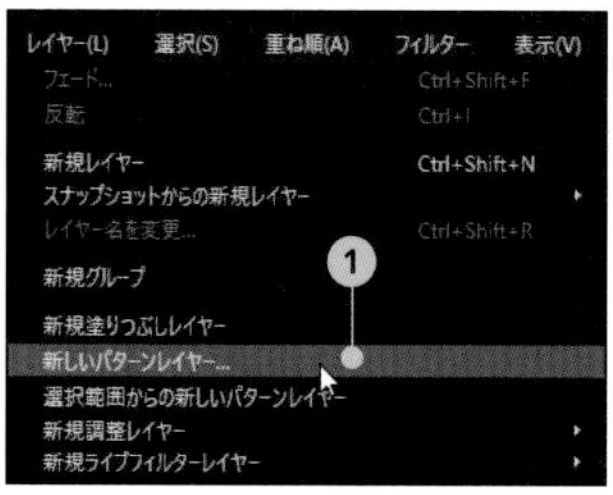

1 新規ドキュメントを作成し、［レイヤー］メニュー→［新しいパターンレイヤー］の順にクリックします❶。

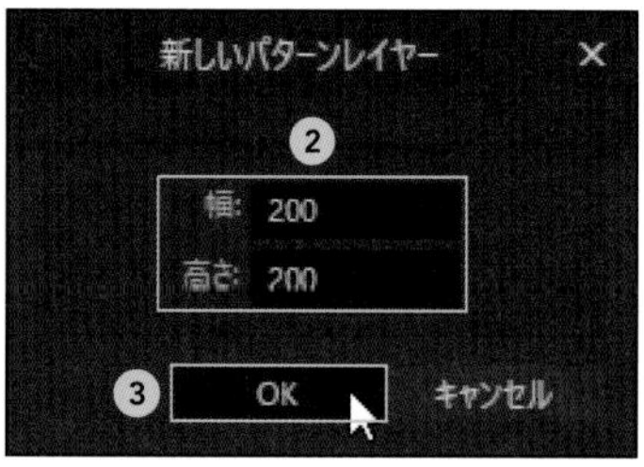

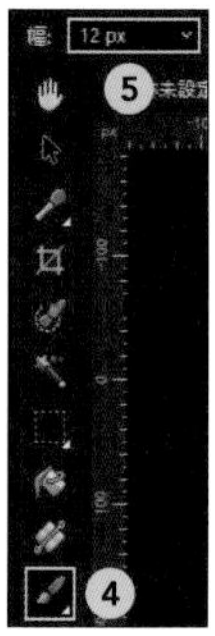

2 作成するパターンの幅と高さを入力します❷。ここでは幅を200、高さを200として、［OK］ボタンをクリックします❸。

3 ［ペイントブラシ］ツールをクリックし❹、ブラシサイズを調整して❺、［カラー］パネルで好みの色を設定します❻。

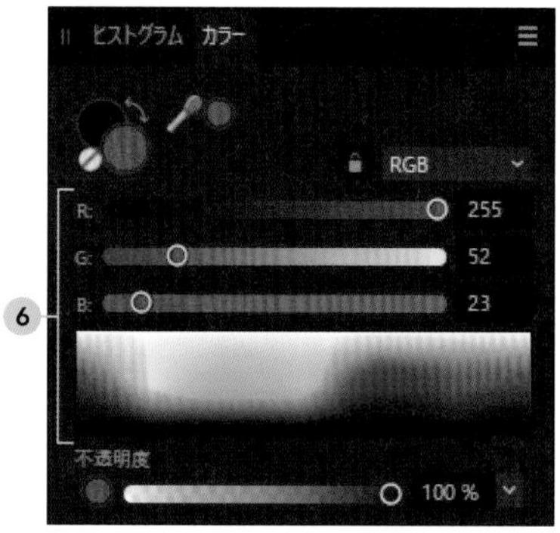

4 パターン枠内にカーソルを合わせ、ブラシで描くとリアルタイムでパターンとして反映されます❼。

5 ［移動］ツールをクリックし、パターンレイヤーの四隅をドラッグして大きさを調整します❽。

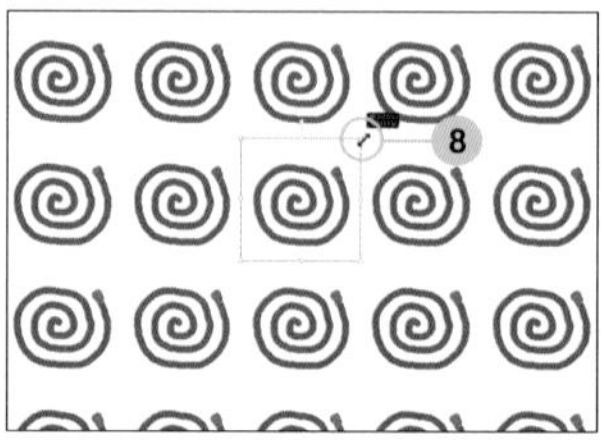

COLUMN

パターン枠の操作

パターン枠は各ハンドルをドラッグすることで拡大／縮小などの操作が行えます。

- ❶ **四隅**：比率を保ったまま拡大／縮小する
- ❷ **辺中央**：水平垂直方向にのみ拡大／縮小する
- ❸ **辺中央の外側**：水平垂直方向にシアーする（斜めにする）
- ❹ **上の突起部**：回転する

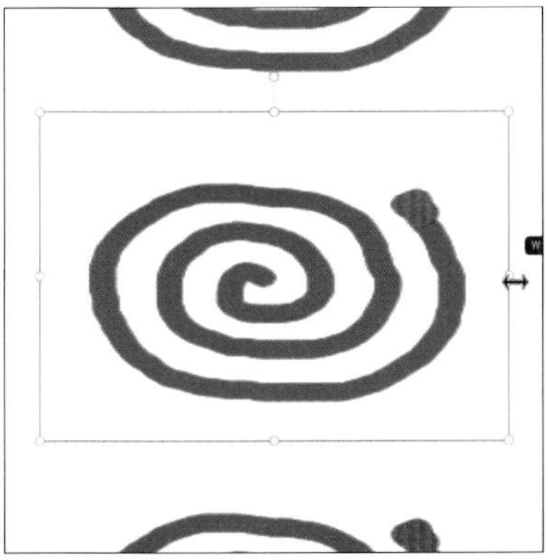

水平垂直方向にのみ拡大／縮小（❷）

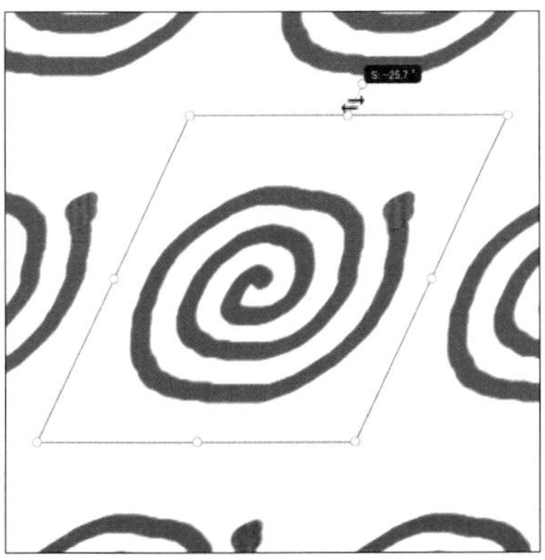

水平垂直方向にシアー（❸）

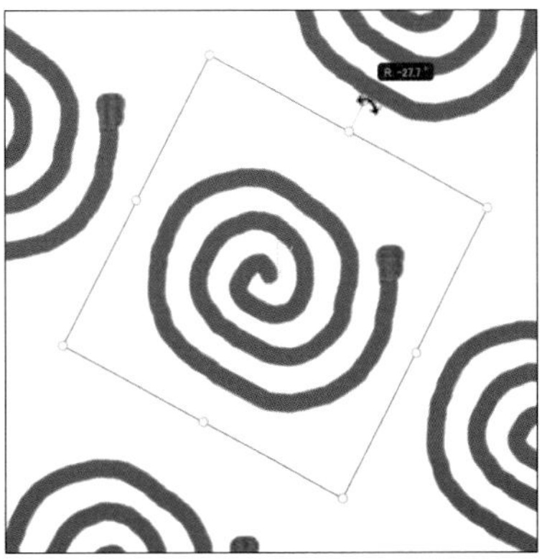

回転（❹）

シェイプを使ったパターンを作成する

1. P.124の手順2までを行い、パターンレイヤーを作成します❶。

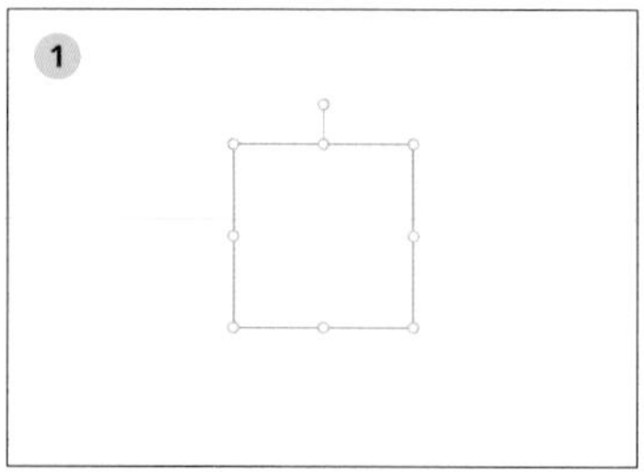

2. 図形ツールから好みのツールをクリックします❷。

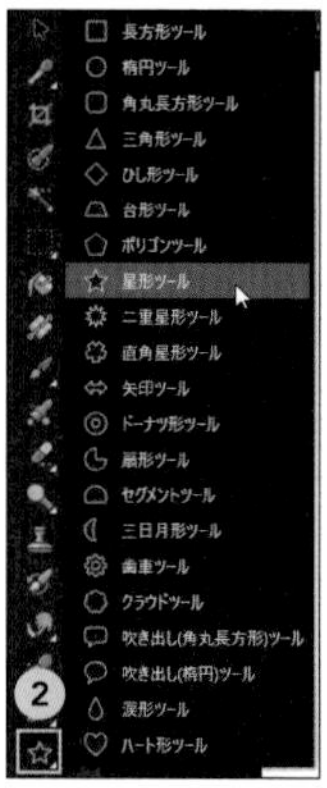

3. パターン枠内に合わせ、シェイプを描きます❸。

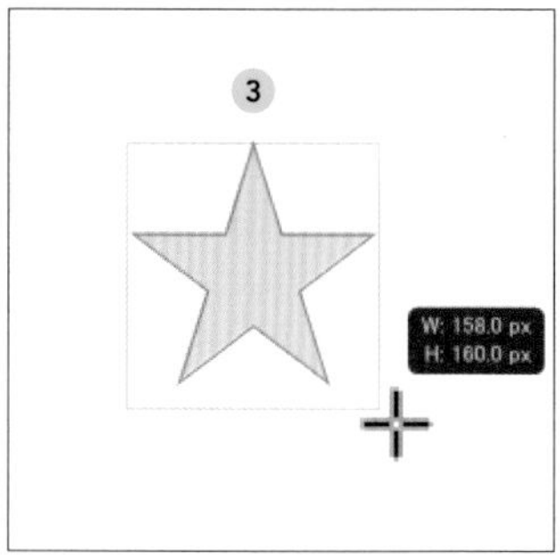

MEMO

シェイプを描く際、パターンレイヤー枠が非表示になるのではみ出ないように注意しましょう。

4. この状態ではシェイプレイヤーとパターンレイヤーが分かれており、パターン化されません。［レイヤー］パネルのシェイプレイヤー上で右クリックし、［下のレイヤーと結合］をクリックします❹。

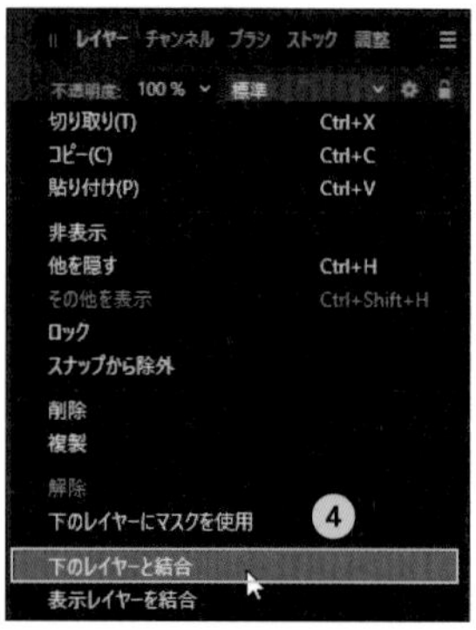

5. レイヤーがパターンレイヤーに結合され❺、パターンが作成されました❻。

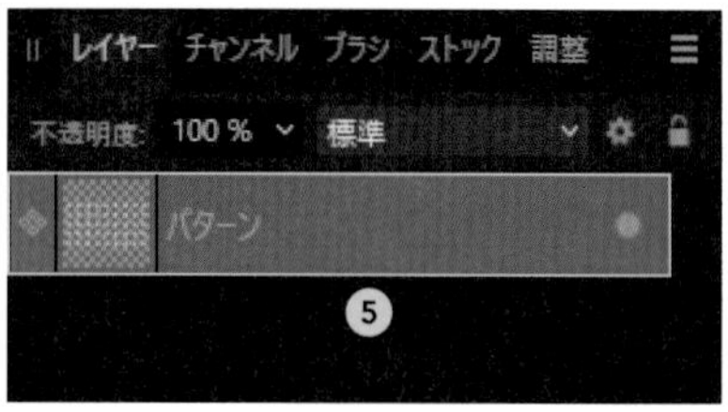

▷▷ 画像を元にパターンを作成する

1 パターンの元となる画像を開きます❶。

2 ［レイヤー］パネルで画像のレイヤーをクリックします❷。いずれかの選択ツールを選択し❸、画像内のパターンにしたい範囲をドラッグして選択します❹。

3 ［レイヤー］メニュー→［選択範囲からの新しいパターンレイヤー］の順にクリックします❺。

4 パターンレイヤーが作成されました❻。

5 ［移動］ツールに切り替え、パターン枠のコーナーを内側にドラッグすると❼、画面内がパターンで埋め尽くされます。

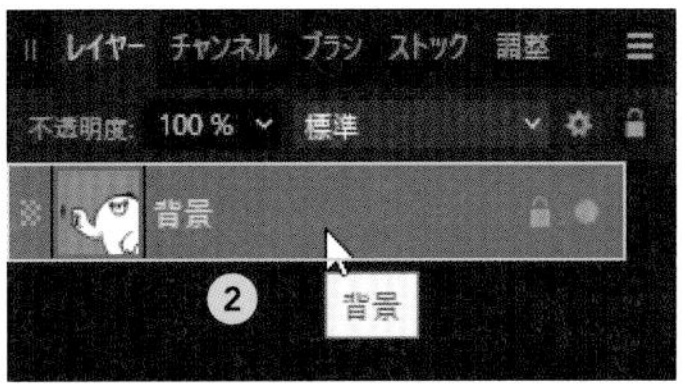

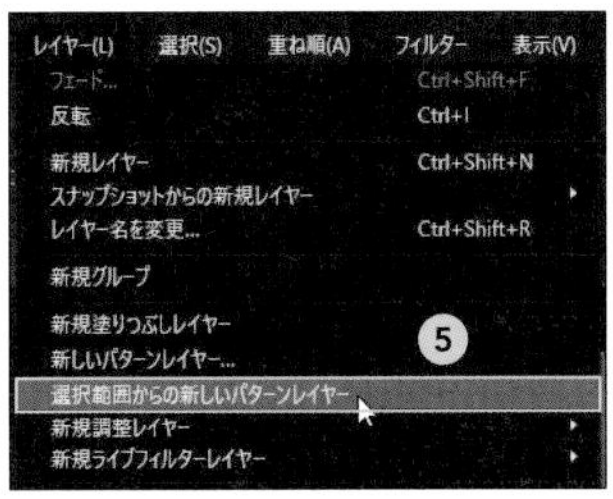

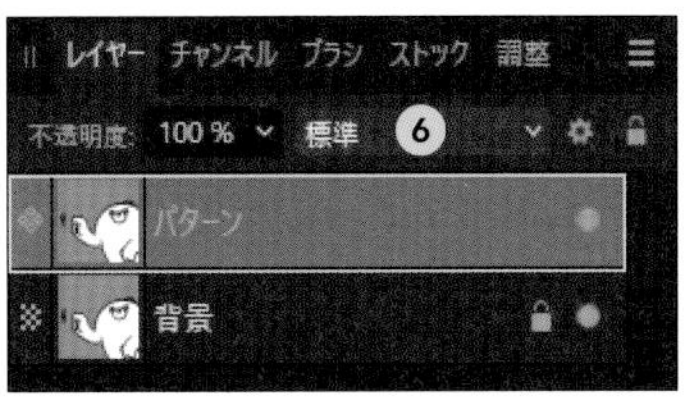

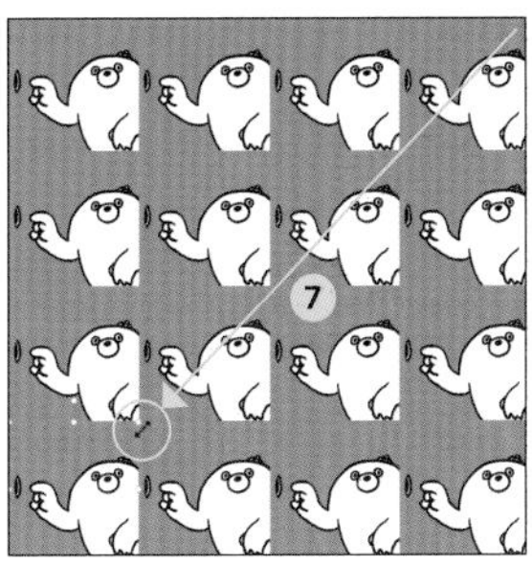

パターンレイヤーを画像に合成する

1 パターンを合成したい画像を用意し、適用したい部分を選択範囲で作成します①。

2 別ファイルで作成したパターンレイヤーを右クリックし②、［コピー］をクリックします③。

3 画像のファイルに切り替え、［レイヤー］パネルの画像レイヤー上で右クリックし、［貼り付け］（Macは［ペースト］）をクリックします④。

4 パターンレイヤーが合成先の画像にコピーされました⑤。［レイヤー］パネルの［マスクレイヤー］ボタンをクリックします⑥。

5 選択部分にパターンが適用されました⑦。

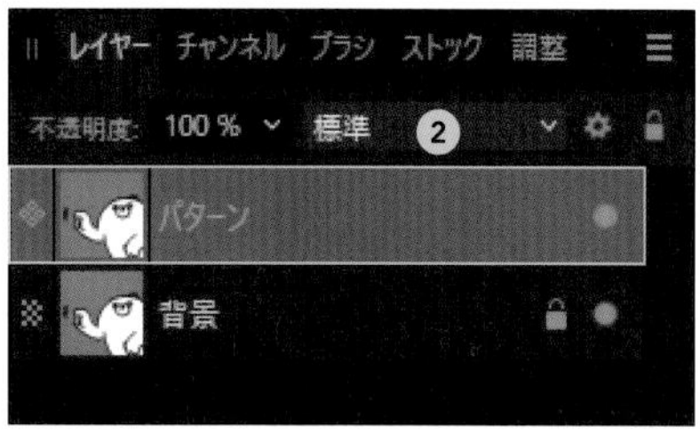

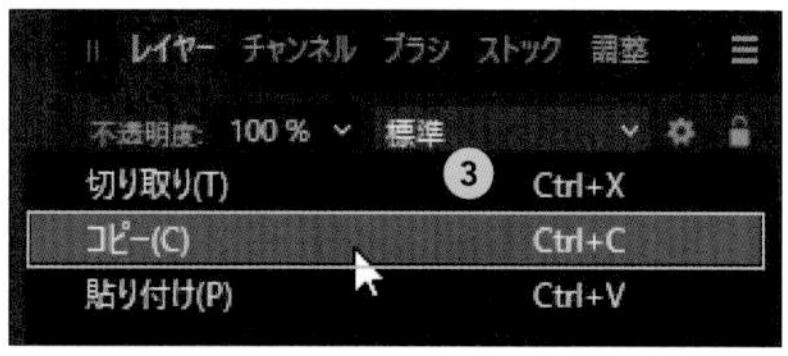

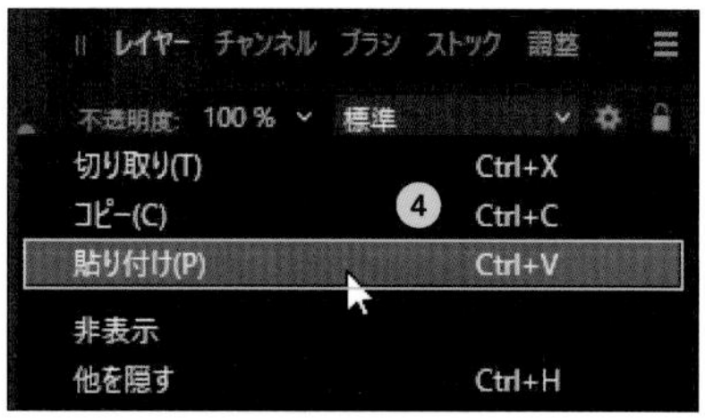

第 5 章

色とブラシ

01 カラー選択の基本

プライマリとセカンダリ

［ペイントブラシ］ツール、［塗りつぶし］ツール、［グラデーション］ツールや各図形ツールなど、描画を伴うツールを使用する際はカラーを指定する必要があります。
カラーには**プライマリとセカンダリがあり、［カラー］パネルもしくは［ツール］パネルに表示されています**。このプライマリスウォッチ／セカンダリスウォッチには、それぞれに色を設定しておくことができます。

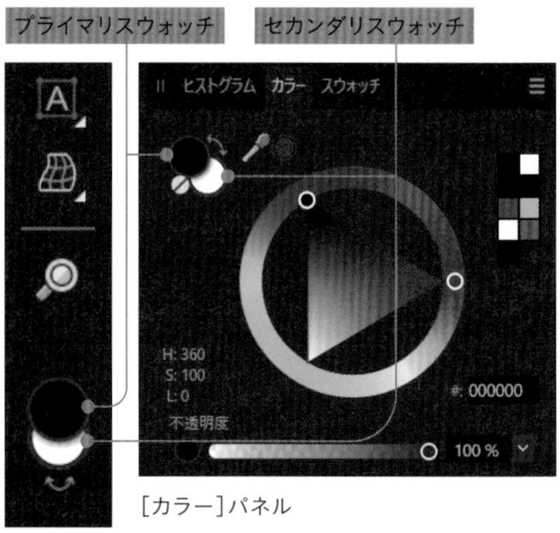

［カラー］パネル
［ツール］パネル

使用するスウォッチを指定する

スウォッチをクリックすると、クリックしたスウォッチが前面に表示されます。この**前面に表示されたスウォッチに設定された色が、各描画ツール**（たとえばペイントブラシ）**で使用される色**になります。また、双方向矢印をクリックすることで、双方の色を入れ替えることができます。

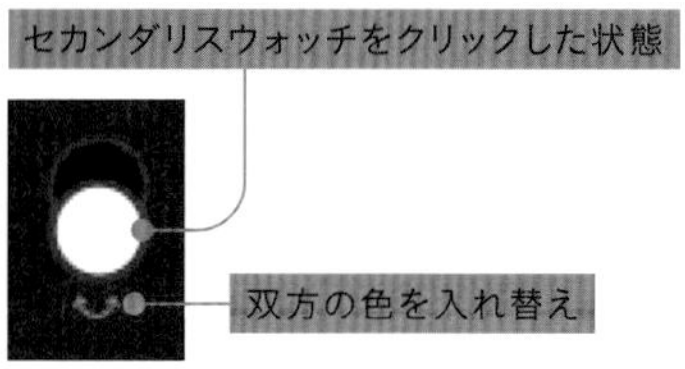

カラーを設定する

カラーの設定は、［カラー］パネルもしくは［ツール］パネル、使用するツールによってはコンテキストツールバーから行うことができます。

［カラー］パネルで設定する

1 色の設定先として、プライマリスウォッチまたはセカンダリスウォッチをクリックして選択します❶。

2 カラーホイールから目的の色相をクリックし❷、内側の三角形から目的の色をクリックすると色が設定されます❸。

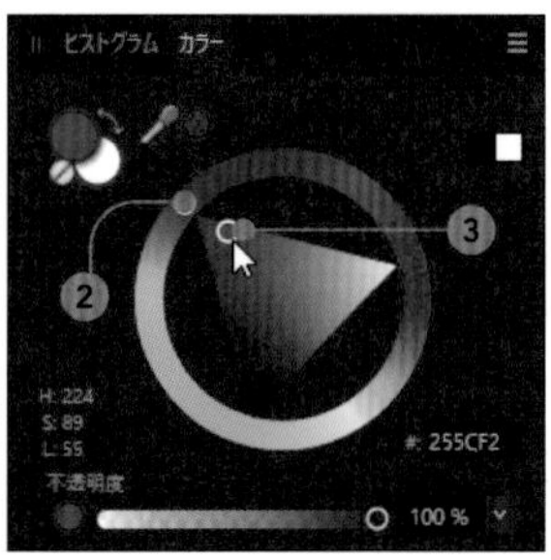

[ツール]パネルで設定する

1 色を設定したいスウォッチをダブルクリックします❶。

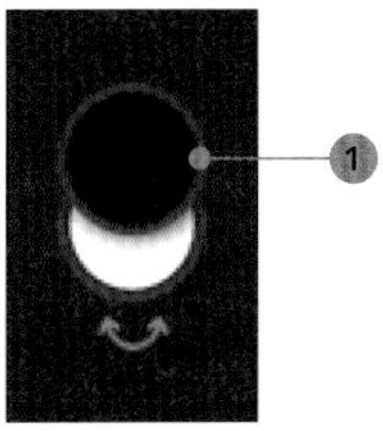

2 ［色の選択］画面が表示されるので、適宜色を設定します❷。この画面は［カラー］パネルと違い、右側に「色を表す数値」がRGB、HSL、CMYKといったカラーモデルごとに表示されます❸。

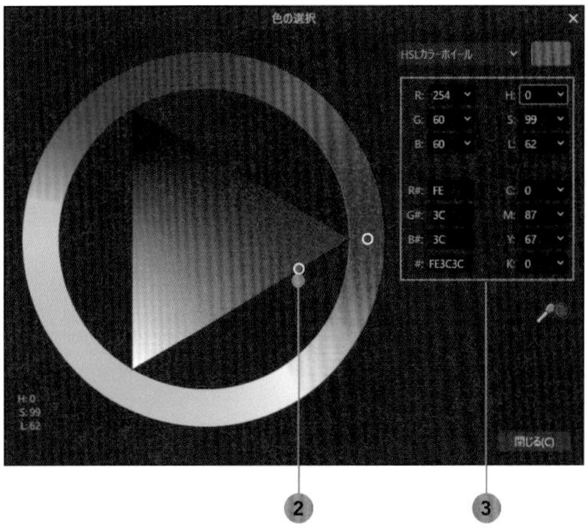

> **MEMO**
>
> 初期設定では、カラーの表示形式は[HSLカラーホイール]となっており、[色の選択]画面右上のプルダウンメニューから変更できます。[カラー]パネルでもカラーの表示形式を変更することができます(→P.132)。

コンテキストツールバーで設定する

［長方形］ツールや［楕円］ツールなどのベクトルコンテンツ（図形）を作成するツールや、［グラデーション］ツールを選択しているときは、コンテキストツールバーにカラースウォッチが表示されます。

1 ［ツール］パネルからベクトルコンテンツの描画ツール（ここでは［歯車］ツール）を選択します❶。すると、コンテキストツールバーに［塗りつぶし］や［境界線］のスウォッチが表示されるのでいずれかをクリックします❷。

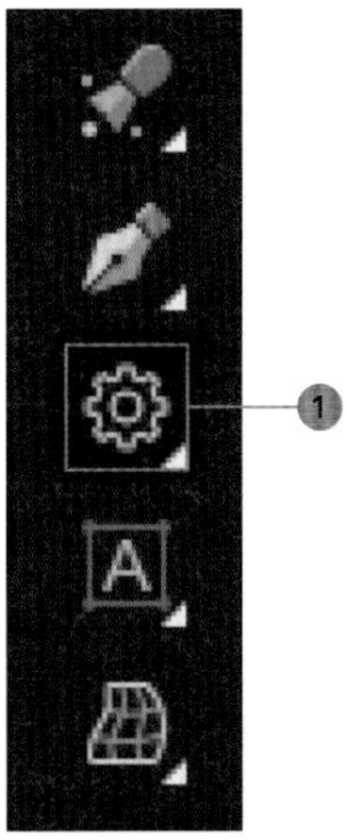

> **MEMO**
>
> [塗りつぶし]はベクトルコンテンツの「内側の色」、[境界線]は「枠の色」を表します。

2 表示された画面の［スウォッチ］［カラー］［グラデーション］タブのいずれかを選択し❸、目的のカラーを選択します。

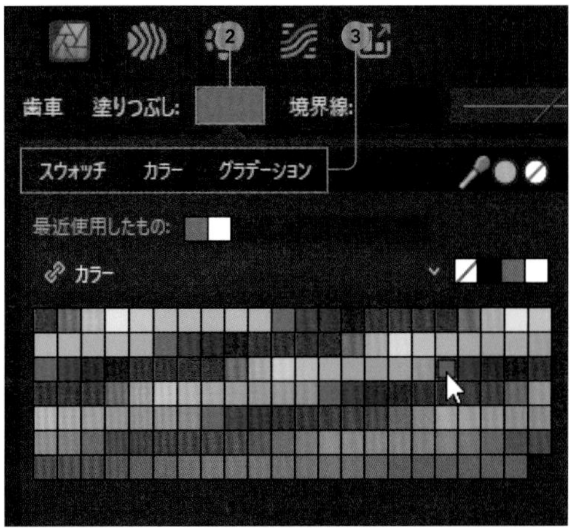

02 色の表示形式を切り替える

色の表示形式を変更する

Affinity Photo では**色をホイールで表示したり、スライダーやボックスで表示したりと、色の表示形式を切り替えることができます**。また、ひとくちに色といっても、その表現方法はさまざまです。スライダー表示では、パソコンやスマートフォンのモニターなどで使われる RGB、印刷時に使われる CMYK などを選択できます。

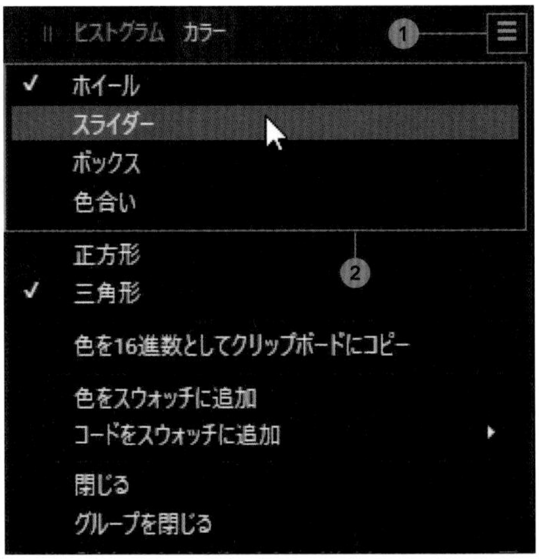

1 ［カラー］パネルの［パネル環境設定］ボタンをクリックすると❶、［ホイール］［スライダー］［ボックス］［色合い］から表示形式を変更できます❷。ここでは［スライダー］をクリックします。

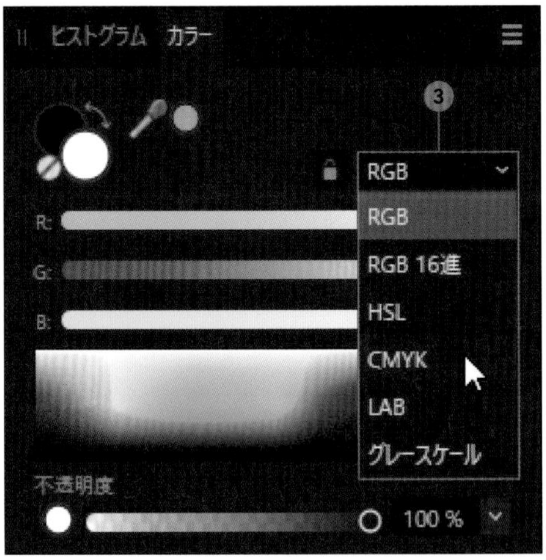

2 スライダー表示では、パネル右上のカラーモードをクリックすると❸、カラーモードを変更できます。

表示形式の一覧

■ホイール

■スライダー

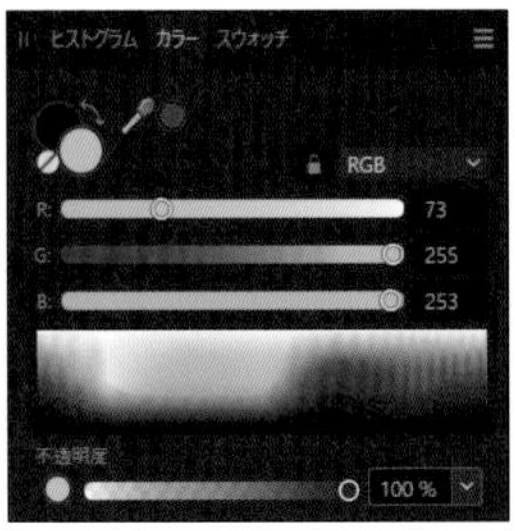

■ボックス

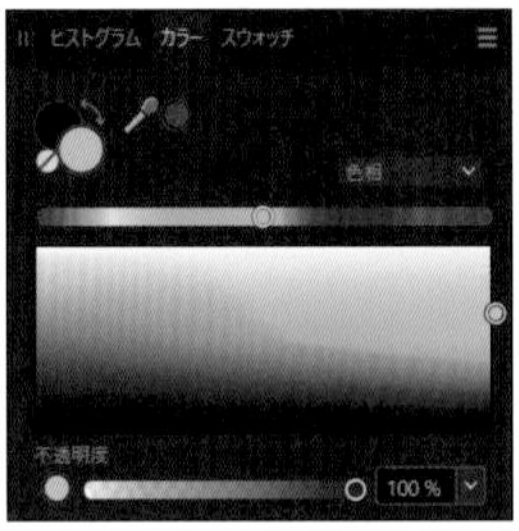

■色合い

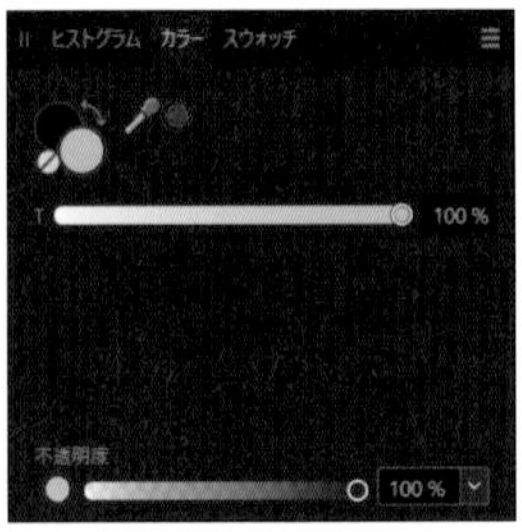

▶▷ 色の表現方法の一覧（スライダー表示）

■RGB

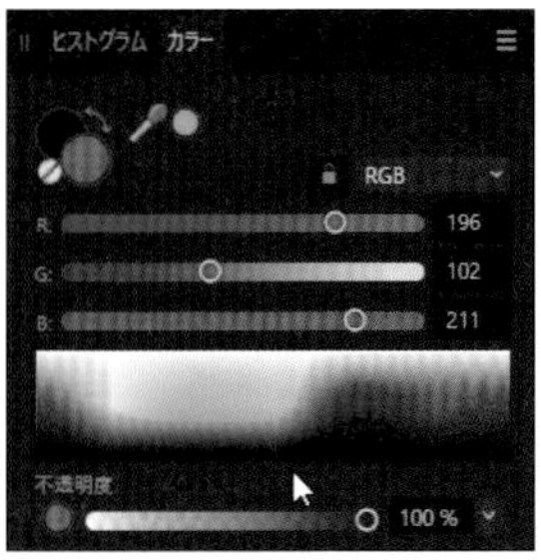

RGBとはRed（赤）、Green（緑）、Blue（青）の頭文字を合わせたもので、「加法混合」や「加法混色」とも呼ばれます。主にパソコンやテレビ、スマートフォンなどのディスプレイ端末に使用され、色が混ざることでより明るい色を表現します。

■RGB16進数

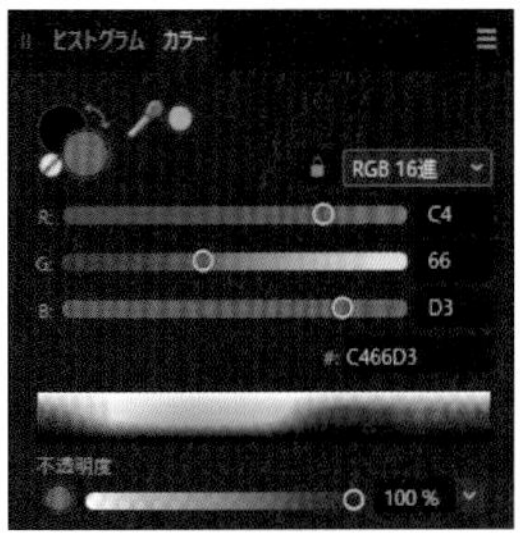

16進数とは、RGB各色256段階、合わせて約1677万色の色を6桁の16種類の文字（0〜9、a〜f）で表したものです。主にWeb制作やシステム開発、アプリ開発において使用されます。

■HSL

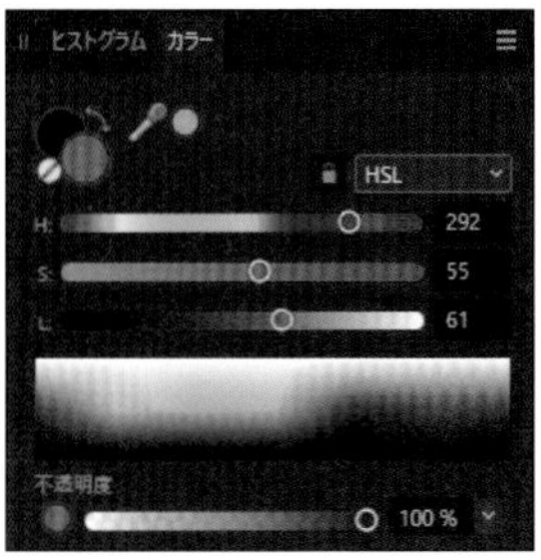

HSLとはH（Hue＝色相）、S（Saturation＝彩度）、L（Lightness＝輝度）で色を表現したものです。彩度は100が基準値で、0になると無彩色、グレーになります。輝度は、色相で指定された色の明るさまたは暗さを表し、50が基準値となります。指定した色の鮮やかさと明るさで表現するのでわかりやすいのが利点です。

■CMYK

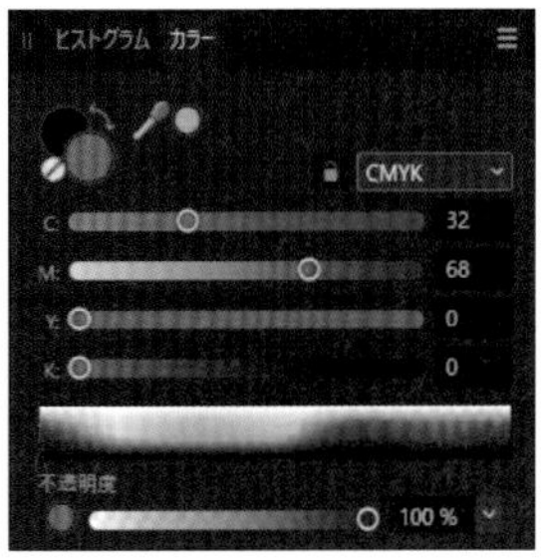

色の三原色であるCyan（シアン）、Magenta（マゼンタ）、Yellow（イエロー）に加え、Key Plate（キープレート）で表現するカラーモードがCMYKで、それぞれ印刷物を作成する際のインクの色を表します。キープレートは本来、図版の輪郭などを詳細に表現する印刷版のことですが、実際には黒インクが使われます。

■LAB

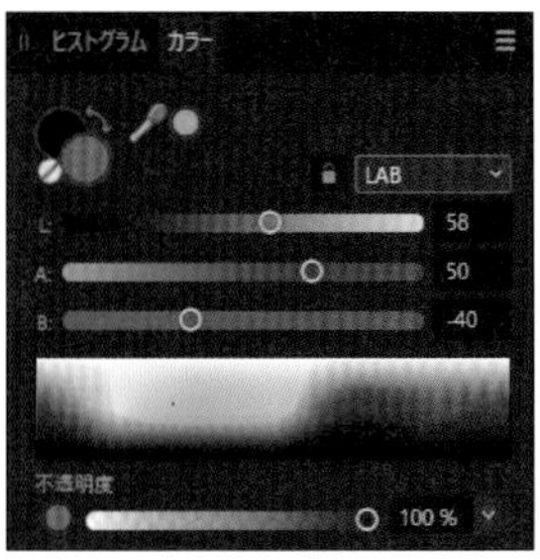

LABカラーは人が色を認識する仕組みを利用した色の表現方法で、L（明度）、A（緑／赤の範囲の要素）、B（青／黄の範囲の要素）を表します。RGBやCMYKにくらべて色域が広く、機器間での色の差異が出づらいのが特徴です。

■グレースケール

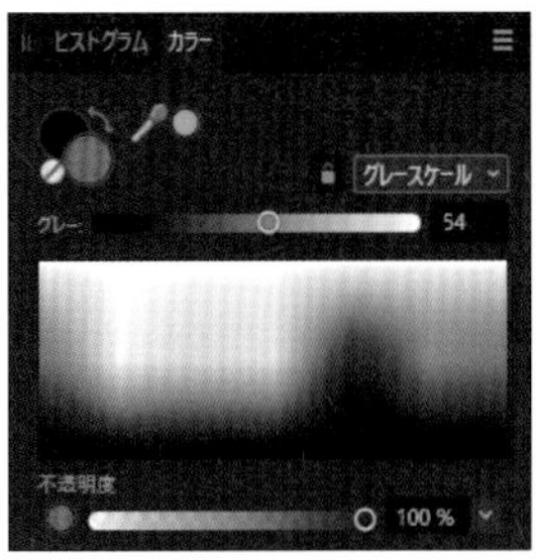

白から黒を256諧調に分けて表現したのがグレースケールです。グレースケールは色情報を持たず、明度のみで表現されます。

03 カラーピッカーで色を取得する

画像の色をサンプリングする

画像内に含まれる任意の色を抽出することを「**サンプリング**」といいます。サンプリングした色は［カラー］パネルまたは［スウォッチ］パネル上に登録され、次回のサンプリングまで保存されます。

1 任意の画像を開き、［ツール］パネルの［カラーピッカー］ツールをクリックします❶。

2 画面上のサンプリングしたいピクセルをクリックします❷。クリックしたあとそのままドラッグすると、拡大鏡が表示されてより詳細にピクセルを指定できます。

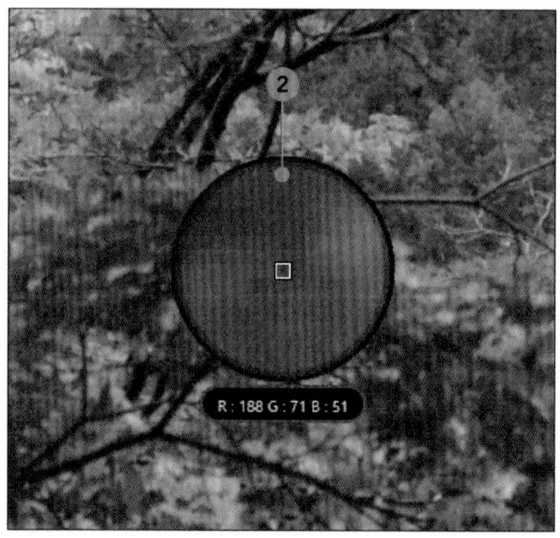

3 サンプリングした色が選択中のカラースウォッチに反映されました❸。また、右横のカラー選択アイコンに保存されるので、これをクリックすると再度同じ色を取得できます❹。

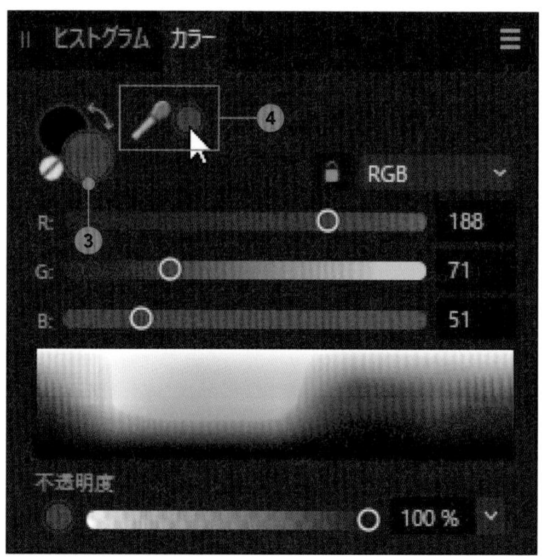

MEMO

以下の方法でも[カラーピッカー]ツールを選択したときと同様に画面上のピクセルをサンプリングできます。

- [カラー]パネル内のカラー選択アイコンを画像上にドラッグ
- [ペイントブラシ]ツールを選択中に Alt（option）キーを押しながらクリック

第 5 章
色とブラシ

04 スウォッチに色を登録する

スウォッチパネルとは

［スウォッチ］パネルでは、直近で使用したカラーが最大10色まで記憶されるほか、任意のカラーをパレットに登録したり、作業中の画像から自動的に色を抽出して独自のパレットを作成したりできます。

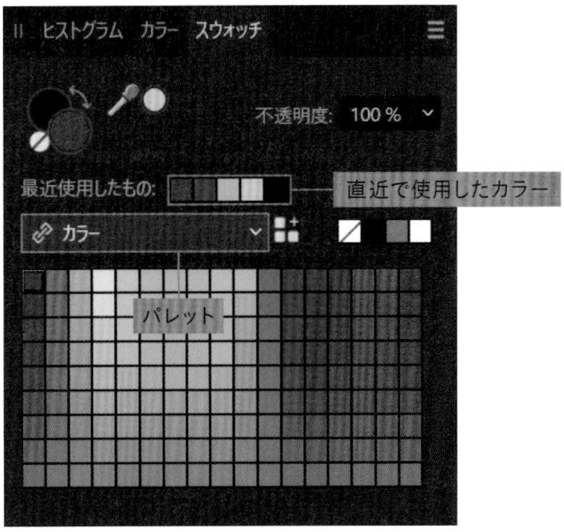

MEMO

スウォッチパネルが見当たらない場合は、［ウィンドウ］メニュー→［スウォッチ］の順にクリックします。

パレットの種類と追加方法

［スウォッチ］パネルは**パレットごとにカラーを管理**します。初期設定では［カラー］［グラデーション］［グレー］と各種［PANTONE +］のパレットが用意されています。

パレットは新しく追加することができます。このとき、2種類のパレットがあるので覚えておきましょう。

- **アプリケーションパレット**：Affinity Photoで使用するパレットで、別のファイルでも同じパレットを使用できます。
- **ドキュメントパレット**：開いた画像と紐づけられたパレットで、対象となる画像上でのみ使用できます。

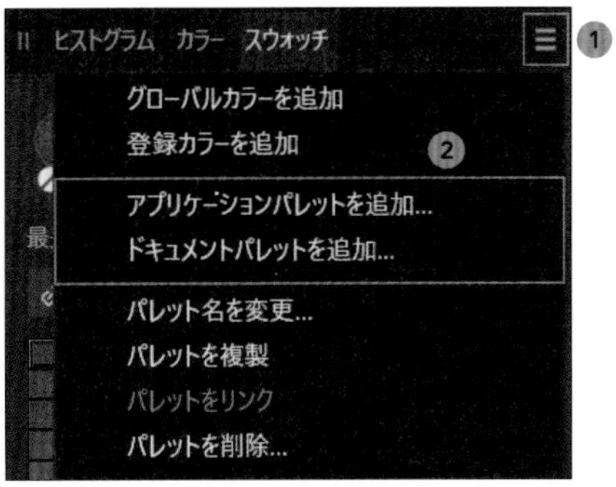

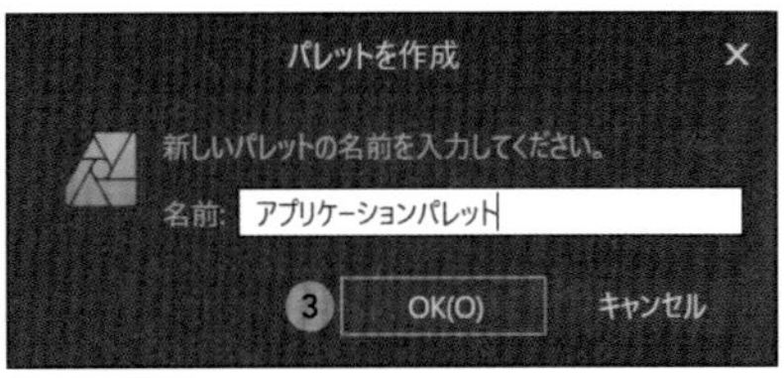

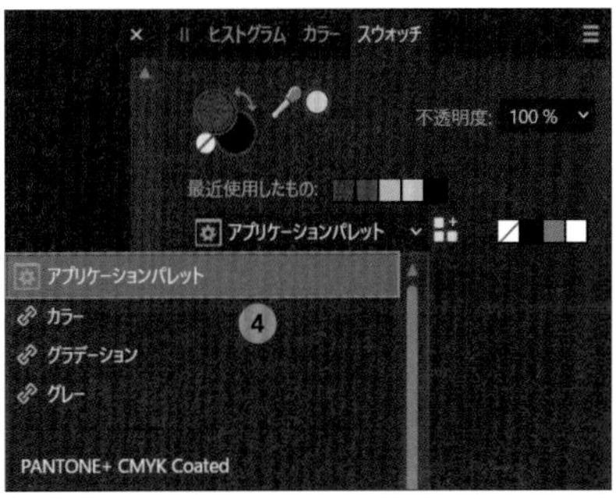

1 ［スウォッチ］パネルの［パネル環境設定］ボタンをクリックし❶、**［アプリケーションパレットを追加］**もしくは**［ドキュメントパレットを追加］**をクリックします❷。

2 名前を付けて［OK］をクリックすると❸、［スウォッチ］パネルでパレットを切り替えられるようになります❹。

カラーをスウォッチに登録する

1. ［カラー］パネル上で任意のカラーを作成します❶。

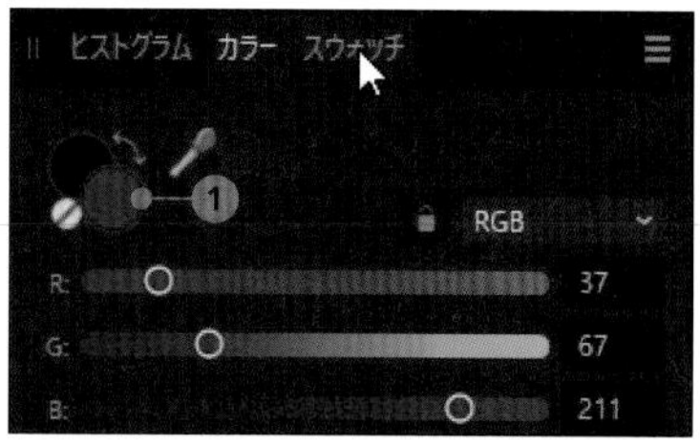

2. ［スウォッチ］パネルを表示し、［現在の塗りつぶしをパレットに追加］ボタンをクリックします❷。

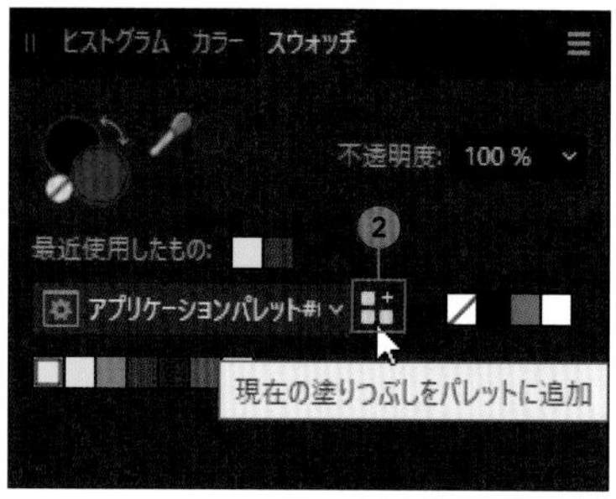

3. スウォッチにカラーが追加されました❸。

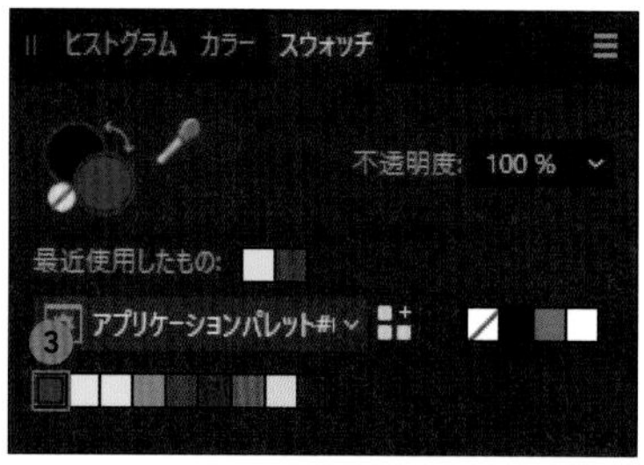

4. 不要なスウォッチを削除するには、右クリック→［塗りつぶしを削除］をクリックします❹。確認のメッセージが表示されたら［はい］（Macは［削除］）をクリックします。

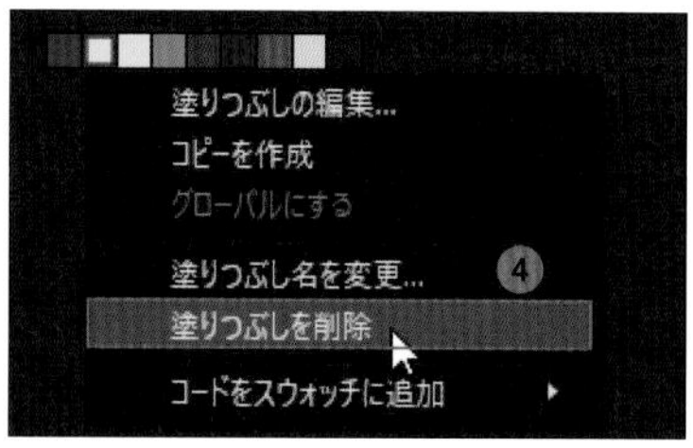

COLUMN

スウォッチ登録のショートカットキー

［カラーピッカー］ツールで Ctrl （ command ）キーを押しながらクリックすると、抽出と同時に新規カラーとして［スウォッチ］パネルに登録されます。このとき、保存先としてドキュメントパレットが自動的に作成されます。

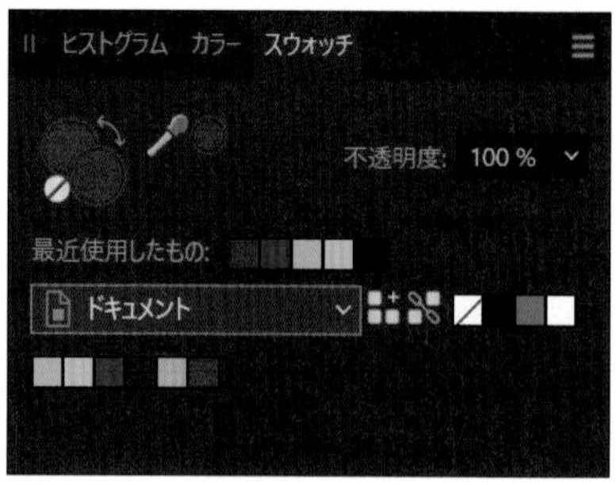

画像のカラーを自動でパレット化する

1. 対象とする画像を開き❶、[スウォッチ] パネルの [パネル環境設定] ボタンをクリックします❷。

2. [ドキュメントからパレットを作成] をクリックして❸、どの種類のパレットとして読み込むかを選択します❹。

3. 画像から特徴的なカラーが自動的に抽出され❺、画像のファイル名のパレットが作成されます❻。

MEMO

[スウォッチ]パネルの[パネル環境設定]ボタンで[画像からパネルを作成]を選択すると、任意の画像から特徴的な色を抽出し、パレット化できます。このとき、抽出する色数を指定することもできます。

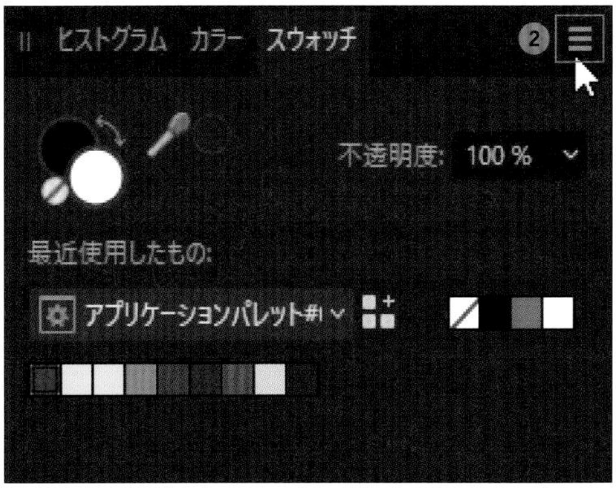

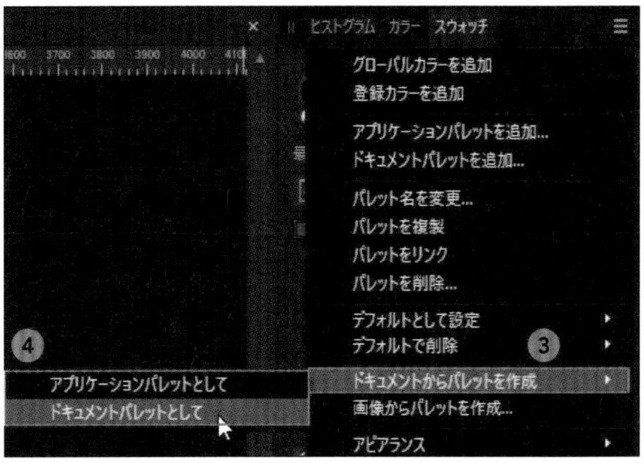

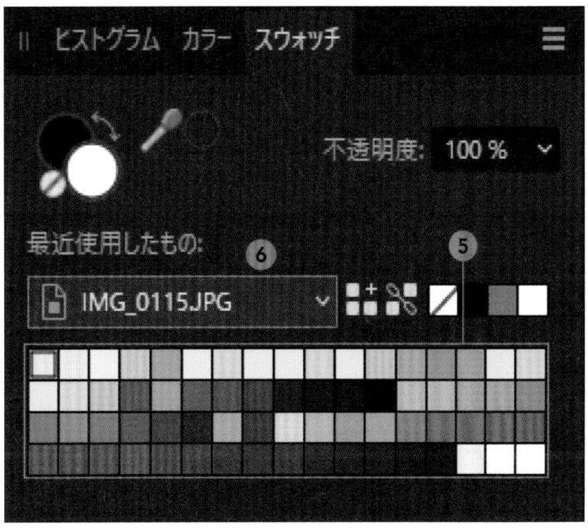

05 特定の範囲を塗りつぶす

塗りつぶしツールの使い方

ページ全体、選択範囲、オブジェクトの領域などを塗りつぶすには［塗りつぶし］ツールを使用します。［塗りつぶし］ツールは、**現在選択中のレイヤー上のピクセルのカラーを、設定したカラーで置き換える機能**です。

1. ［ツール］パネルの［塗りつぶし］ツールをクリックして選択します❶。

2. ［カラー］パネルや［スウォッチ］パネルで塗りつぶしに使いたいカラーを選択します❷。

3. 画像上のピクセルをクリックすると❸、指定したカラーで塗りつぶされます❹。

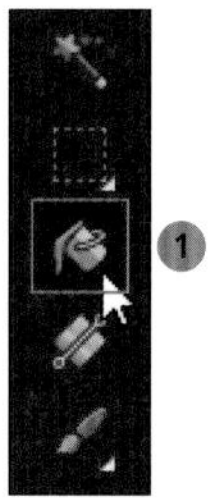

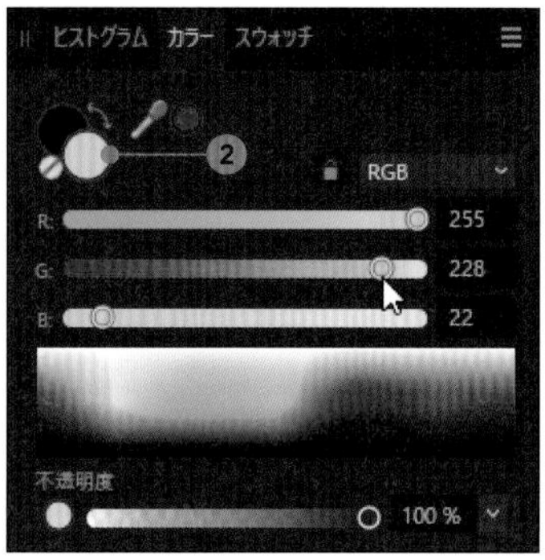

▷ 選択範囲を使って部分的に塗りつぶす

1. 画像を開き、選択ツールを使用して塗りつぶしたい部分の選択範囲を作成します❶。

2. [塗りつぶし] ツールで選択範囲内のピクセルをクリックすると、指定したカラーで塗りつぶされます❷。

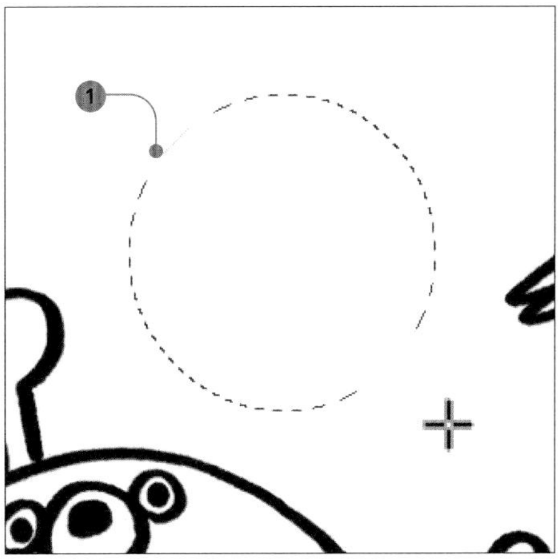

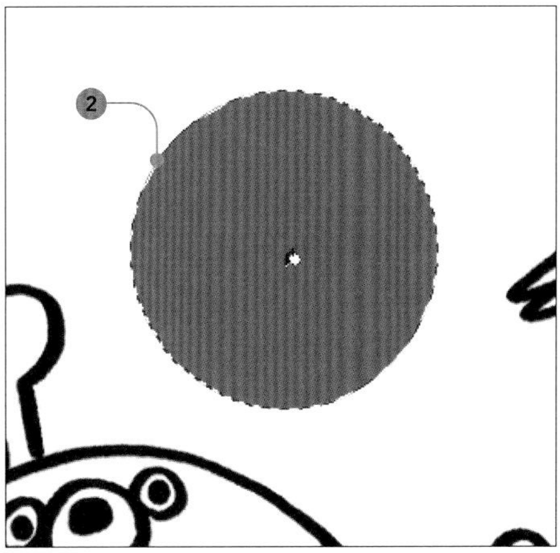

[塗りつぶし]ツールのコンテキストツールバー

塗りつぶしを意図通りに行うためには、コンテキストツールバーの設定がポイントになります。特に階調のある部分を塗りつぶす際は、**許容量**での調整が必須です。

❶**許容量**	塗りつぶす範囲を設定します。数値が小さいほど、クリックしたピクセルと値が近いピクセルが対象となり、塗りつぶす範囲が小さくなります。
❷**隣接**	チェックを入れるとクリックしたピクセルと隣接しているピクセルだけが塗りつぶし対象となります。
❸**アンチエイリアス**	塗りつぶしたときのエッジを半透明にして、滑らかにします。
❹**描画モード**	レイヤーが複数ある場合、下層レイヤーとのピクセルの組み合わせを変更します。あくまでも塗りつぶし時のモード設定であり、塗りつぶし後のモード設定は [レイヤー] パネル上で行うことに留意してください (→ P.114)。
❺**ソース**	レイヤーが複数ある場合、塗りつぶし対象の参照元となるレイヤーを選択します。

06 グラデーションを使い分ける

グラデーションで塗りつぶす

単色ではなく、**複数カラーで指定した範囲を塗りつぶす［グラデーション］ツール**は、設定次第でさまざまな表現が可能です。単色の塗りつぶしとは違った表現力を身に付けましょう。

1 ［グラデーション］ツールをクリックし❶、コンテキストツールバーの［タイプ］を選択します❷。ここでは例として［線形］を選択します。タイプの見本はP.123に掲載しています。

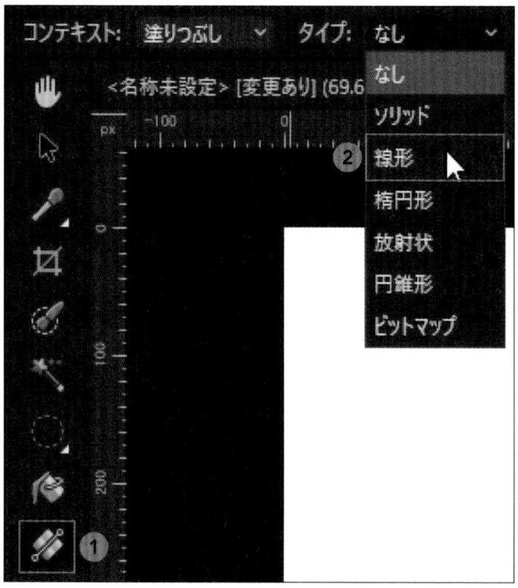

MEMO
タイプが選択できない場合は、対象レイヤーをクリックするか、新規レイヤーを作成してください。

2 コンテキストツールバーのカラースウォッチをクリックし❸、［グラデーション］タブでグラデーションを設定します❹。設定方法について詳しくは次ページを参照してください。

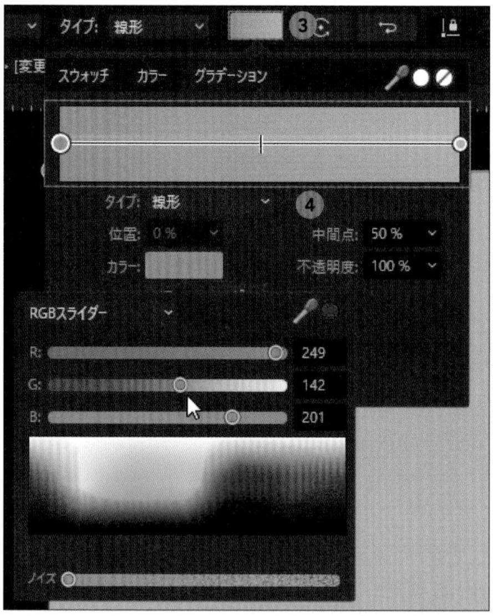

3 画面上をドラッグし❺、グラデーションを描画します。ドラッグした部分に青線が表示され、この間がグラデーションになります。

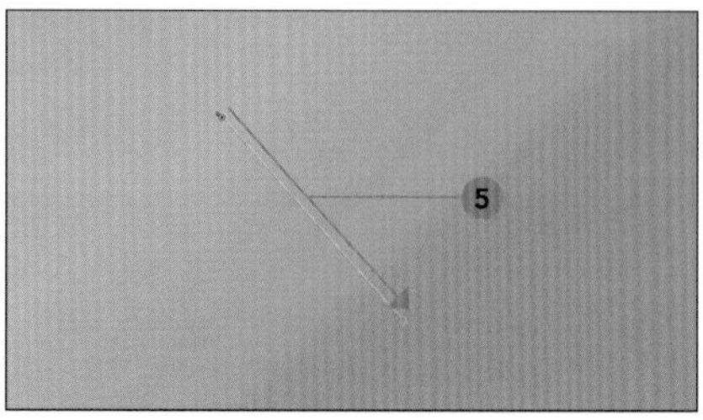

MEMO
Shift キーを押しながらドラッグすると、グラデーションの角度が45°単位で固定されます。

▶> グラデーションの編集方法

カラーを追加／削除する

グラデーション表示の直線上でクリックすると、新しいカラーストップが追加されます❶。カラーストップを削除するには、カラーストップをグラデーション表示の外へドラッグします❷（Macでは、［挿入］／［削除］ボタンでカラーストップの追加と削除をします）。

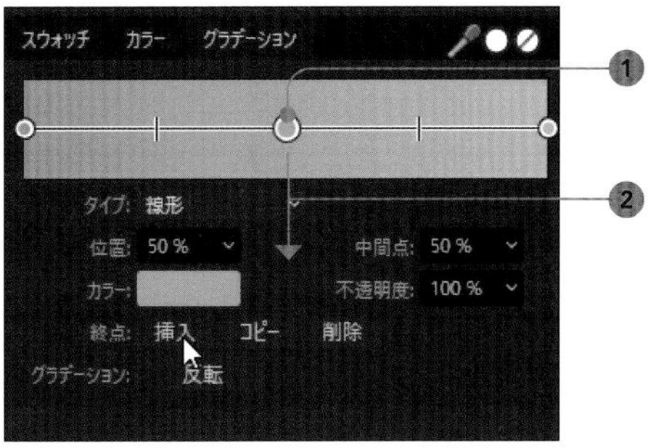

カラーを変更する

カラーストップをクリックし❶、カラーをクリックします❷。ポップアップメニューが表示されるので、任意のカラーを設定します❸。

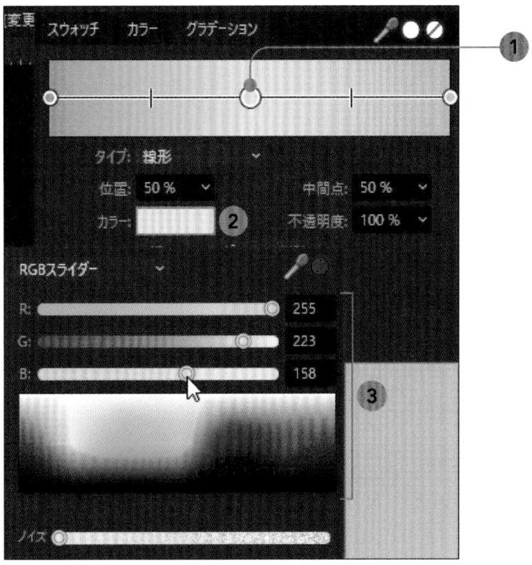

カラーストップと中間点を変更する

カラーストップをドラッグすると、グラデーションの中のカラー配置を変更できます❶。また、中間点をドラッグすると、カラーストップ間のグラデーションの幅を調整できます❷。

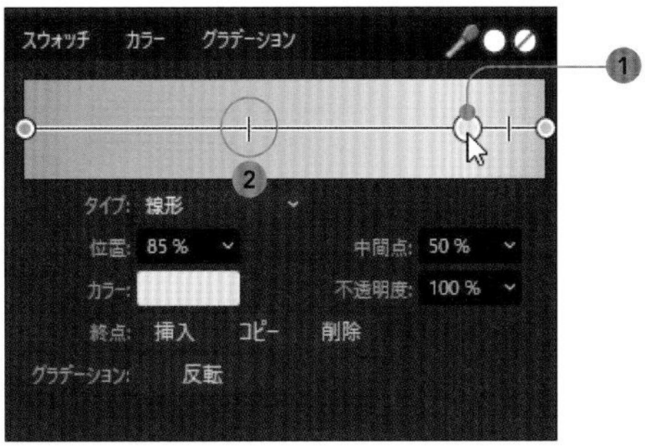

COLUMN

一度描いたグラデーションを変更するには？

グラデーションはレイヤーを切り替えるなどすると確定されますが、通常のピクセルレイヤーに描画した場合、再度編集することはできなくなります。編集状態を維持したい場合は、塗りつぶしレイヤー（→P.122）を使いましょう。塗りつぶしレイヤーに設定したグラデーションは、［グラデーション］ツールを選択した状態で塗りつぶしレイヤーを選択すると再編集可能です。

07 ペイントブラシの基本

ブラシツールで線を描く

［ペイントブラシ］ツールは、**選択したレイヤーに指定したカラーで描画するツール**です。

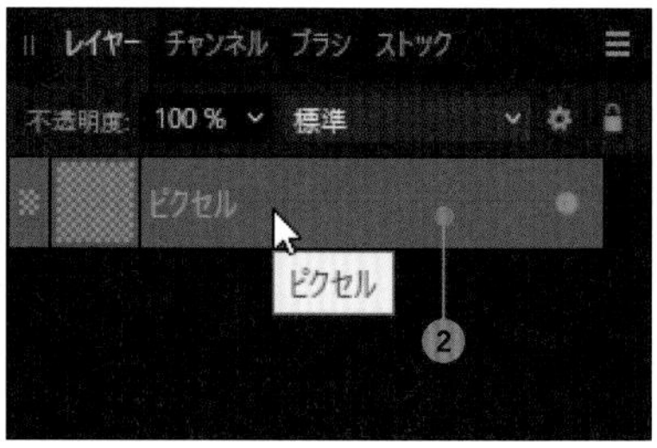

1 ［ツール］パネルから［ペイントブラシ］ツールをクリックし❶、描画対象となるレイヤーをクリックします❷。

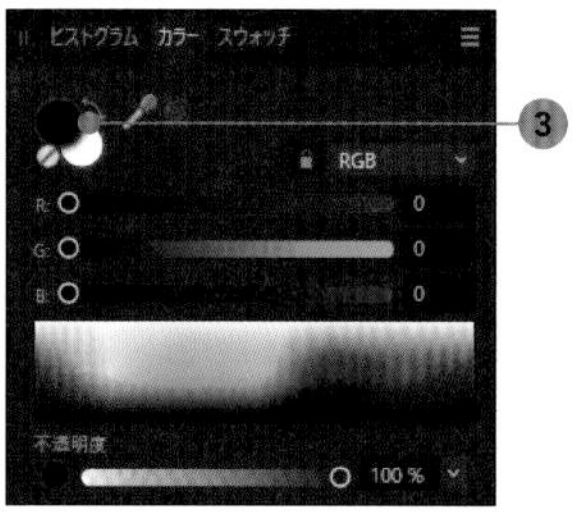

2 ［カラー］パネルや［スウォッチ］パネルから描画カラーを選択します❸。

3 画像上をドラッグして描画します❹。描画の際、コンテキストツールバーのオプション項目を設定すると、描画時の設定を行うことができます。

MEMO

マウスを使って滑らかな線を描画するには、スタビライザを使用します。コンテキストツールバーの［スタビライザ］にチェックを入れ、モードを指定後、ドラッグします（次ページ参照）。

COLUMN

ブラシサイズ変更のショートカットキー

画像上で Ctrl + Alt （control + option）キーを押しながら上下左右にドラッグすると、ブラシサイズを素早く変更することができます。ただし、選択しているブラシの種類によって挙動が異なることがあり、左右にドラッグするとブラシサイズが変更され、上下にドラッグするとブラシの硬さが変更される場合もあります。

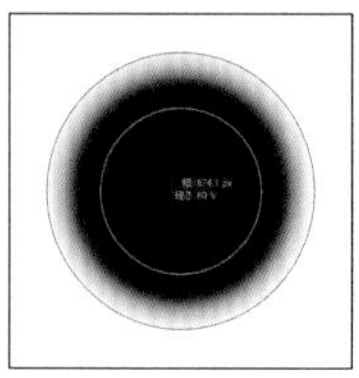

ブラシの種類を変更する

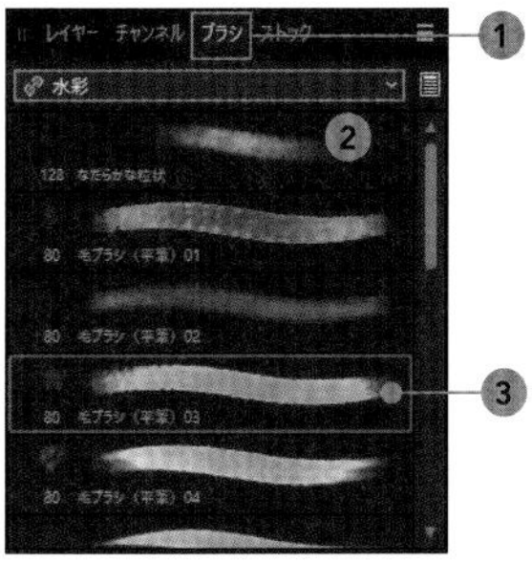

1 ［ペイントブラシ］ツールを選択後、［ブラシ］パネルをクリックします❶。

2 カテゴリポップアップメニューをクリックし、ここでは例として［水彩］を選択します❷。

3 選択したカテゴリのブラシのサムネイルが表示されるので、目的のブラシをクリックします❸。カラーを設定し、画像上をドラッグして描画します❹。

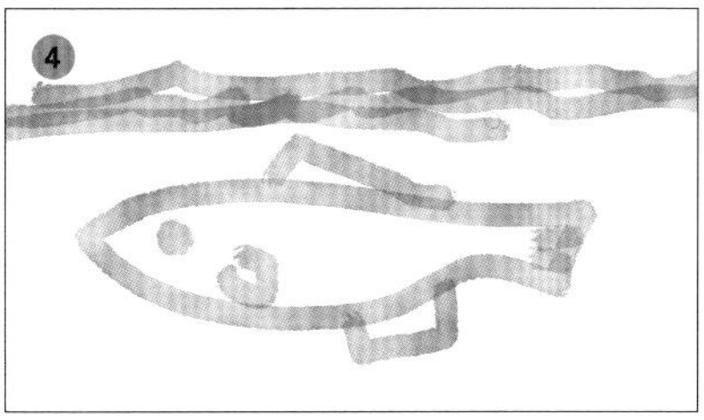

■［ペイントブラシ］ツールのコンテキストツールバー

❶幅	ブラシのサイズをピクセルで指定します。テキストボックスに直接数字を入力するか、ポップアップスライダーをドラッグします。
❷不透明	ブラシの塗りの不透明度を指定します。数字が小さくなるほど透明に近くなります。
❸流量	ピクセルを塗りつぶす際のインク量を指定します。数字が小さくなるほどインク量が少なくなりますが、重ね塗りすることで濃度を上げることができます。
❹硬さ	ブラシのエッジの硬さを指定します。数字が小さくなるとエッジが柔らかくなり、ボケたエッジになります。100%にするとエッジが硬すぎるので、通常は90%前後がよいでしょう。
❺その他	ブラシダイアログを表示し、さらに詳細に設定することができます。
❻筆圧でサイズを制御	ペンタブレットなどの筆圧感知が可能なデバイス使用時に、筆圧でブラシサイズをコントロールすることができます。
❼スタビライザ	ブラシ描画時に滑らかに線を引くことができます。［ロープモード］と［ウィンドウモード］の2つのモードがあります。 ・ロープモード：ペン先をロープで引っ張るような動きになり、急角度の描画を滑らかにします。 ・ウィンドウモード：ウィンドウ内でサンプリングした入力位置を平均化することで描画を滑らかにします。

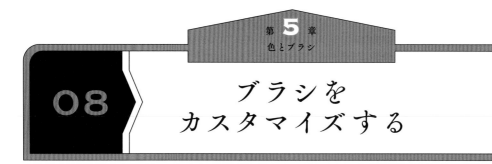

08 ブラシをカスタマイズする

オリジナルブラシを作成する

Affinity Photoにはさまざまなカテゴリと**それぞれのカテゴリ内に多数のプリセットブラシが用意されています**。それらのブラシは必要に応じてパラメーターを調整することでカスタマイズすることが可能です。

1 既存のブラシを変更しないためにブラシを複製します。［ブラシ］パネルでプリセットのブラシを右クリックし❶、［ブラシを複製］をクリックします❷。

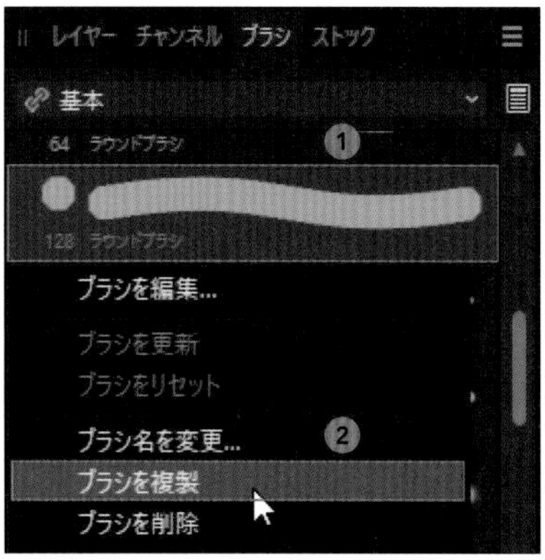

MEMO

複製したブラシのブラシ名は、ブラシを右クリック→［ブラシ名を変更］から変更できます。

2 複製したブラシをダブルクリックします❸。すると［ブラシ編集］パネルが開きます。

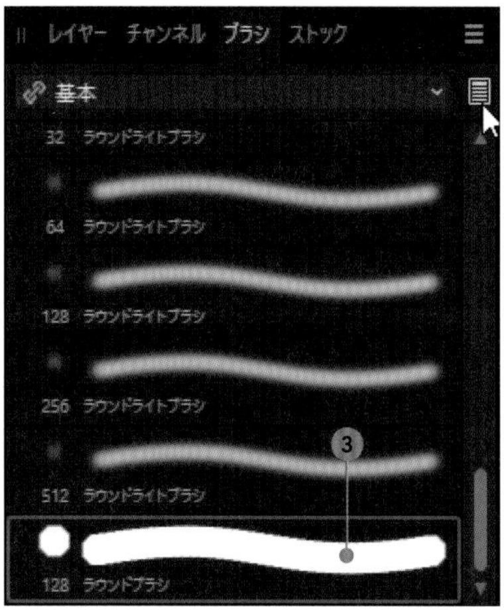

3 ブラシ設定の各パラメーターを調整します❹。各パラメーターの詳細についてはP.147を参照してください。

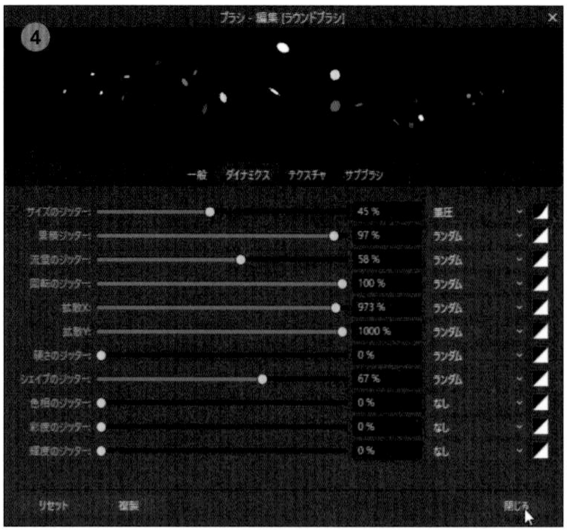

▷ 画像でオリジナルブラシを作成する

1 ［ブラシ］パネルの［パネル環境設定］ボタンをクリックし❶、［新規画像ブラシ］をクリックします❷。

2 ブラシのノズルとして使用したい画像ファイル（Windows は PNG 形式のみ）を選択し❸、［開く］ボタンをクリックします❹。

3 現在選択中のカテゴリのブラシ一覧の最下部に、新規ブラシが追加されます。これをダブルクリックし❺、［ブラシ編集］パネルを開きます。

4 ［間隔］パラメーターを100以上に設定します❻。［ダイナミクス］タブをクリックします❼。

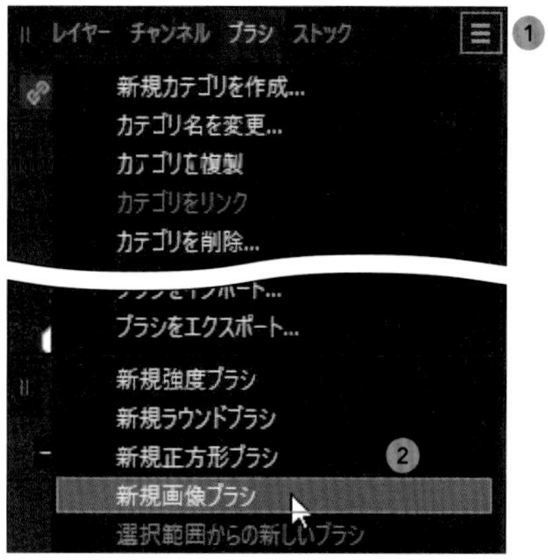

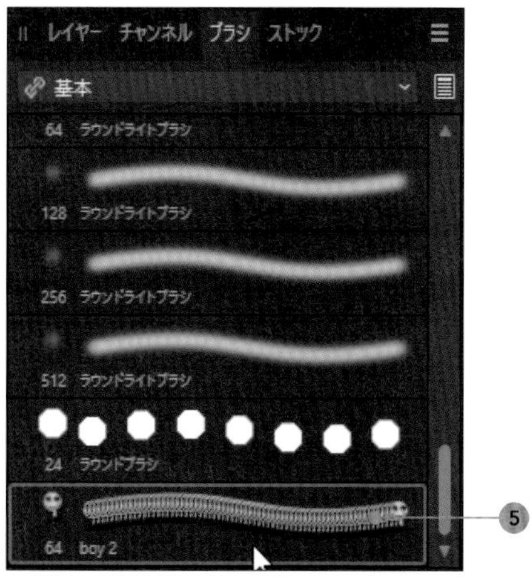

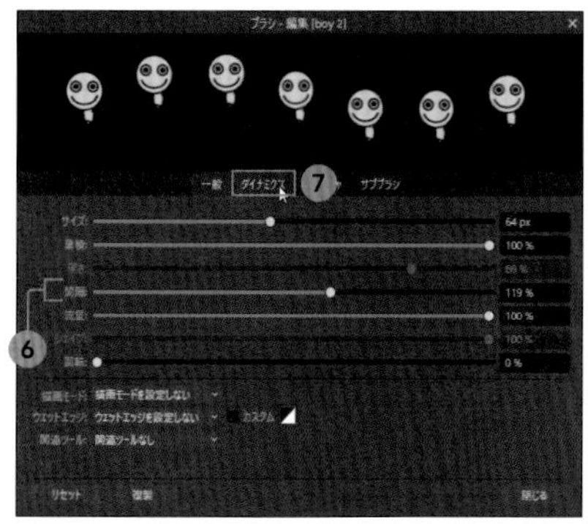

5 ダイナミクスのパラメーターを以下の通り設定し❽、［閉じる］ボタンをクリックします❾。

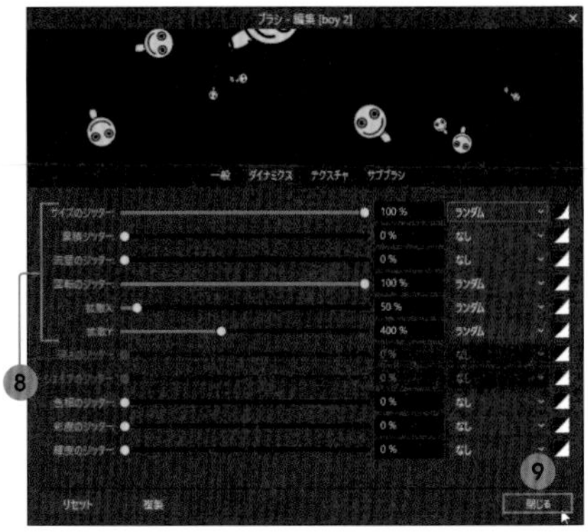

- **サイズのジッター**：100%
- **回転のジッター**：100%
- **拡散X**：50%
- **拡散Y**：400%

※コントローラーはいずれも［ランダム］

6 画像上をドラッグすると❿、指定した画像がノズルから噴き出されます。

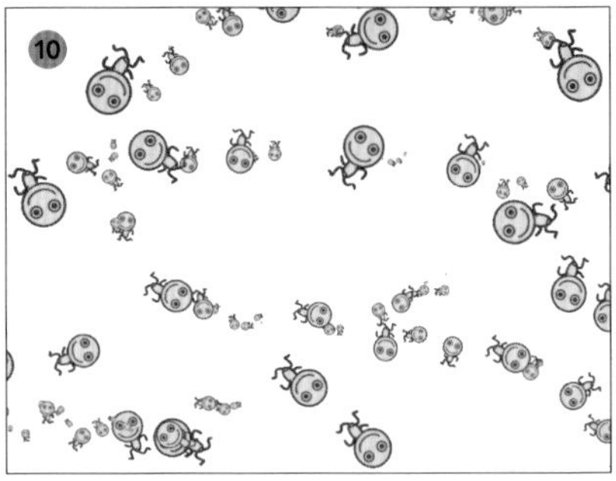

［ブラシ編集］パネルの見方

［一般］タブ

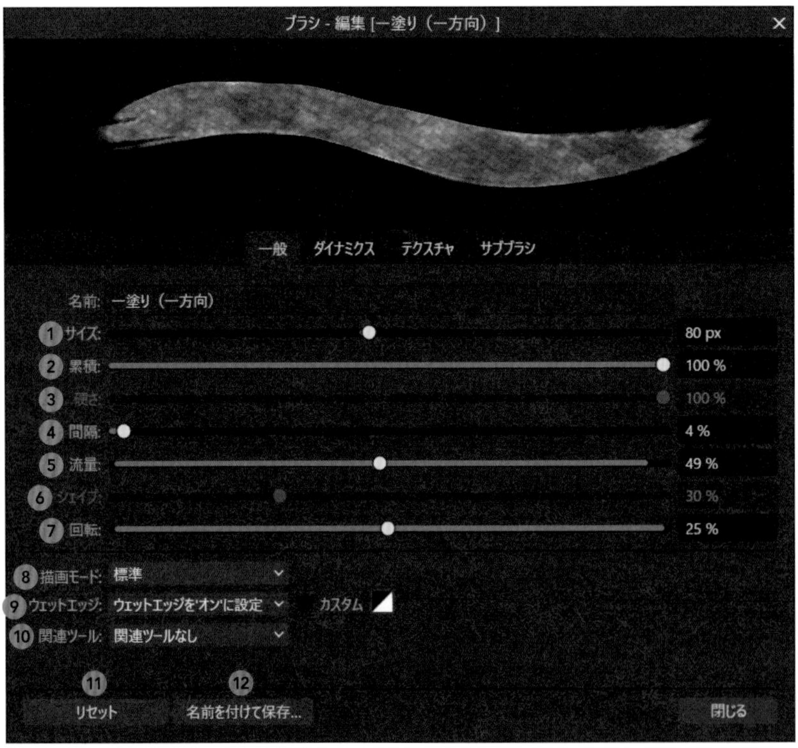

❶サイズ	ブラシのサイズを指定します。
❷累積	ブラシの不透明度を表します。値が低いほど透明度は高くなります。
❸硬さ	ブラシのエッジ部分の柔らかさを指定します。値が小さいとエッジが柔らかく、ボケた表現になります。画像ブラシでは設定することはできません。
❹間隔	描画したブラシ形状の間隔を指定します。値を小さくすると滑らかなストロークになります。
❺流量	描画するブラシのインク量を指定します。値を小さくすると、かすれた表現になります。
❻シェイプ	ブラシ形状の真円率を指定します。値が大きいほど正円に近くなります。
❼回転	ブラシ形状の回転を制御します。0～50%で0度～180度の回転になります。
❽描画モード	ブラシの描画モードを変更します。
❾ウェットエッジ	オンに設定すると、ストロークのエッジに水彩絵具のような効果を与えます。
❿関連ツール	ツールを指定することで、該当ツール使用時に設定したブラシが自動的に選択されます。
⓫リセット	設定前の状態に戻します。
⓬名前を付けて保存	設定した内容を別のブラシとして登録します。

■［ダイナミクス］タブ

［ダイナミクス］タブで設定できる**ジッターは、［一般］タブで指定したそれぞれのパラメーターの値の変化と、その変化のコントローラーを指定します**。例えば、サイズのジッターの値を大きくしてコントローラーをランダムにすると、ストロークを描いたときにブラシサイズをランダムに変化させることができます。ダイナミクスの各パラメーターを適切にコントロールすることで、通常のブラシでは描くことができないストロークを描画することができ、表現の幅が広がります。

また、ペンタブレットなどの入力装置があれば、筆圧やペンの傾きなどに応じてジッターをコントロールすることも可能です。

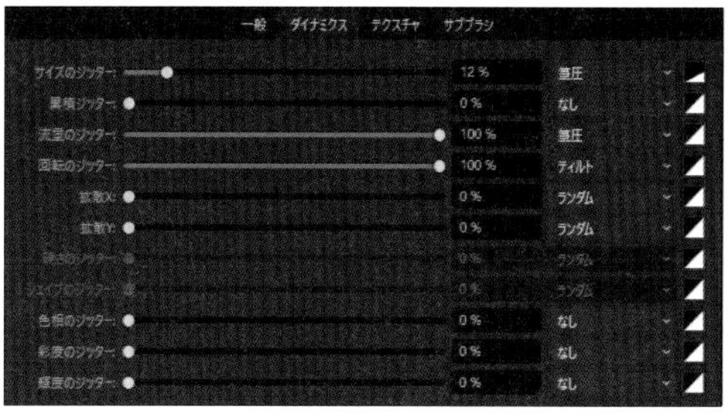

ジッター指定なし

ジッター指定あり（ランダム）

09 消去ブラシをマスターする

[消去ブラシ]ツールを使用する

Affinity Photo では3種類の消去ツールが用意されています。一つ目は［消去ブラシ］ツールで、［ペイントブラシ］ツールと同様の操作で**ドラッグした範囲のピクセルを消去**できます。［ブラシ］パネルからブラシのノズル形状やブラシサイズの変更が可能です。

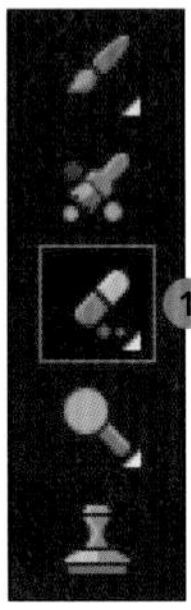

1. ［ツール］パネルの［消去ブラシ］ツールをクリックし❶、［レイヤー］パネルで消去する対象となるレイヤーをクリックします❷。

2. ［ブラシ］パネルからプリセットブラシを選択し❸、画像上の対象範囲をドラッグします❹。

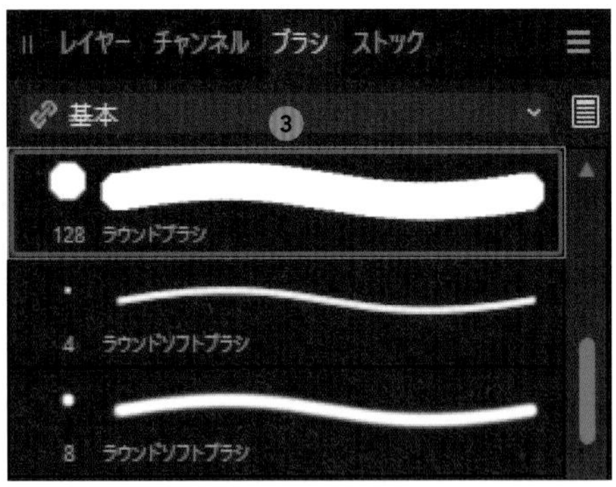

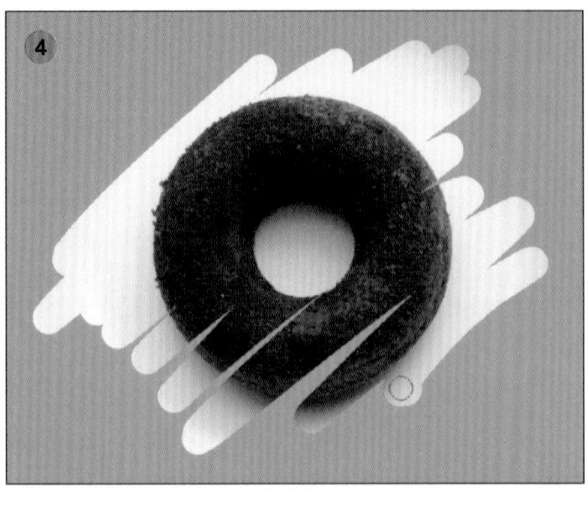

MEMO

［ペイントブラシ］ツールと同様、描画中に Ctrl + Alt（option）キーを押しながら上下左右にドラッグしてブラシサイズを変更することができます。

[背景消去ブラシ]ツールを使用する

[背景消去ブラシ] ツールも [消去ブラシ] ツールと近い操作感ですが、こちらは**類似したカラーのピクセルを対象に消去**します。背景と前景で色の差があるときに効果的で、削除対象はコンテキストツールバーの設定でコントロールします。

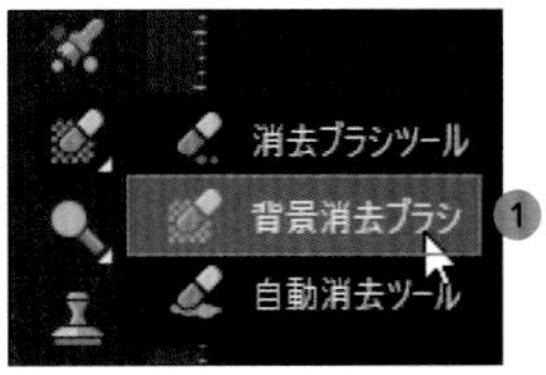

- **許容量**:値を大きくすると、類似カラーを同一とみなしやすくなります。
- **連続的にサンプル**:ドラッグ中に連続的にカラーをサンプリングします。通常はオフにします。
- **隣接**:サンプリングしたカラーの隣接ピクセルカラーにのみ影響を与えます。余計な部分が消去される場合はオフにします。

1 [ツール] パネルの [背景消去ブラシ] ツールをクリックし❶、[レイヤー] パネルで消去する対象となるレイヤーをクリックします。

2 [ブラシ] パネルからプリセットブラシを適宜選択し、画像上の消去したい色が含まれる部分をドラッグすると、その色と類似したカラーだけが消去されます❷。

[自動消去]ツールを使用する

[自動消去] ツールは、[塗りつぶし] ツールのように**クリックしたピクセルを基準に類似カラーのピクセルを消去**します。背景が単一色だったり、前景がシンプルな形状である場合に有効です。

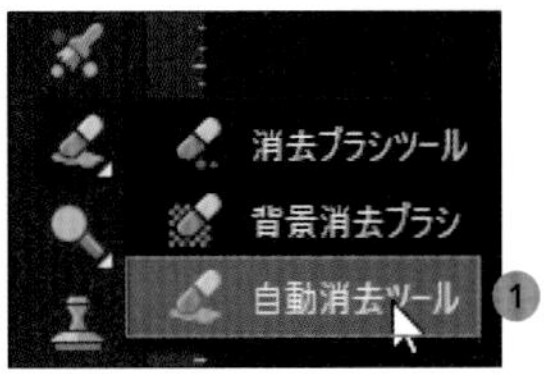

1 [ツール] パネルの [自動消去] ツールをクリックし❶、[レイヤー] パネルで消去する対象となるレイヤーをクリックします。

2 コンテキストツールバーの [許容量] を設定し❷、消去したいカラーをクリックします❸。

10 Photoshop用のブラシを読み込む

ブラシファイルの入手方法

Affinity Photo に **Photoshop 用のブラシファイル（ABR 形式）を読み込む**ことができます。ABR 形式のファイルはブラシ配布サイトで入手できるほか、Photoshop で書き出すことも可能です（右図参考）。

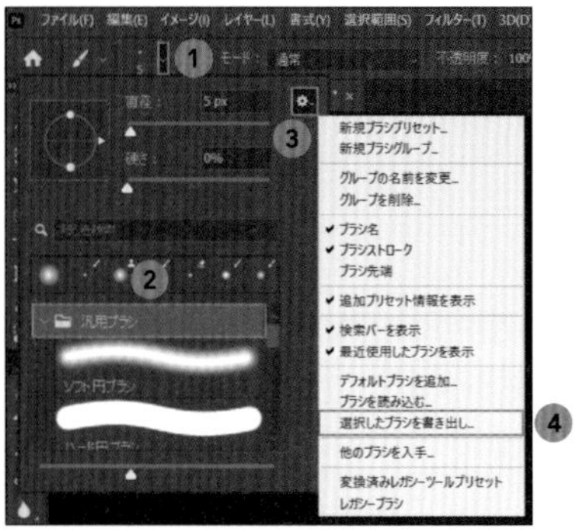

Photoshop用のブラシファイルを読み込む

1 ［ブラシ］パネルの［パネル環境設定］ボタンをクリックし❶、［ブラシをインポート］をクリックします❷。

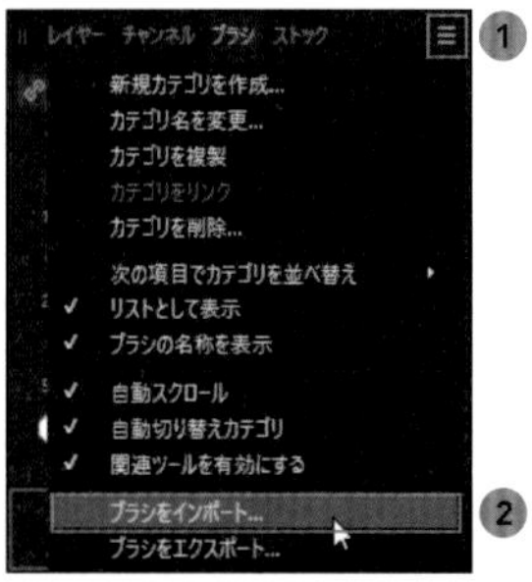

2 読み込みたい Photoshop のブラシファイル（ABR 形式）をクリックし❸、［開く］ボタンをクリックします❹。インポート完了のメッセージが表示されたら、［OK］ボタンをクリックします。

3 読み込んだブラシをカテゴリから選択すると❺、新しく読み込まれたブラシを確認できます。

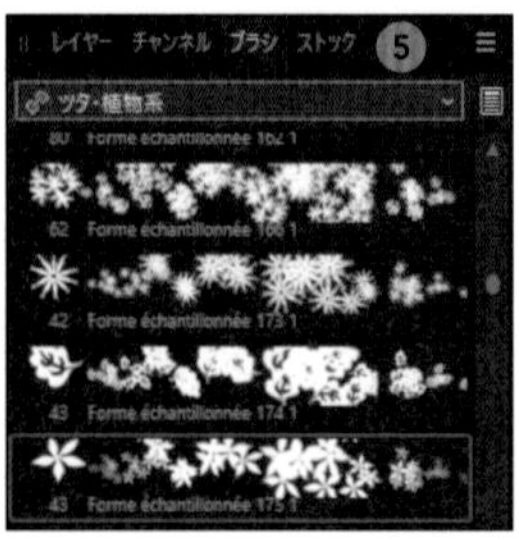

第6章

テキストとカーブ、シェイプ

01 アーティスティックテキストを作成する

アーティスティックテキストを作成する

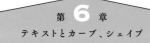

Affinity Photoでは、テキストを入力するツールとして2種類のツールが用意されています。そのうちのひとつ、[アーティスティックテキスト]ツールは、**1行で完結する文字列や見出し**などのテキストの作成に向いています。

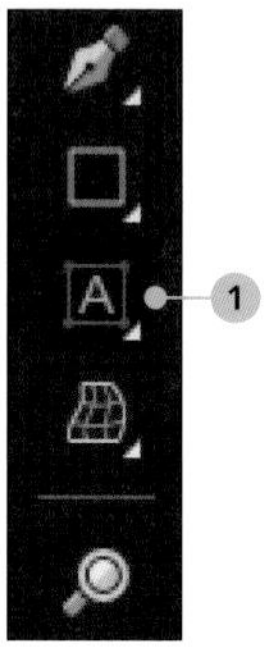

1 [ツール]パネルから[アーティスティックテキスト]ツールをクリックし1、画像上で上下にドラッグして文字サイズを決めます2。

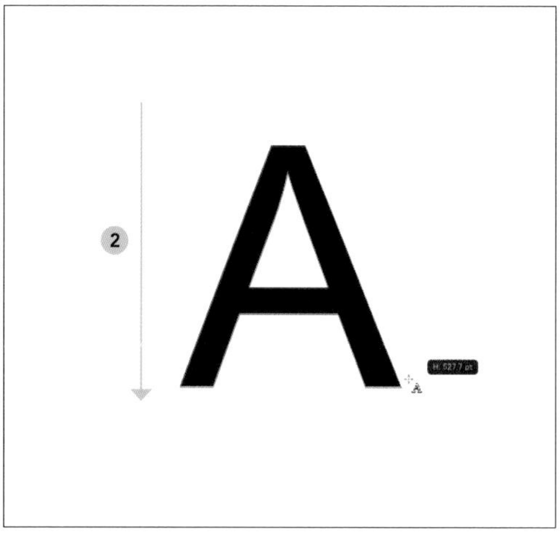

2 テキストを入力します3。入力完了後、Escキーを押すと入力した文字が確定されます。

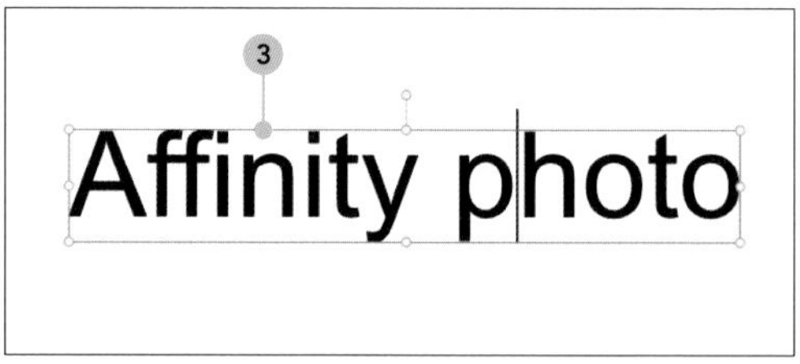

3 [レイヤー]パネルに新規テキストレイヤーが作成されているのが確認できます4。

テキストを修正する

1 ［アーティスティックテキスト］ツールで入力済みのテキストをクリックすると、テキスト内にカーソルが表示されて編集可能な状態になります。カーソルを修正したい位置に合わせるか、ドラッグして選択します1。

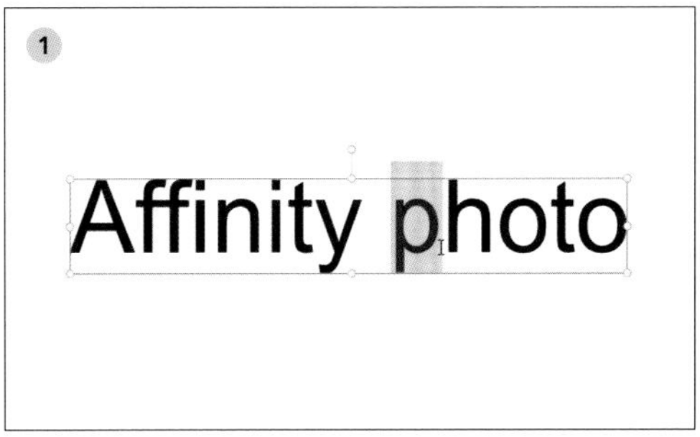

2 テキストを入力し直します2。

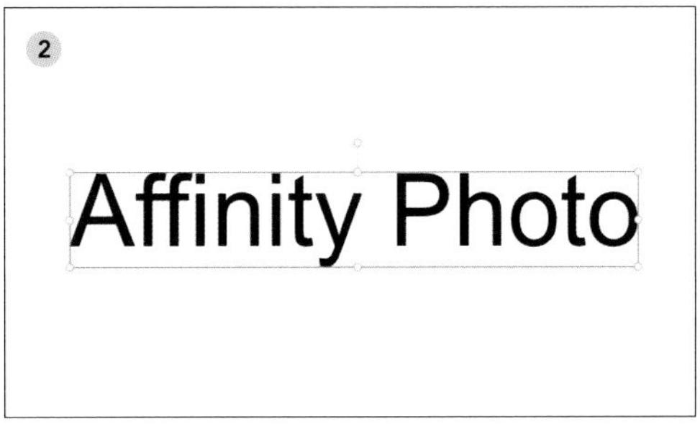

MEMO

［移動］ツールを選択中にテキストをダブルクリックすると、ツールが［アーティスティックテキスト］ツールに切り替わり編集できるようになります。

テキストのサイズを変更する

1 ［レイヤー］パネルでテキストレイヤーを選択し、［移動］ツールを選択します1。

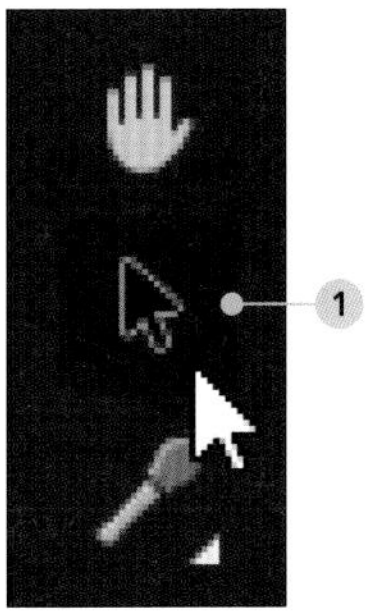

2 テキストの周囲に表示された枠のコーナーハンドルをドラッグすると2、それに応じてテキストのサイズが変更されます3。

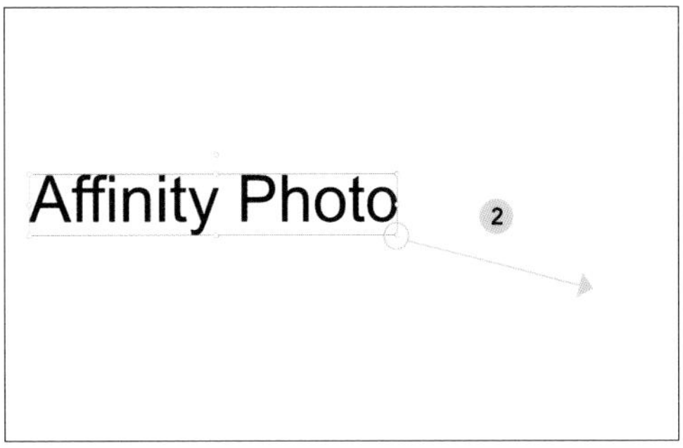

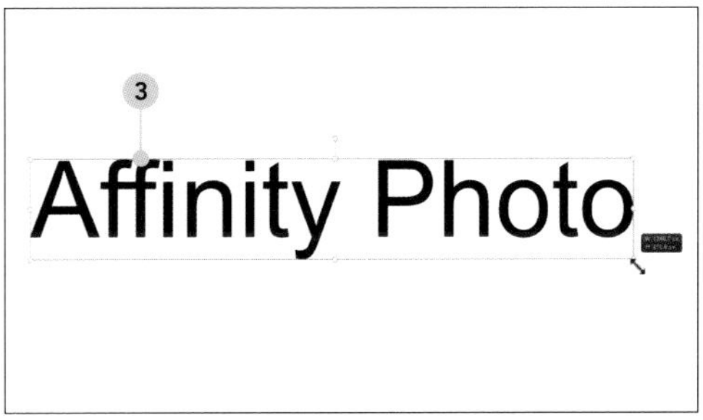

MEMO

テキストの縦横比を変更するには、枠の辺の中央のサイドハンドルをドラッグするか、コーナーハンドルを Shift キーを押しながらドラッグします。

第6章 テキストとカーブ、シェイプ

02 フレームテキストを作成する

フレームテキストを作成する

［フレームテキスト］ツールでは、ドラッグして作成したフレーム内にテキストを入力することができます。入力したテキストはフレームの幅で自動的に折り返されます。**テキストの内容が複数行にわたる場合に使用**します。

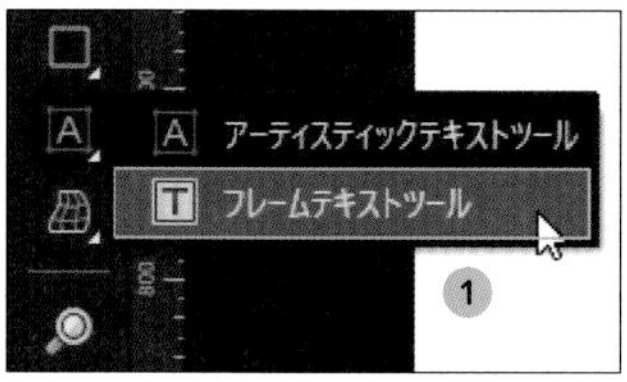

1 ［ツール］パネルから［フレームテキスト］ツールをクリックします❶。

2 画像上をドラッグし❷、フレームを描きます。

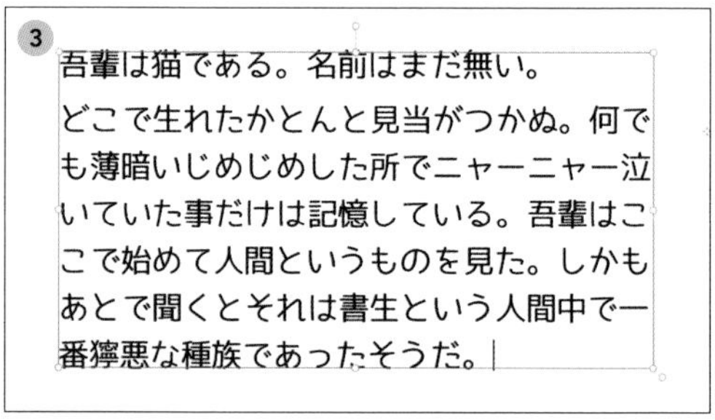

3
吾輩は猫である。名前はまだ無い。
どこで生れたかとんと見当がつかぬ。何でも薄暗いじめじめした所でニャーニャー泣いていた事だけは記憶している。吾輩はここで始めて人間というものを見た。しかもあとで聞くとそれは書生という人間中で一番獰悪な種族であったそうだ。

3 テキストを入力します❸。入力完了後、Esc キーを押すと入力した文字が確定されます。

COLUMN ダミーテキストを入力するには？

フレームテキスト内に入力するテキストがまだない場合は、ダミーテキストを入れておくことができます（右図）。フレームテキストを作成後、右クリック→［フィラーテキストを挿入］をクリックすれば挿入できます。

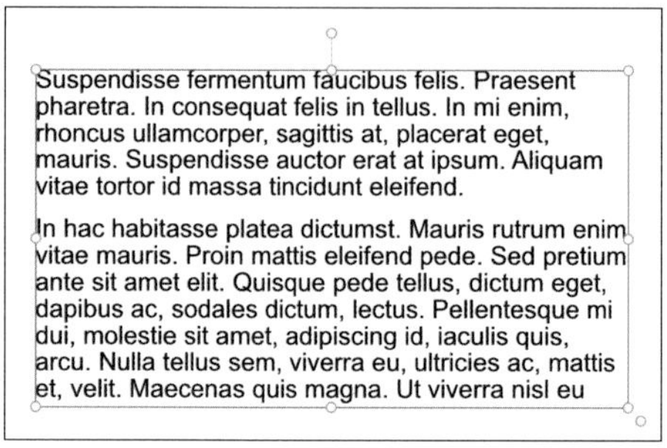

Suspendisse fermentum faucibus felis. Praesent pharetra. In consequat felis in tellus. In mi enim, rhoncus ullamcorper, sagittis at, placerat eget, mauris. Suspendisse auctor erat at ipsum. Aliquam vitae tortor id massa tincidunt eleifend.
In hac habitasse platea dictumst. Mauris rutrum enim vitae mauris. Proin mattis eleifend pede. Sed pretium ante sit amet elit. Quisque pede tellus, dictum eget, dapibus ac, sodales dictum, lectus. Pellentesque mi dui, molestie sit amet, adipiscing id, iaculis quis, arcu. Nulla tellus sem, viverra eu, ultricies ac, mattis et, velit. Maecenas quis magna. Ut viverra nisl eu

▷ フレームのサイズを変更する

1 テキストの文字数がフレームに収まっていない場合、赤い目のアイコン👁が表示されます❶。クリックすると、フレームからはみ出したテキストの表示／非表示を切り替えることができます。

2 フレームのハンドルを下方向にドラッグし❷、フレームを拡大すると目のアイコンは表示されなくなります❸。

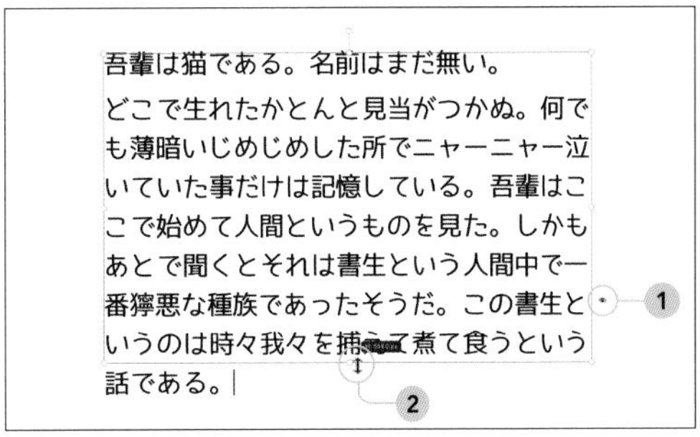

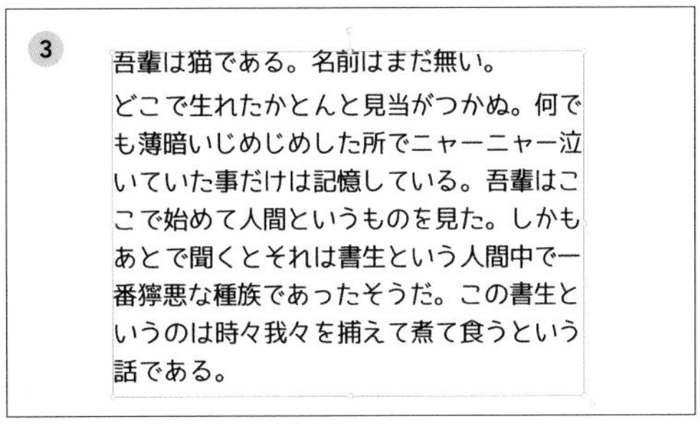

▷ ベクトルシェイプを利用する

1 P.166を参考に、あらかじめベクトルシェイプを用意しておきます❶。

2 ［フレームテキスト］ツールを選択し、ベクトルシェイプの内側にカーソルを合わせ、クリックします❷。

3 ベクトルシェイプがフレームに変換されました❸。テキストを入力するか、あらかじめコピーしておいたテキストを貼り付けます。ベクトルシェイプの形状にテキストが流し込まれました。

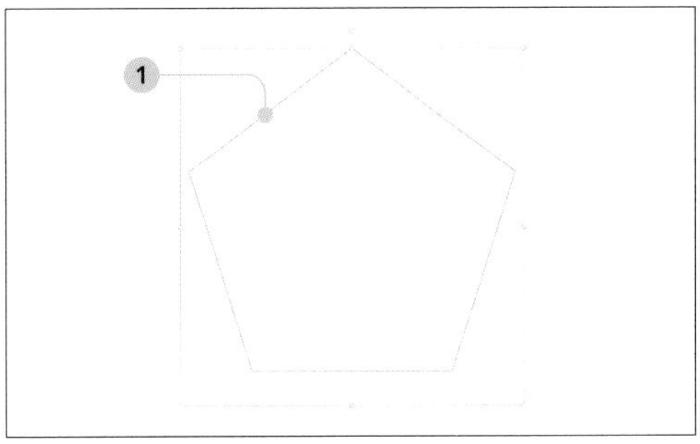

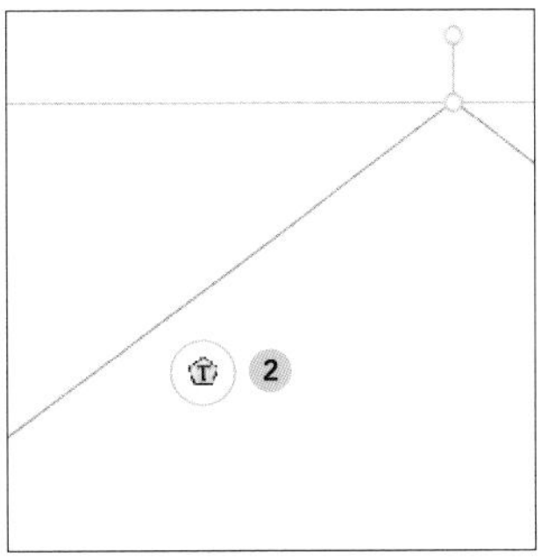

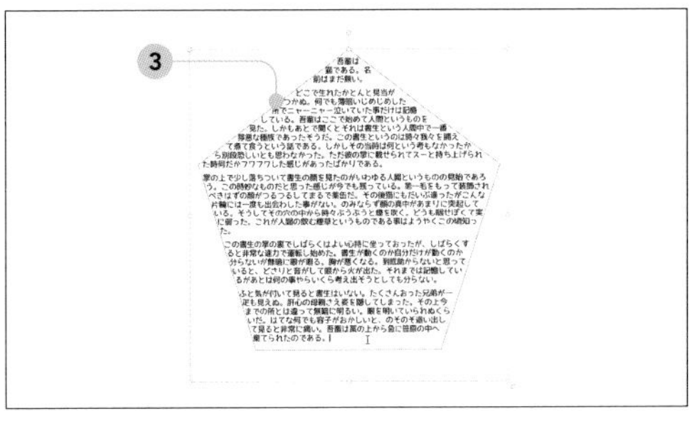

第6章 テキストとカーブ、シェイプ

03 テキストの見栄えを調整する

[文字]パネルを表示する

入力したテキストは、**文字の書体（フォント）や文字の大きさ、色、行の高さや文字の詰まり具合**など見た目を細かく調整することができます。コンテキストツールバーでも一部設定は行えますが、詳細な調整には［文字］パネルを使用します。

1 ［ウィンドウ］メニュー→［テキスト］→［文字］の順にクリックします❶。

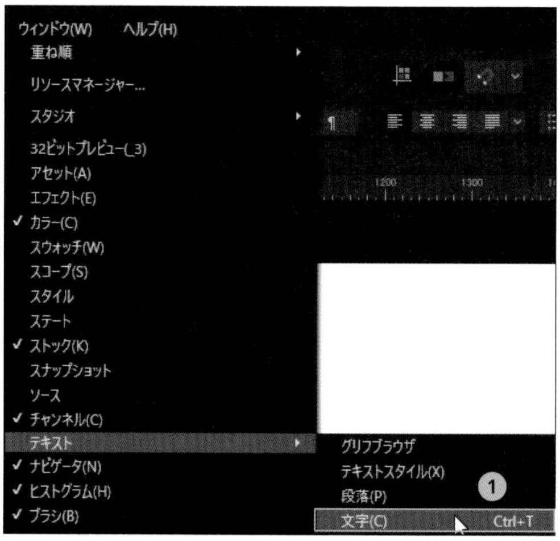

MEMO

Ctrl（command）+Tキーを押しても、［文字］パネルの表示／非表示を切り替えることができます。

2 ［文字］パネルが表示されました。主要な設定カテゴリは以下の通りです。

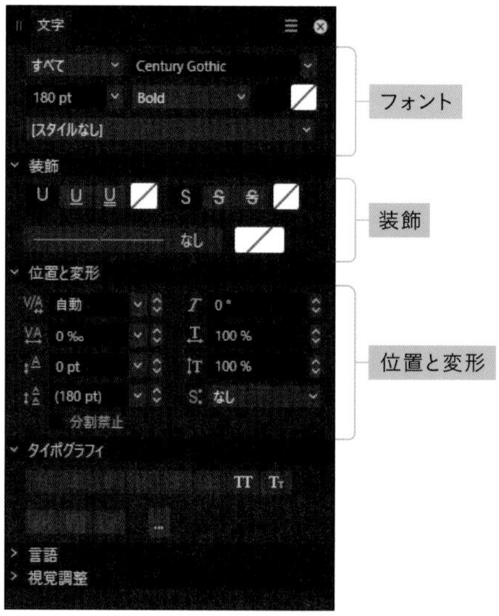

- **フォント**：フォントの種類やサイズ、文字色と背景色などを選択できます。
- **装飾**：下線や打ち消し線、枠線の設定や、その色を設定することができます。
- **位置と変形**：カーニング（単一文字の字間設定）やトラッキング（文章全体の字間設定）、行間の設定を行えます。

フォントを設定する

1 ［レイヤー］パネルでテキストレイヤーを選択するか、［移動］ツールで対象となるテキストをクリックして選択します❶。

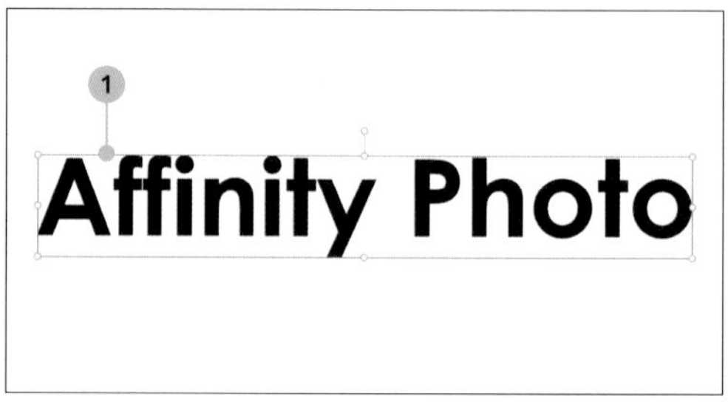

2 コンテキストツールバーまたは［文字］パネルの［フォントファミリ］をクリックしてフォントを選びます2。フォント名の右側のカッコ付きの数字は、文字の太さや傾きなど、いくつかのスタイルが用意されていることを示しています3。

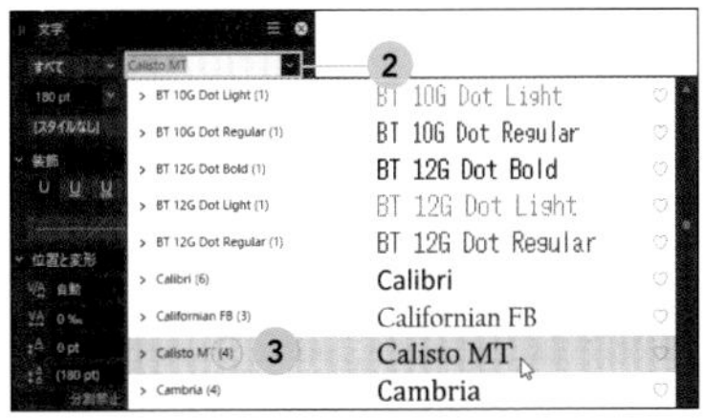

3 ［フォントスタイル］をクリックすると4、同一フォントファミリの別のスタイルを指定できます。

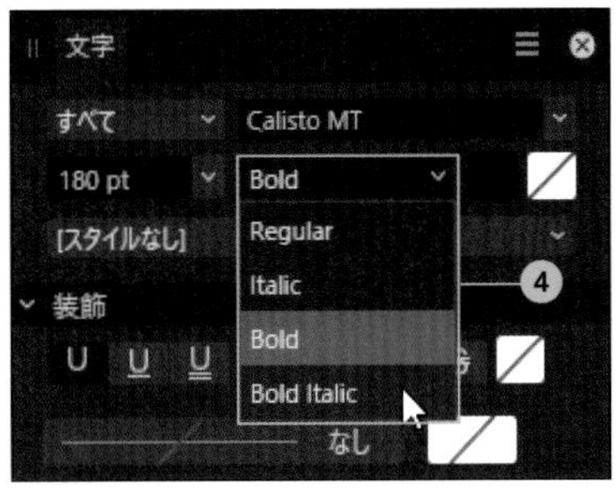

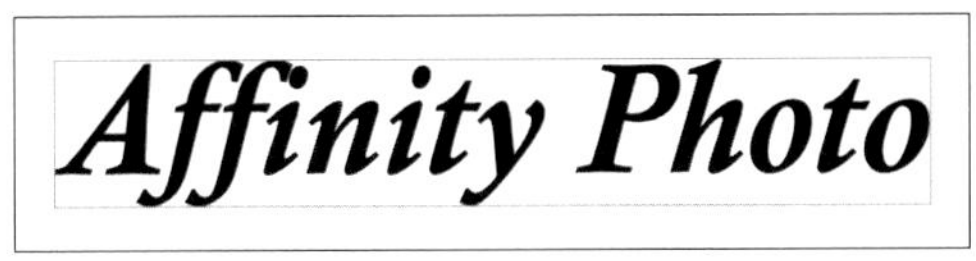

≫ 文字にグラデーションを設定する

1 テキストレイヤーを選択している状態で、［グラデーション］ツールをクリックします1。

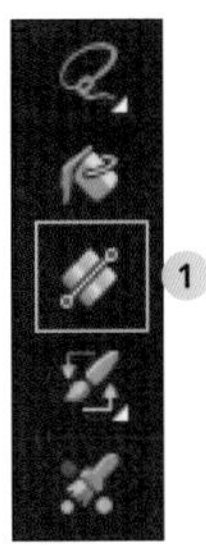

2 コンテキストツールバーでカラースウォッチをクリックし2、［グラデーション］タブでグラデーションを設定します3。グラデーションの設定方法についてはP.141を参照してください。

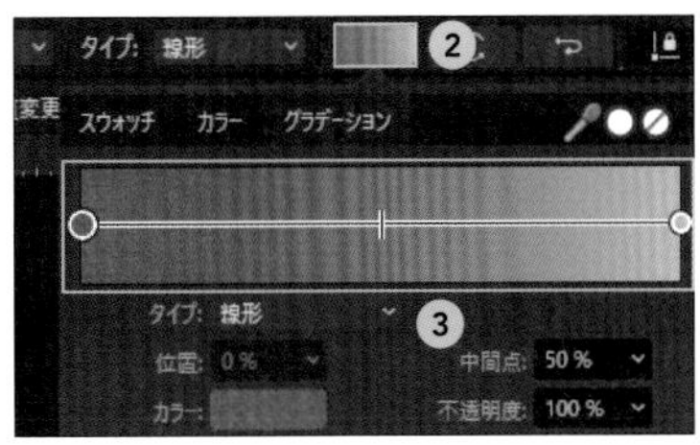

3 グラデーションをかけたい方向にテキスト上をドラッグすると、テキストにグラデーションが設定されます4。

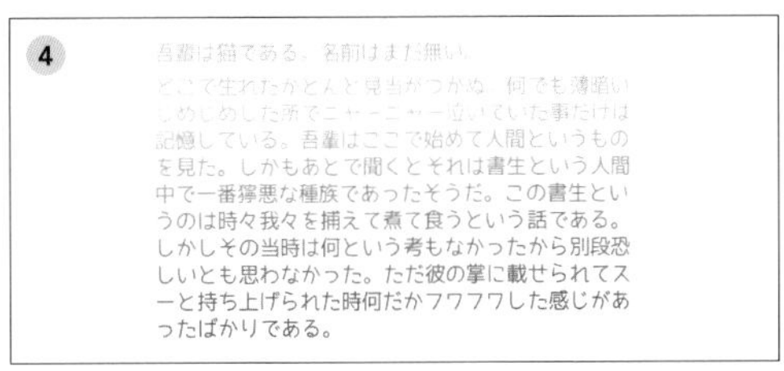

COLUMN

カーニング／トラッキング／行間設定

カーニングとトラッキング、行間設定にはショートカットを使うと便利です。Alt（option）＋←→キーを押すと、文字選択状態であればその文字全体にトラッキングが設定され、文字を選択していなければカーソルのある位置でカーニングが設定されます。Alt（option）＋↑↓キーを押すと行間（［行送りのオーバーライド］）が設定されます。

04 テキストの段落を調整する

段落と段落内改行

Enter キーを押して改行するまでのテキストがひとつの段落として認識されます。[フレームテキスト]ツールの場合、デフォルトで段落間にはスペースが表示されるので、それで見分けることができるでしょう。なお、段落を分けずに改行することもでき、その場合は Shift + Enter キーを押します。

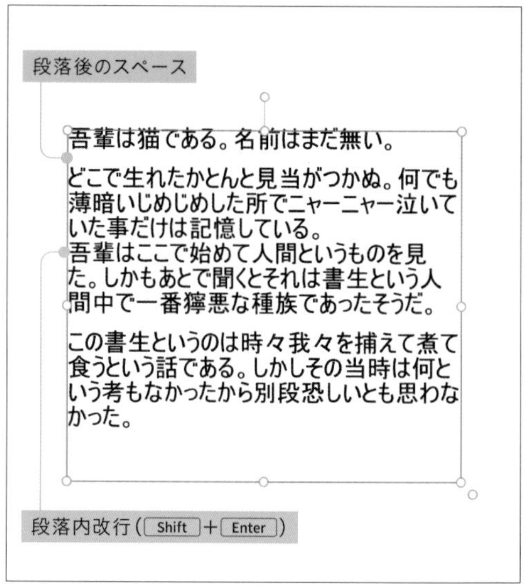

段落後のスペース
吾輩は猫である。名前はまだ無い。
どこで生れたかとんと見当がつかぬ。何でも薄暗いじめじめした所でニャーニャー泣いていた事だけは記憶している。
吾輩はここで始めて人間というものを見た。しかもあとで聞くとそれは書生という人間中で一番獰悪な種族であったそうだ。
この書生というのは時々我々を捕えて煮て食うという話である。しかしその当時は何という考もなかったから別段恐しいとも思わなかった。
段落内改行（Shift+Enter）

[段落]パネルを表示する

テキストのフォントや文字サイズなどの文字単位の設定ではなく、**段落ごともしくは文章全体の書式設定**を行うことができるのが[段落]パネルです。段落のテキストの揃え位置や字下げを設定したり、段落間のスペースの設定などを行うことが可能です。

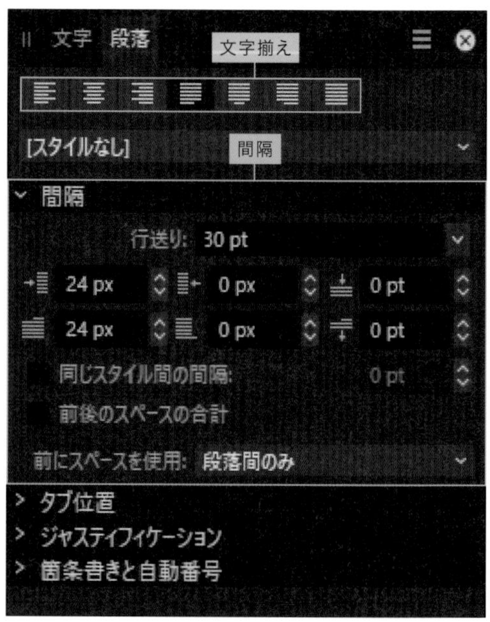

1 [ウィンドウ]メニュー→[テキスト]→[段落]の順にクリックすると、[段落]パネルが表示されます。主要な設定カテゴリは以下の通りです。

- **文字揃え**:テキストフレームの左／右／中央／両端のどこでテキストを揃えるかを指定します。
- **間隔**:行間(行送り)や字下げ(インデント)、各段落の前後のスペースなどを指定します。

テキストの段落を設定する

1 入力したテキストを選択し、Esc キーを押します❶。段落の行揃えボタンをクリックします❷。ここでは、例として［両端揃え（左）］を選択すると、最終行以外のテキストがフレームの左右両端に揃います❸。

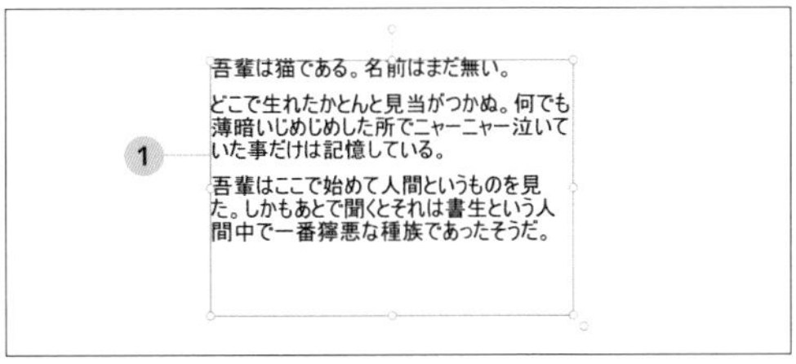

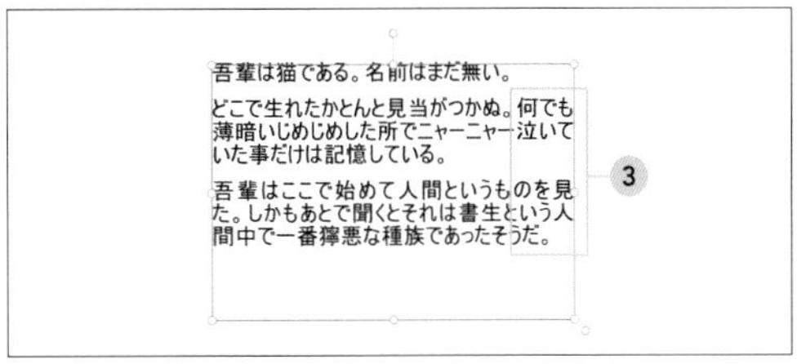

> **MEMO**
>
> 特定の段落内にカーソルがある場合、その段落だけに設定が反映されてしまうので注意しましょう。

2 ［行送り］のプルダウンメニューをクリックすると❹、行間を指定できます❺。

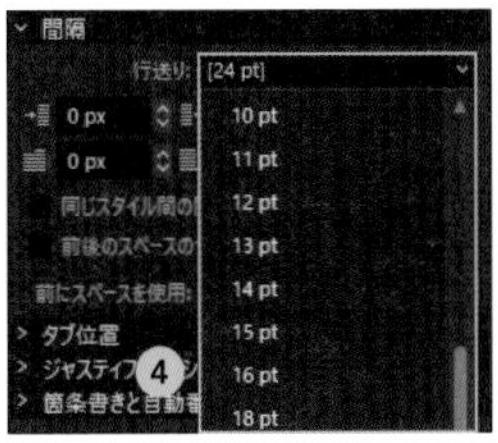

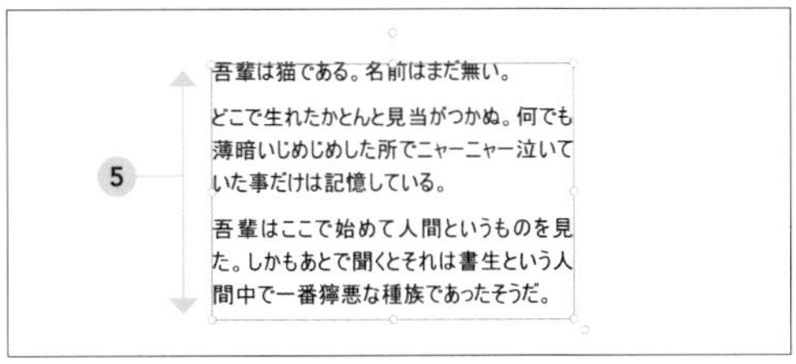

> **MEMO**
>
> ［行送り］の数値は［文字］パネルの［位置と変形］にある［行送りのオーバーライド］と連動しています。そのため、［文字］パネルから設定することも可能です。

3 ［左インデント］に数値を入力すると❻、左端の揃え位置を字下げできます❼。

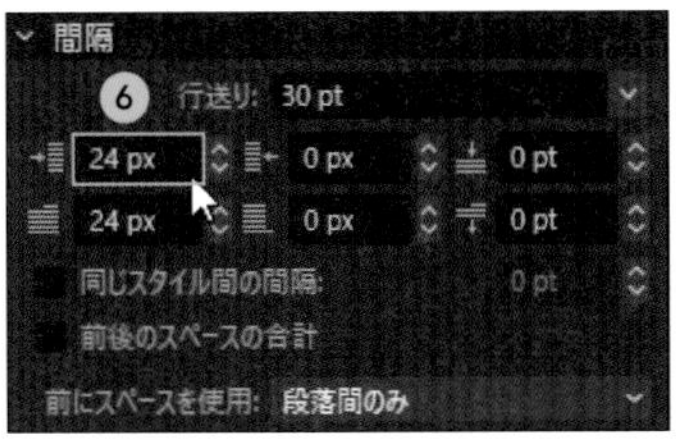

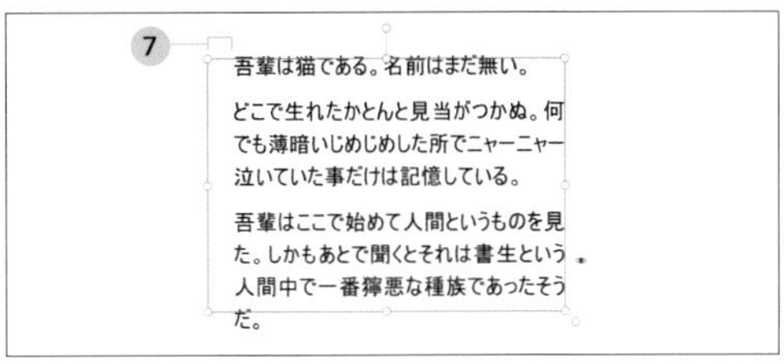

05 テキストのスタイルを保存する

文字スタイルを保存する

テキストに設定したさまざまな情報は**スタイルとして保存**しておくことができます。一度保存しておけば、別のテキストに同じ設定を即座に反映させることができます。

1 あらかじめテキストに対してフォントや文字サイズ、色などの設定をしておきます1。

2 ［テキスト］メニュー→［テキストスタイル］→［文字スタイルを作成］の順にクリックします2。

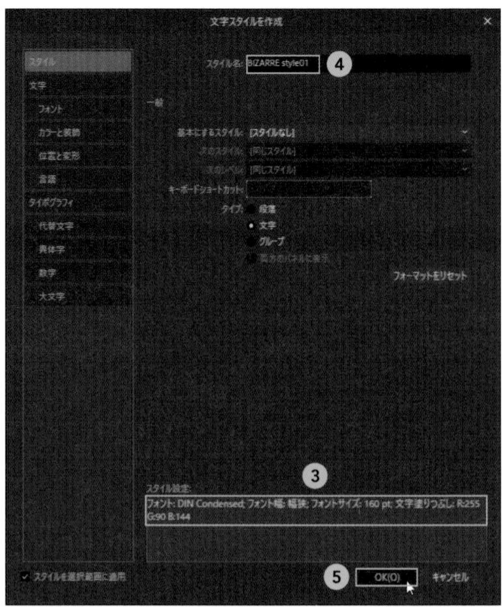

3 テキストに設定した情報が反映されていることを確認します3。スタイル名を入力し4、［OK］ボタンをクリックします5。

MEMO

［文字スタイルを作成］画面の左メニューから、追加のテキスト設定を登録することも可能です。

テキストにスタイルを適用する

1. いずれかのテキストツールで新しくテキストを作成し❶、Esc キーを押してテキストフレームを選択します。

2. コンテキストツールバーもしくは［文字］パネルで［文字スタイル］をクリックし、登録された文字スタイルを選択します❷。

3. 文字スタイルが適用されました❸。

COLUMN

段落スタイルを保存する

前ページ手順2で［段落スタイルを作成］をクリックすると、文字スタイルと同様に、段落のスタイルを保存することができます。テキストに対して文字スタイルと段落スタイルの両方を適用することも可能です。ただし、両スタイルで同じ項目に対して異なる設定がされている場合、文字スタイルの設定が優先されます。

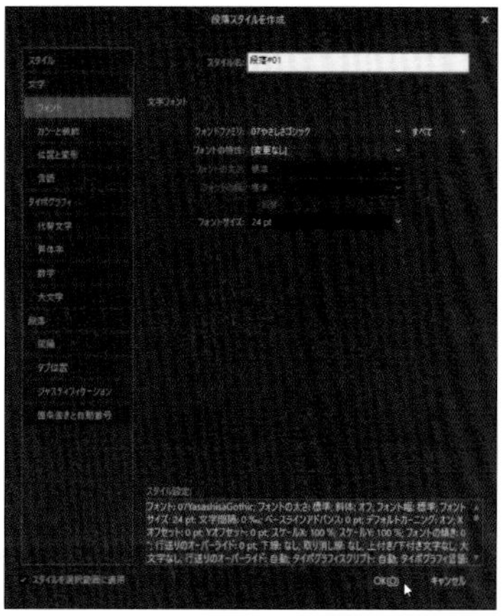

第6章
テキストとカーブ、シェイプ

06 ベクトルコンテンツの基礎知識

ビットマップ画像とベクター画像

デジタルカメラやスマートフォンで撮影した画像、あるいはスキャナーなどで取り込んだ画像を大きく拡大表示すると、最終的には小さな単色の四角形（ピクセル）になります。ピクセルはデジタル画像の最小単位で、**ピクセルが集まることでモザイク画のように写真を表現**しています。このように、ピクセルで表現された画像のことを**ビットマップ画像**（**またはラスター画像**）といいます。

これに対して**ベクター画像**（**以下、ベクトルコンテンツ**）**は、ピクセルを使用せずに点と点、そしてそれらを結ぶ線で表現**します。ベクトルコンテンツの特徴として、**拡大や変形をしても画像が劣化しない**という点が挙げられます。写真のような表現には向いていませんが、文字や図形、イラストなどの表現に適しています。実際にはイラストやロゴの作成の他、印刷物のレイアウトなどにも多く用いられています。

最近ではWebデザインにも利用されていて、Webページで使用される一部のロゴなどにもベクトルコンテンツが使われることが多くなっています。

ベクトルコンテンツを作成するツール

Affinity Photo でベクトルコンテンツを作成できるツールは、以降で解説する［ペン］ツールと各種図形ツールになります。［ペン］ツールではカーブと呼ばれる線のベクトルコンテンツを、各種図形ツールではシェイプと呼ばれる“閉じた線”のベクトルコンテンツを作成できます。

カーブ

シェイプ

ベクトルコンテンツをビットマップ化する

ベクトルコンテンツをビットマップ画像に変換することを**ラスタライズ**といいます。ラスタライズすると、加工や変形を繰り返しても画像が劣化しないというベクトルコンテンツの利点がなくなってしまいます。ですが、Web ページにイラストを掲載するような場合には、ベクトルコンテンツとしてではなく、ラスタライズしたビットマップ画像として使用します。

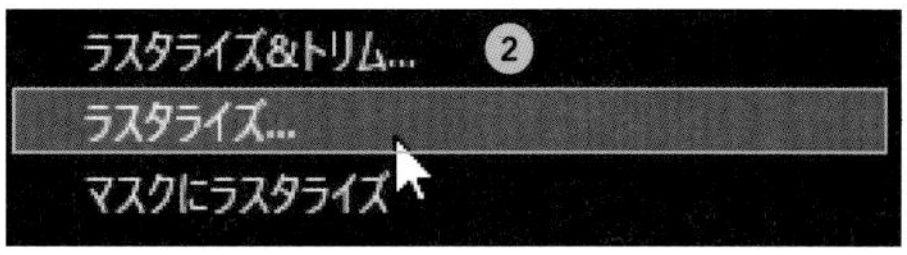

1 ［レイヤー］パネルでベクトルオブジェクトのレイヤーを右クリックし1、［ラスタライズ］をクリックすると2、ベクトルコンテンツがビットマップ画像に変換されます。

COLUMN

ベクトルコンテンツ向けの専用ソフト

Affinity Photo上でも一部ベクターデータを扱うことは可能ですが、同じAffinityのツールであるAffinity Designerや、Adobe Illustratorがベクトルコンテンツを作成する専用のソフトとなります。Affinity Designerでは、Illustratorで作成したベクトルコンテンツを読み込むことができ、Illustratorの機能と多くの互換性を持っています。いずれのソフトも［ペン］ツールを用いて自由に線を描いたり、画像を取り込んでレイアウトしたり、文字を自在に配置して印刷物を作成したりできます。

07 カーブを描画／編集する

[ペン]ツールでカーブを描く

カーブは**線のオブジェクト**のことで、**ノード**によって管理されます。ノードを操作することであとからいくらでも形を変えられるほか、拡大／縮小しても劣化しないという利点を持ちます。

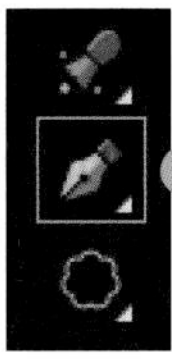

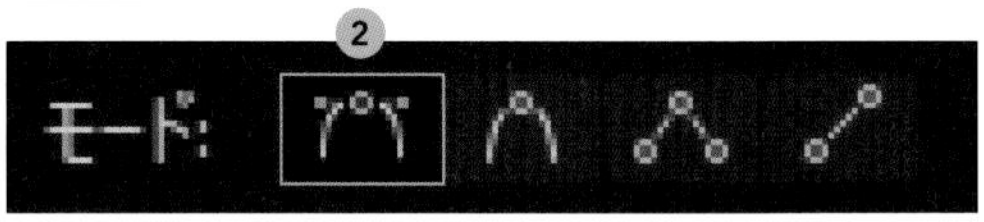

1 [ペン] ツールをクリックし❶、コンテキストツールバーの [モード] から [ペンモード] をクリックします❷。

MEMO

モードには、クリックとドラッグで動作が異なる[ペンモード]、ペンモードより操作を簡略化した[スマートモード]、多角形の作成に便利な[ポリゴンモード]、2点間の線分を作成する[線モード]があります。

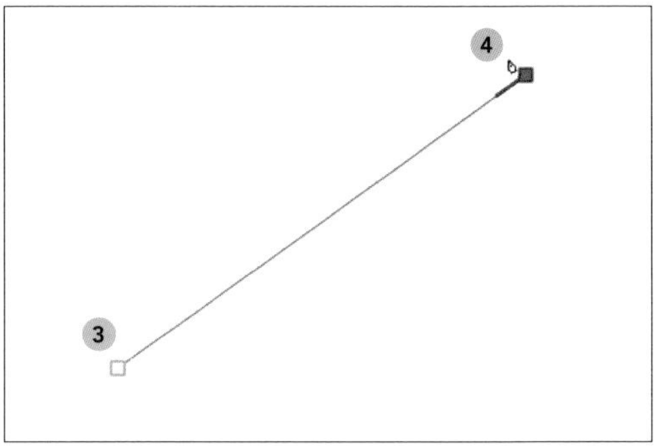

2 まずは直線を描いてみます。画面上をクリックすると四角形のノードが作成されます❸。続けて別の箇所をクリックします❹。2点のノードを結ぶ直線が描かれました。

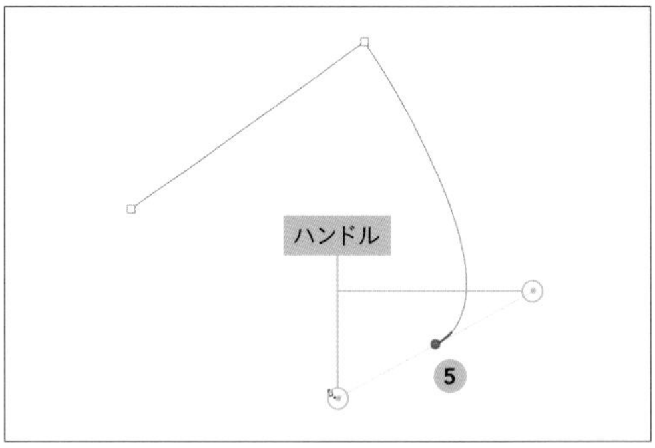

3 曲線を描くにはドラッグを使います。ドラッグすると❺、円形のノードが作成され、そこから線の傾きを調整するハンドルが伸びてきます。

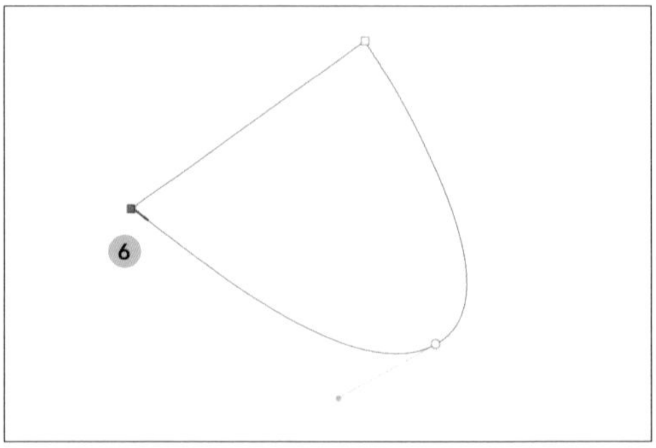

4 最初に作成したノードをクリック（ドラッグ）すると❻、カーブが閉じます。カーブを閉じない場合は、Esc キーを押して終了します。

MEMO

作成したカーブは、P.167の方法で線の種類を変更できます。

▷▷ [ノード]ツールでカーブを編集する

1 [ノード] ツールをクリックし❶、[レイヤー]パネルで編集を加えたいカーブレイヤーを選択します。

MEMO

[ペン]ツールを選択していても、Ctrl キーを押すことで一時的に[ノード]ツールに切り替えて操作できます。

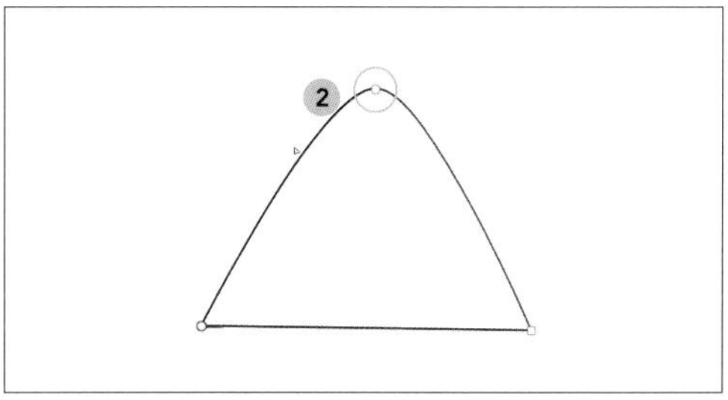

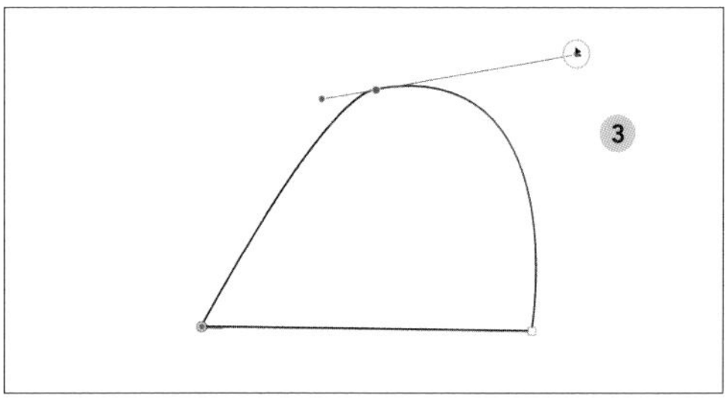

2 対象のノードをクリックすると❷、ハンドルが表示されます。ハンドルをドラッグするか❸、線の部分を直接ドラッグして、カーブの傾きや大きさを調整します。

MEMO

このほかにも、ノードをドラッグして移動したり、線の上をクリックしてノードを追加したりすることができます。

COLUMN

コンテキストツールバーを使った編集

ノードを選択後、コンテキストツールバーの各ボタンから描いたカーブを操作することができます。

❶シャープに変換	直線に変換します。
❷スムーズに変換	ペンモードで描いたカーブに変換します。
❸スマートに変換	スマートモードで描いたカーブに変換します。
❹ノードを選択した後にカーブを分割	選択したノードの次のカーブの中間点にノードを追加してカーブを分割します。
❺カーブを切断	選択したノード部分でカーブを切断します。
❻カーブを閉じる	開いたカーブの両端点を結び、カーブを閉じます。
❼カーブを滑らかにする	選択したカーブにノードを追加／削除し、カーブを滑らかにします。
❽カーブを結合	Shift キーで複数選択した2本のカーブの端点を結合して1本のカーブにします。
❾カーブを反転	カーブの向きを反転します。選択したカーブ上に赤いラインが出ている方がカーブの進行方向です。

08 ベクトルシェイプを描画する

ベクトルシェイプを描く

Affinity Photoで扱うデータは基本的にはピクセルデータですが、**ベクトル図形の描画を可能にするのがベクトルシェイプツール**です。長方形や楕円、矢印や星形などさまざまな形状のシェイプが用意されており、描画後も塗りつぶしや境界線の色だけでなく、形状の調整、変形などが画像を劣化させることなく容易に行えることが特徴です。

1 ［ツール］パネルからベクトルシェイプツールを選択します。ここでは、例として［長方形］ツールをクリックします❶。

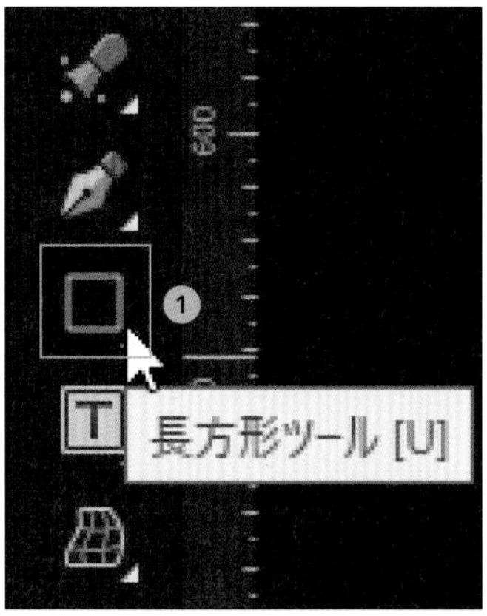

2 コンテキストツールバーの［塗りつぶし］のカラースウォッチをクリックし❷、パレットから塗りつぶしに使用するカラーを設定します❸。

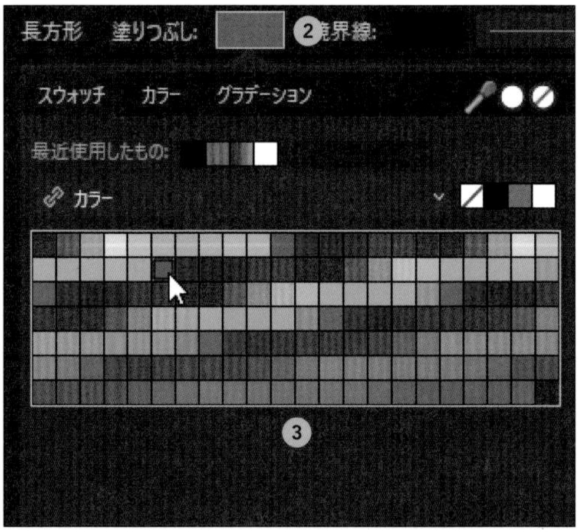

3 画面上をドラッグし❹、ベクトルシェイプを描きます。Shift キーを押しながらドラッグすると正方形や正円を描画できます。

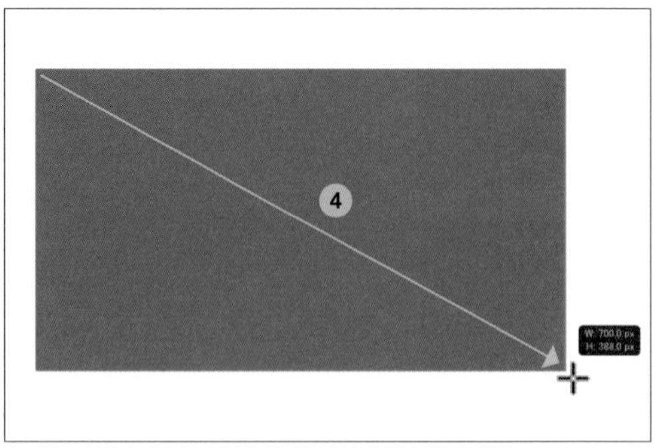

MEMO

シェイプに赤いハンドルが表示される場合、［ノード］ツールでドラッグすることでシェイプの形を変更することができます。

線の設定を変更する

1 ベクトルシェイプを描画後1、コンテキストツールバーの［境界線のプロパティ］をクリックし2、［スタイル］から線種を選びます。ここでは［破線スタイル］をクリックします3。

2 ［幅］スライダーをドラッグして線の太さを調整し4、［線端］から線端の形状（ここでは［バット線端］）を指定します5。

3 破線スタイルの場合は、線分と間隔の比率を指定できます。線分と間隔が交互に並んでおり、ここでは左から「3」「1」と入力します6。

4 線分が「3」、間隔が「1」の比率になりました7。

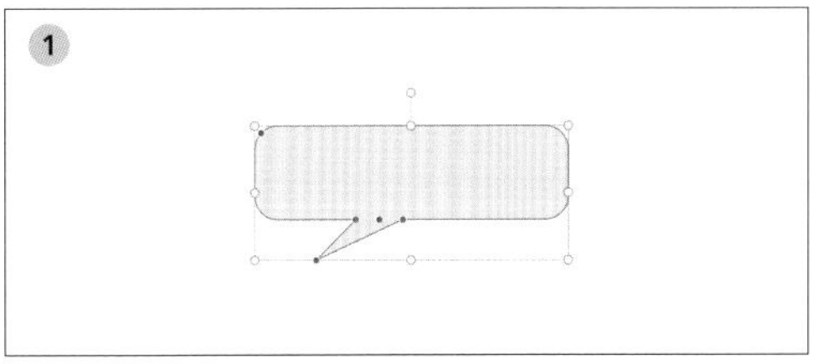

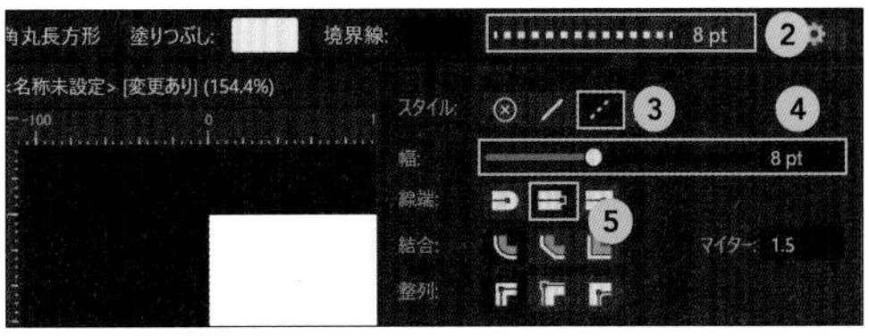

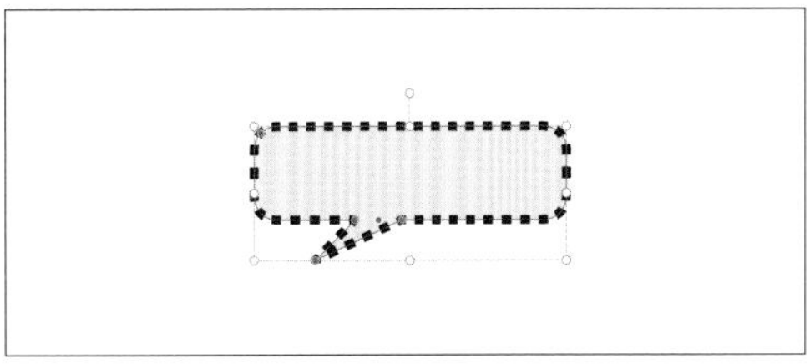

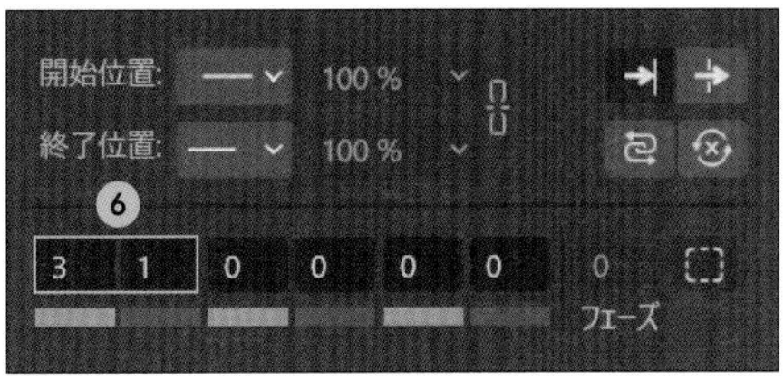

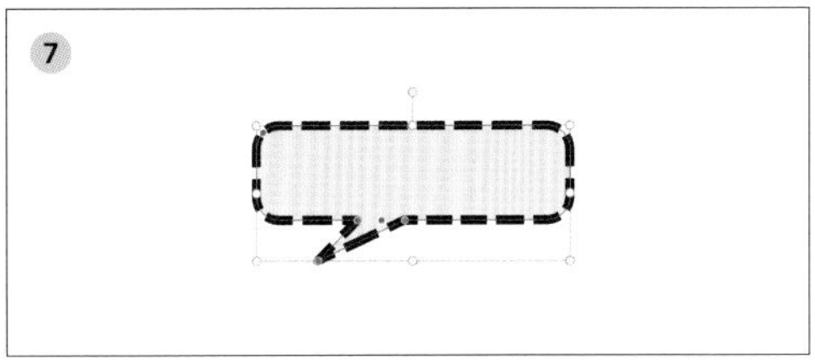

COLUMN

枠線を点線にするには？

［境界線のプロパティ］で［線端］を［ラウンド線端］に設定し、［破線］の線分を「0」、間隔を「1以上」に設定すると点線になります。

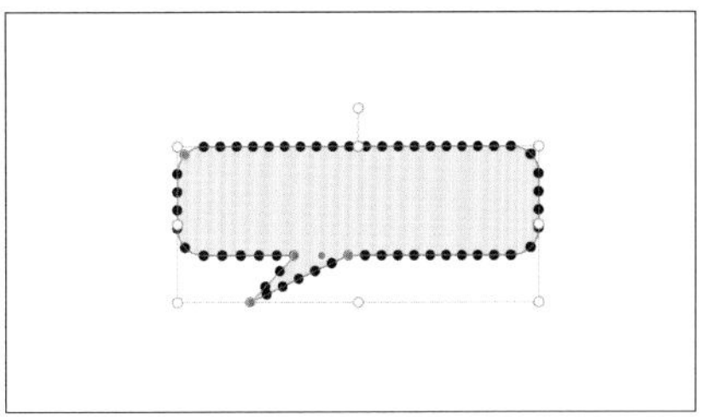

09 ベクトルシェイプをカーブに変換する

カーブに変換して編集する

ベクトルシェイプのコントロールハンドルをドラッグすることである程度の形状は編集できますが、**カーブに変換することで自在に編集することができる**ようになります。

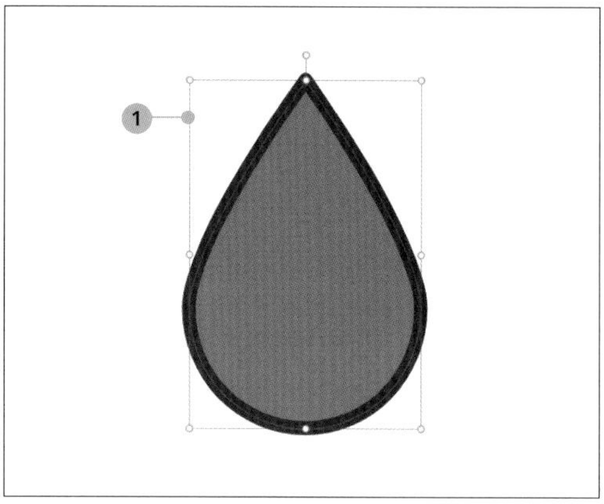

1 ［移動］ツールまたは［ノード］ツールでベクトルシェイプを選択し①、コンテキストツールバーの［カーブに変換］をクリックします②。

2 ベクトルシェイプにノードが表示され、カーブに変換されたことがわかります③。

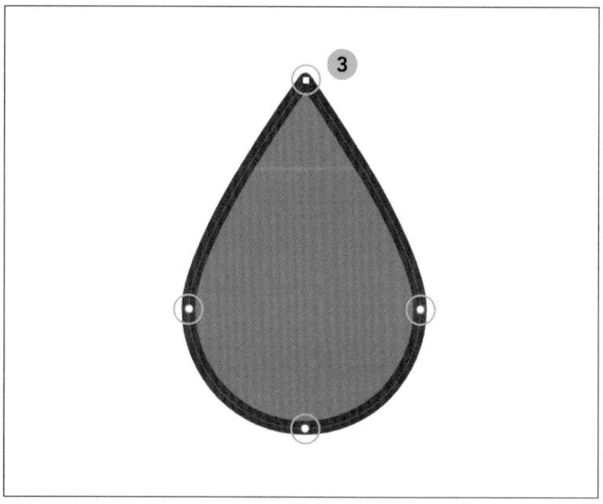

3 ［ノード］ツールに切り替わるので、ノードやハンドルを操作して自由に形を変形させます④。

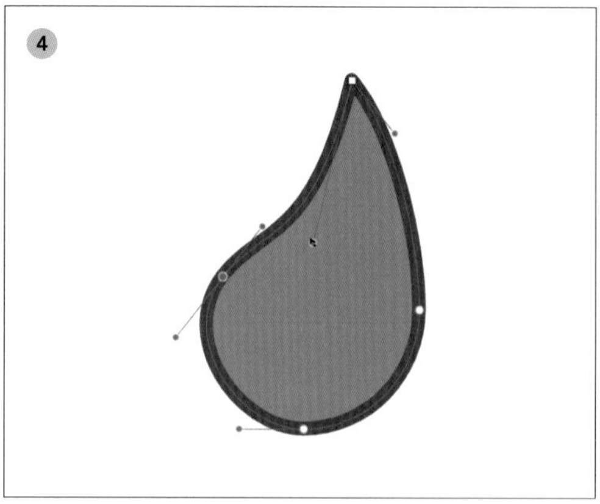

MEMO

テキストをカーブに変換することもできます。その場合は、［ノード］ツールでテキストをクリックし、右クリックメニューの［カーブに変換］をクリックします。

第7章

フィルターの活用

第7章 フィルターの活用

01 フィルターとライブフィルター

フィルターとライブフィルター

Affinity Photoには、**ピクセルレイヤーに直接効果を与える通常のフィルター**と、**オリジナルのデータに手を加えないライブフィルター**の2種類が用意されています。ライブフィルターは元の画像を破壊せずに効果を与えることができ、適用後であっても効果を取り消したり再調整することができます。

フィルターを適用する

1 ［レイヤー］パネルで、効果を与えたいレイヤーをクリックします❶。

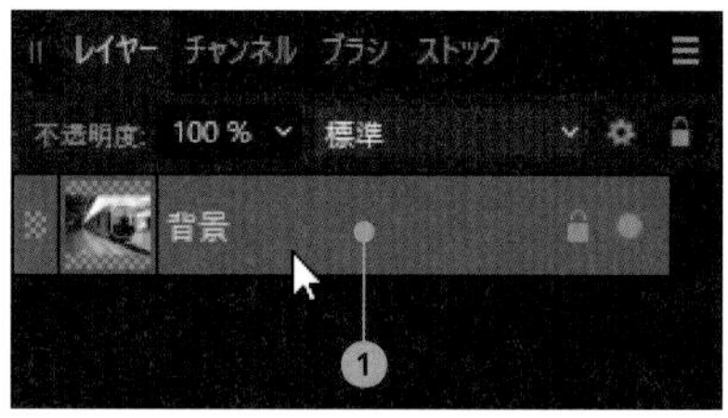

2 ［フィルター］メニューから目的のフィルターを選択します。ここでは例として［フィルター］メニュー→［ゆがみ］→［ピクセレート］の順にクリックします❷。

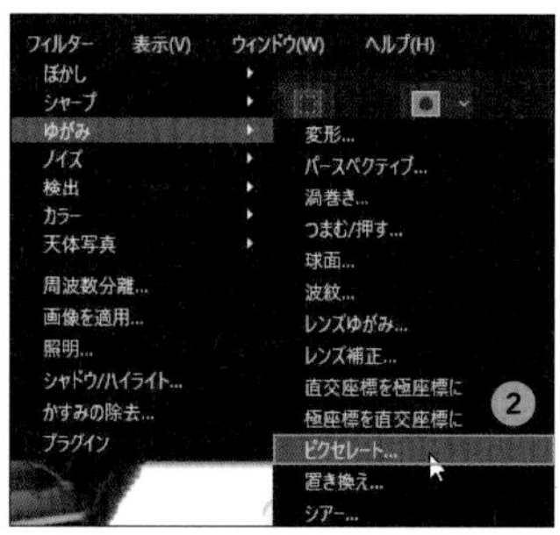

3 設定パネルが表示されるのでスライダーをドラッグし❸、フィルターの適用度を設定します。［適用］ボタンを押して確定します❹。

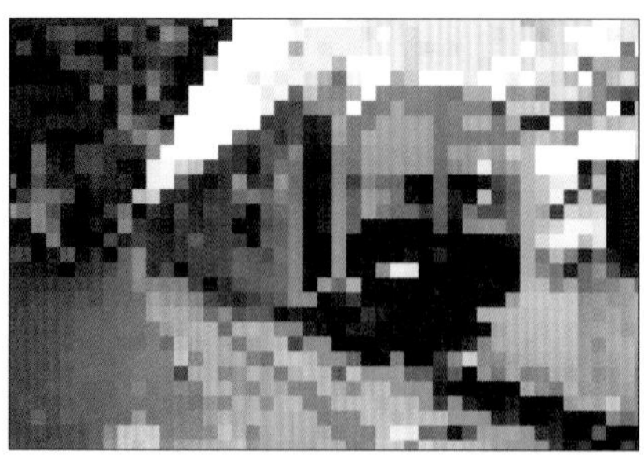

MEMO

［ガウスぼかし］など一部のフィルターでは、スライダーで設定できる範囲を超えて効果を適用することができます。フィルターのパネルが表示されている状態で、画像上を左右にドラッグしてください。

フィルター適用前後をブレンドする

フィルター適用前の画像とフィルター適用後の画像をブレンドすることができます。これは、直前に適用したフィルターに対してのみ使用可能です。

1 ［レイヤー］パネルでフィルターが適用されたレイヤーを選択し、［レイヤー］メニュー→［○○をフェード］の順にクリックします❶。

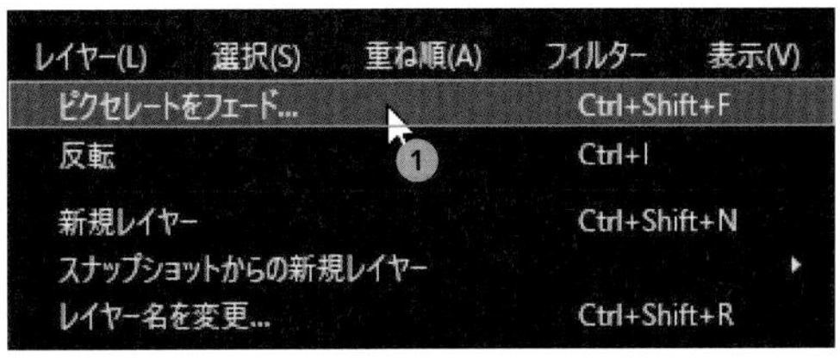

2 ［フェード］パネルが表示されるので❷、スライダーを左右にドラッグしてブレンド度合いを調整します。フェードが「0%」のときは、フィルターが適用されていない状態になります。

ライブフィルターを適用する

1 ［レイヤー］パネルから、フィルターを適用するレイヤーをクリックし❶、［レイヤー］メニュー→［新規ライブフィルターレイヤー］の順にクリックし、目的のフィルターを選びます。ここでは例として［ハーフトーン］を選択します❷。

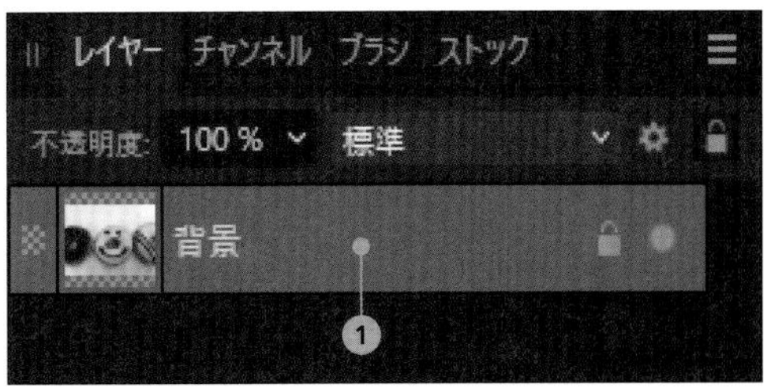

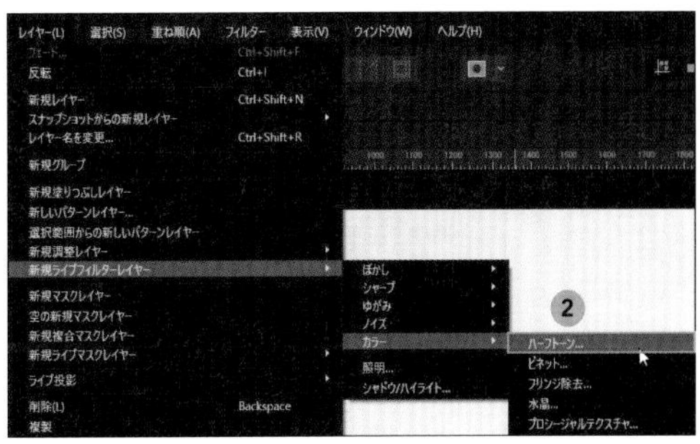

MEMO

ライブフィルターは［レイヤー］パネルの■アイコンからでも追加できます。

2 設定パネルが表示されるので、フィルター効果を調整します❸。[×] ボタンをクリックし、パネルを閉じます❹。

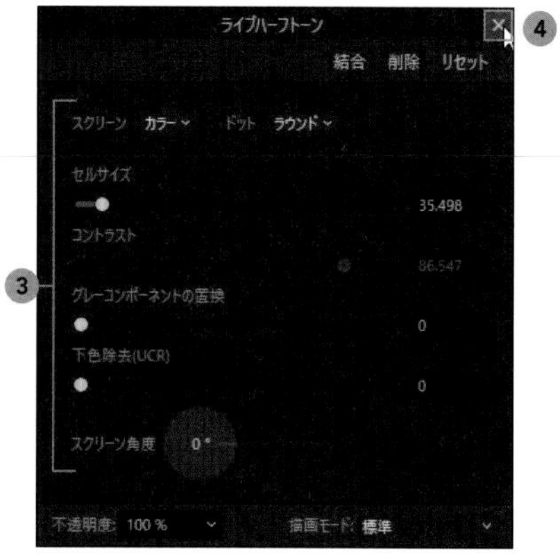

MEMO

設定パネルのボタン類は調整レイヤーとほとんど共通しています。詳しくはP.39を参照してください。

3 [レイヤー] パネルを見ると、はじめに選択したレイヤーにライブフィルターレイヤーが追加されています❺。フィルターのサムネイルをクリックすると再調整することができます。

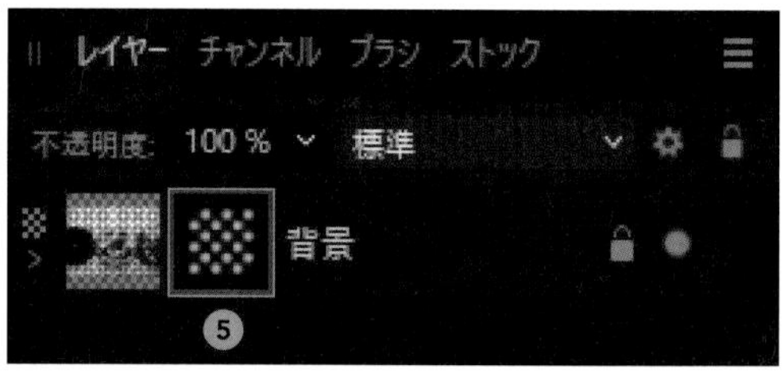

COLUMN

画像の端が半透明になる場合

使用するライブフィルターの種類(例えば[ガウスぼかし])によっては、調整の結果、画面の端が半透明になることがあります。半透明になるのを避けるには、設定パネルで[アルファの維持]をオンにします。

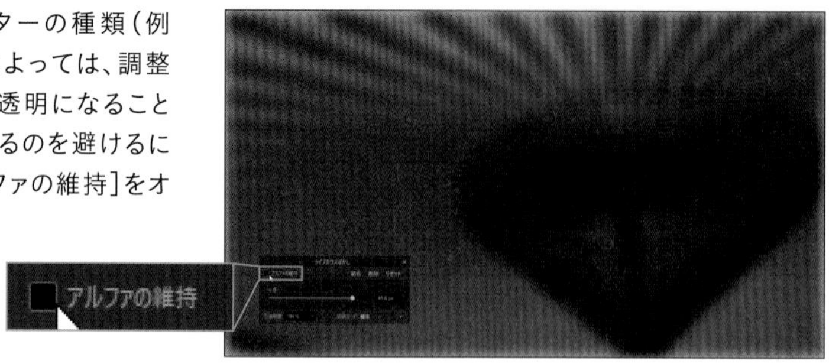

02 ガウスぼかしをかける

ガウスぼかしを適用する

［ガウスぼかし］フィルターを適用すると、**画像を意図的にぼかす**ことができます。選択範囲を作成してから適用することで、部分的にぼかすことも可能です。見せたくない部分や背景に適用して主題をはっきりさせたり、人の肌のディティールをなめらかに見せるなど、レタッチにも使用できます。

1 ［レイヤー］パネルでフィルターを適用するレイヤーをクリックし、［フィルター］メニュー→［ぼかし］→［ガウスぼかし］の順にクリックします❶。

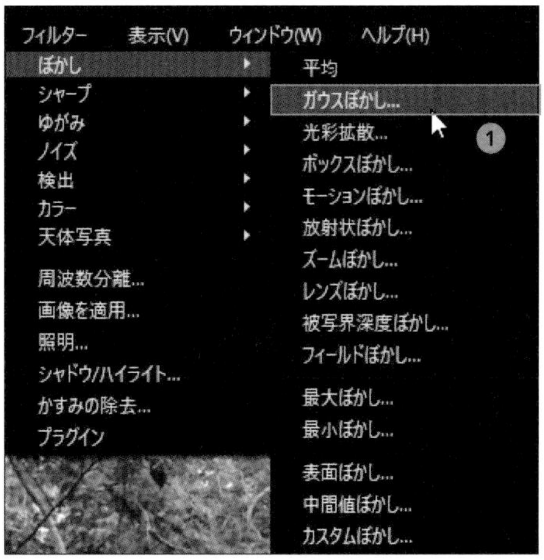

2 ［ガウスぼかし］パネルが表示されるのでスライダーを左右にドラッグし❷、画像を見ながらぼかしの量を調整します。

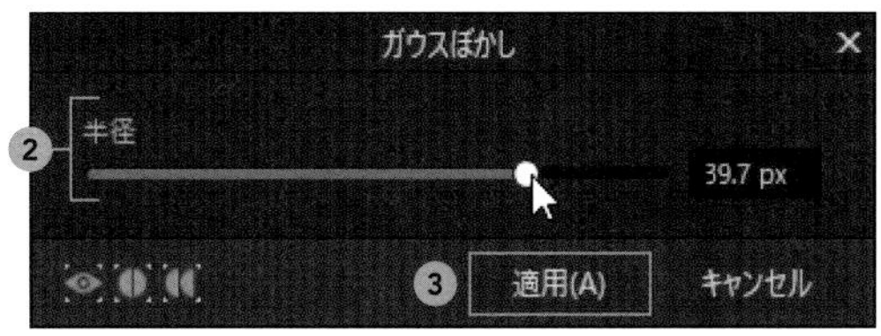

3 ぼかしの量を決定したら、［適用］ボタンをクリックします❸。

03 アンシャープマスクをかける

アンシャープマスクを設定する

ピントの甘い画像やコントラストが低く被写体がのっぺりした画像に対して、**輪郭を強調することで画像をシャープ化するのがアンシャープマスク**です。

1 [レイヤー] パネルでフィルターを適用するレイヤーをクリックし、[フィルター] メニュー→ [シャープ] → [アンシャープマスク] の順にクリックします❶。

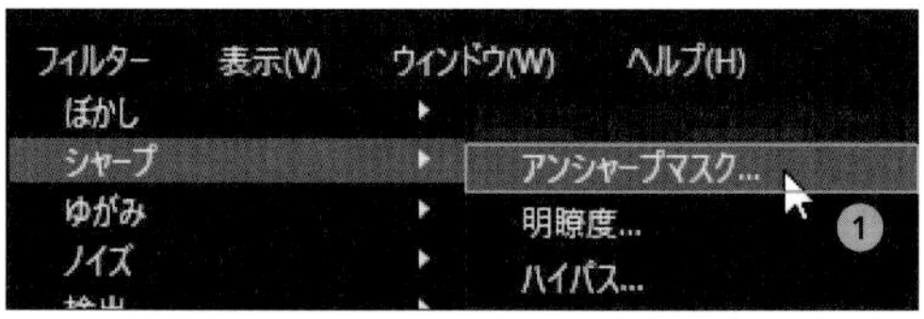

2 [アンシャープマスク] パネルが表示されるので、各種スライダーを左右にドラッグし❷、画面を見ながら各種設定を調整します。

3 決定したら、[適用] ボタンをクリックします❸。

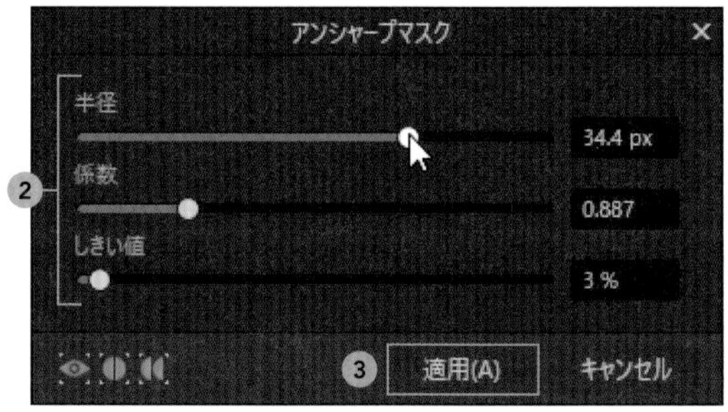

アンシャープマスクの調整項目

アンシャープマスクのパネルには3つの調整項目があります。思い通りに補正するためには理解が欠かせないので、押さえておきましょう。

- **半径**：対象となるエッジからどこまでのピクセル範囲をシャープ化するかを指定します。大きな値を指定すると影響が大きくなります。
- **係数**：コントラストをどの程度増加させるかを指定します。
- **しきい値**：シャープ化のエフェクト適用範囲を指定します。値が小さいほどコントラストの低い部分にも効果が適用され、全体的にエフェクトが適用されます。

実例

例えば、ディテールを残しつつシャープな印象にする場合は、**半径の値を小さめにする**とよいでしょう。

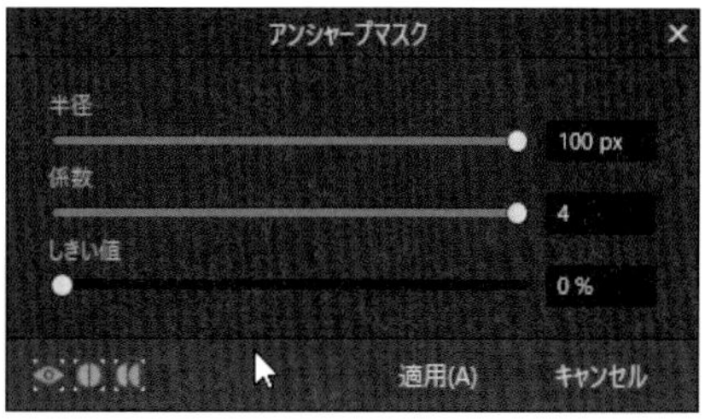

半径＜大＞　係数＜大＞　しきい値＜0＞

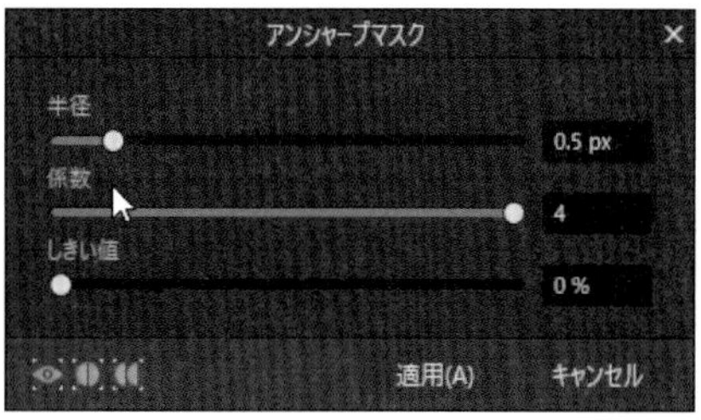

半径＜小＞　係数＜大＞　しきい値＜0＞

第7章
フィルターの活用

04 レンズのゆがみを補正する

レンズゆがみを補正する

カメラのレンズはその特性によってしばしばゆがみが生じます。特に広角レンズで撮影した画像は顕著に現れます。Affinity Photoの［レンズゆがみ］フィルターを用いることでそれらの**ゆがみを補正**することができます。

1 ［レイヤー］パネルでフィルターを適用するレイヤーをクリックし、［フィルター］メニュー→［ゆがみ］→［レンズゆがみ］の順にクリックします❶。

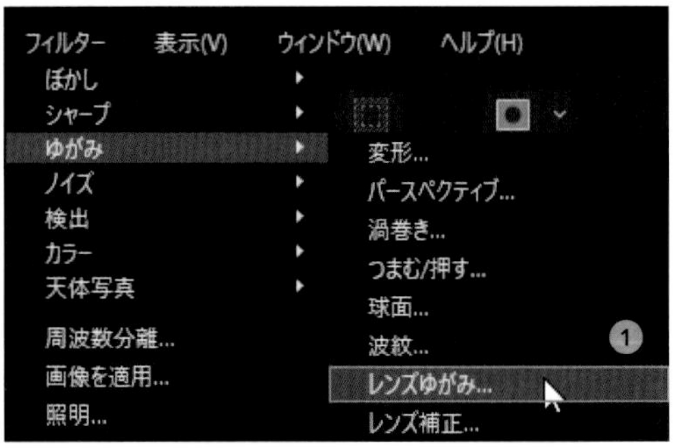

2 ［レンズゆがみ］パネルが表示されるので、スライダーを左右にドラッグし❷、画像を見ながら変形量を調整します。

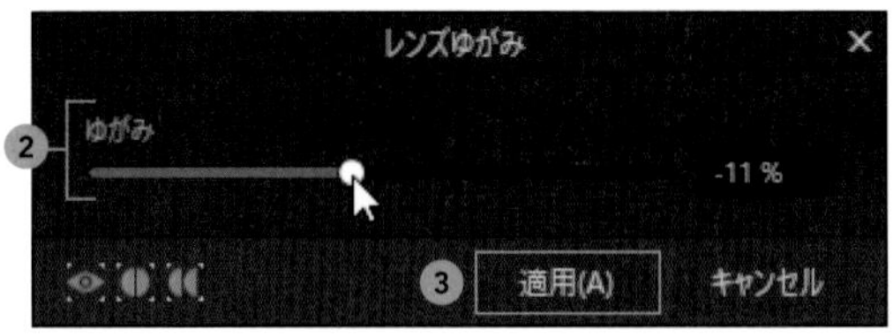

MEMO

左（マイナス）方向にドラッグすると樽型のゆがみが補正され、各辺が内側に湾曲します。右（プラス）方向にドラッグすると画像が各辺が外側に膨らみ樽型に変形します。

3 設定が確定したら［適用］ボタンをクリックします❸。マイナス方向にドラッグした場合は画像の四辺に透明部が出るので、トリミングなどで処理します。

05 ノイズを付加する

ノイズを追加する

［ノイズを追加］フィルターを使用すると画像に**ノイズを発生させる**ことができます。銀塩写真の粒子感を表現したり、解像度の異なる画像を合成する際に全体の質感を合わせる際に使用します。

1 ［レイヤー］パネルでフィルターを適用するレイヤーをクリックし、［フィルター］メニュー→［ノイズ］→［ノイズを追加］の順にクリックします1。

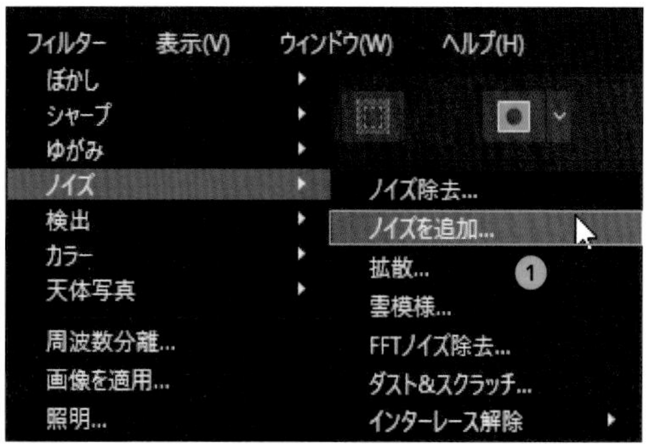

2 ［ノイズを追加］パネルが表示されるので、［強度］スライダーでノイズの量を調整します2。

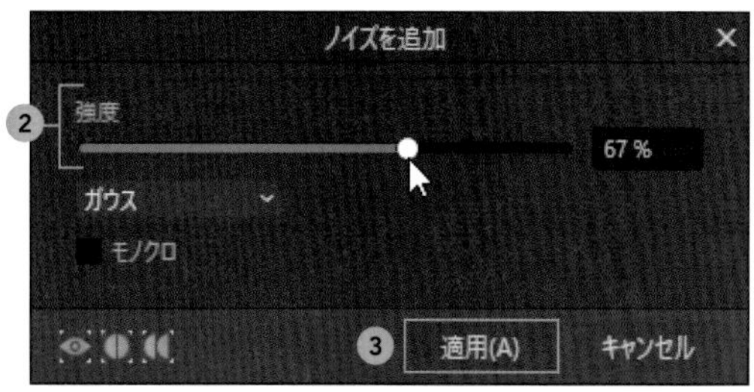

MEMO

プルダウンメニューでは、明暗の幅が広いノイズを生成する［ガウス］と、ランダムなノイズを生成する［均一］を選択できます。また、［モノクロ］にチェックを入れると、モノクロのノイズが生成されます。

3 設定が確定したら［適用］ボタンをクリックします3。

06 エッジを強調する

輪郭を検出する

［輪郭を検出］フィルターを用いると、**レイヤーの色の変化を強調した画像に変化**します。そのままで使用することは少なく、複製したレイヤーに輪郭を検出を用いて描画モードを利用して合成するなど、工夫が必要になります。

1 ［レイヤー］パネルでフィルターを適用するレイヤーを右クリックし、［複製］を選択してレイヤーを複製します❶。

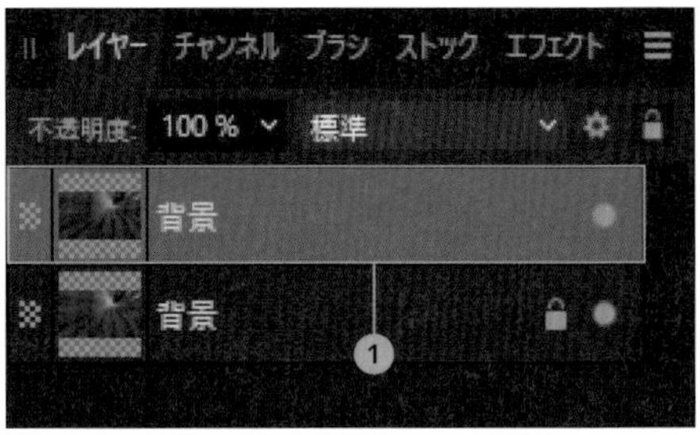

2 ［フィルター］メニュー→［検出］→［輪郭を検出］の順にクリックすると❷、即座に画像にフィルターが適用されます。

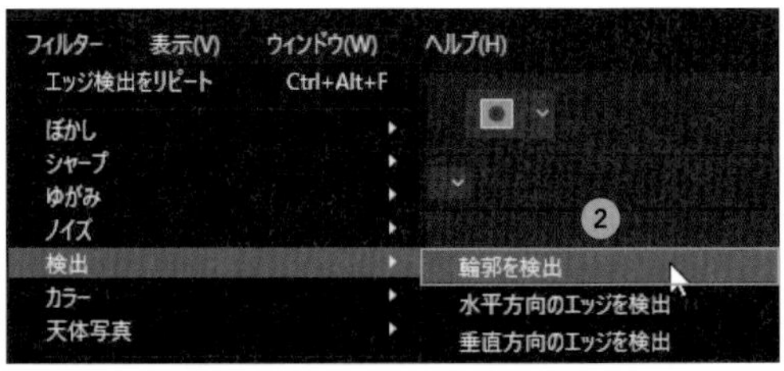

3 ［レイヤー］パネルの描画モードから［オーバーレイ］を選択し❸。必要に応じて不透明度を調整します❹。

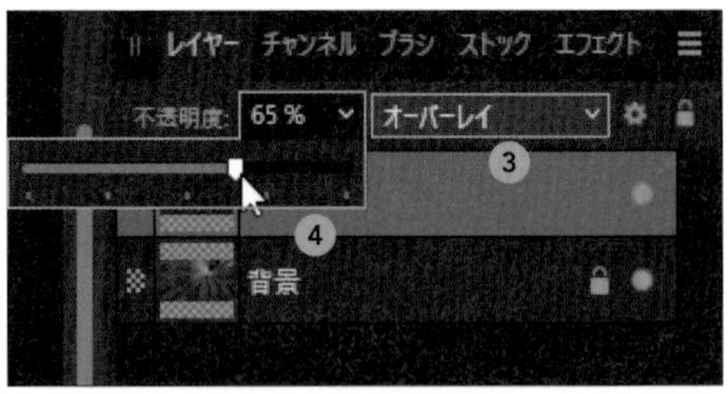

［輪郭を検出］フィルターを適用したレイヤー

07 フリンジを除去する

フリンジを除去する

背景との極端な明暗差やコントラストがある被写体を撮影した場合に、**色の境界部分に実在しない緑色や紫色が画像に現れる**ことがあり、これをフリンジといいます。Affinity Photo では、［フリンジの除去］フィルターを用いることで補正することができます。

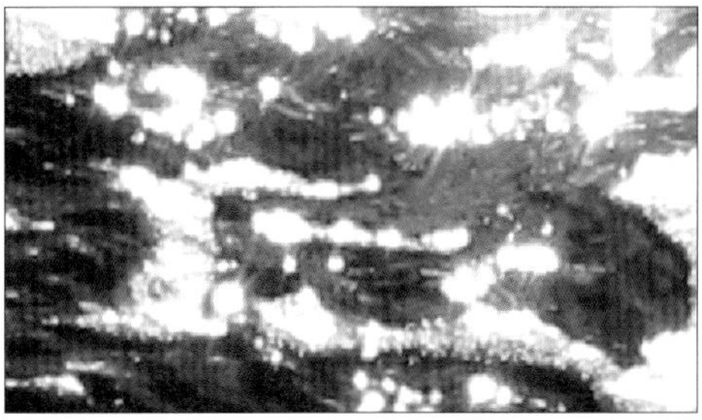

1 ［レイヤー］パネルでフィルターを適用するレイヤーをクリックし、［フィルター］メニュー→［カラー］→［フリンジ除去］の順にクリックします①。

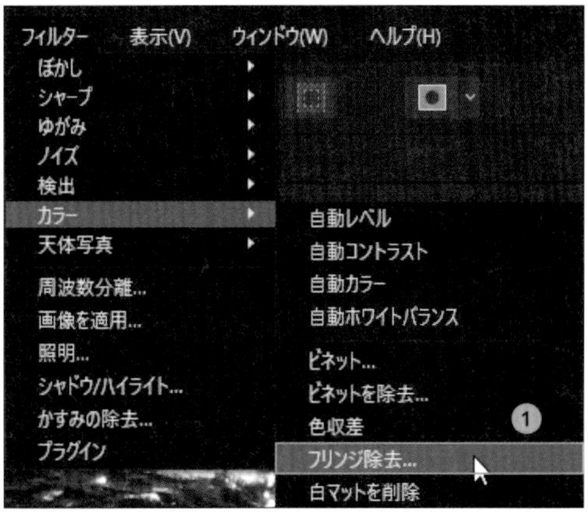

2 ［フリンジ除去］パネルで各パラメーターを調整し②、［適用］ボタンをクリックします③。

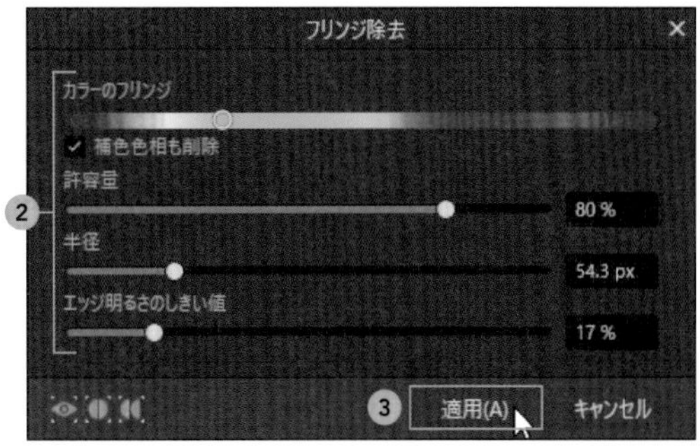

- **カラーのフリンジ**：除去したいフリンジのカラーを指定します。
- **補色色相も削除**：チェックを入れると指定したカラーの補色のフリンジも同時に除去します。
- **許容量**：値が小さいほど指定したカラーに近いカラーが除去対象となります。
- **半径**：フリンジの周囲で影響を受ける範囲をピクセルで指定します。
- **エッジ明るさのしきい値**：どの程度のコントラストがあればフリンジ除去の影響を受けるかを指定します。値が小さいほどフリンジ除去の影響を受けやすくなります。

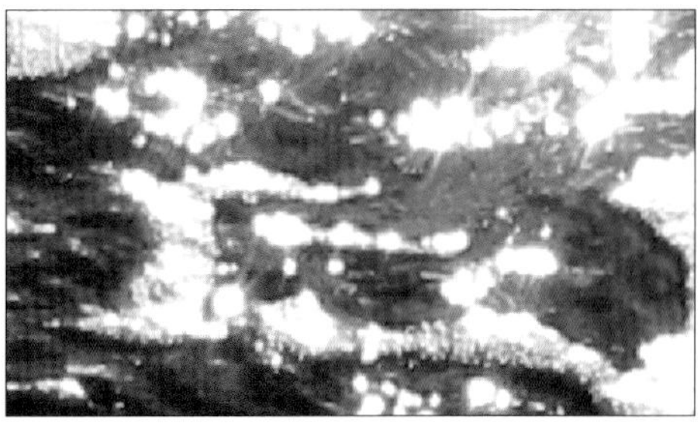

08 かすみを除去する

かすみを除去する

光の当たり具合や大気の影響で画像が白っぽくなってしまうことがあります。そういった画像は**コントラストが低くなり、締まりのない印象**を与えてしまいますが、［かすみの除去］フィルターを使用することで簡単に補正することができます。

1 ［レイヤー］パネルでフィルターを適用するレイヤーをクリックし、［フィルター］メニュー→［かすみの除去］の順にクリックします❶。

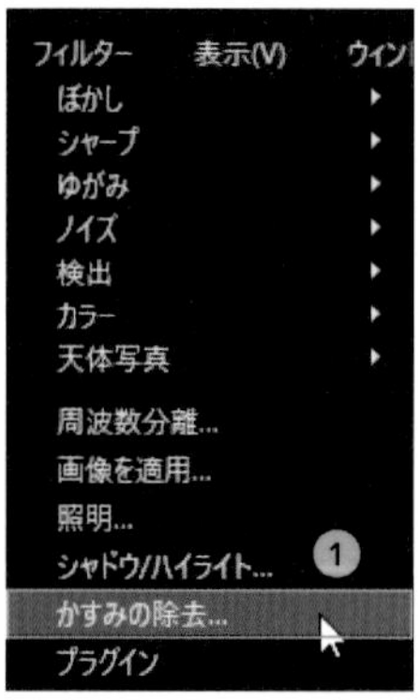

2 ［かすみの除去］パネルで各パラメーターを調整し❷、［適用］ボタンをクリックします❸。

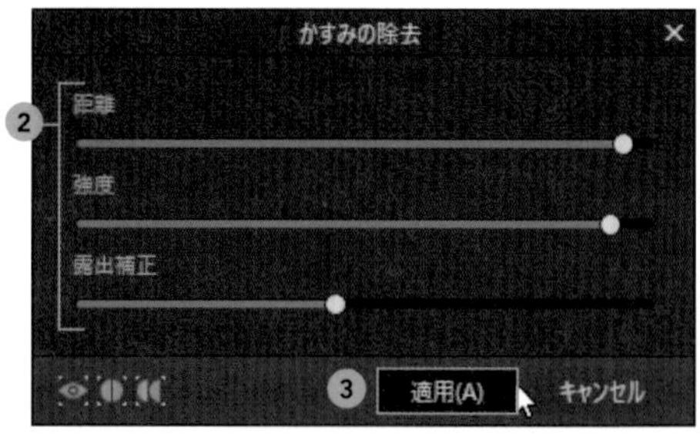

- **距離**：スライダーを右にドラッグすると、画面内のかすみが除去されます。
- **強さ**：かすみの除去効果の強度を指定します。強度を強くすると色が強く表現されます。
- **露出補正**：かすみを除去することで画像に露出の変化があった場合に使用します。右側にドラッグすると露出を上げて明るくなります。

09 照明の効果を加える

スポットライトを適用する

［照明］フィルターを使用すると、**画像内に照明効果を再現します**。設定できるライトは大きく分けて3種類あり、スポットライトを再現した［スポット］、電球のように指向性のない［ポイント］、太陽光のように指向性がある［指向性］が選択できます。
光が当たる部分を照明効果でエミュレートし、写真の一部をドラマチックに演出することができます。

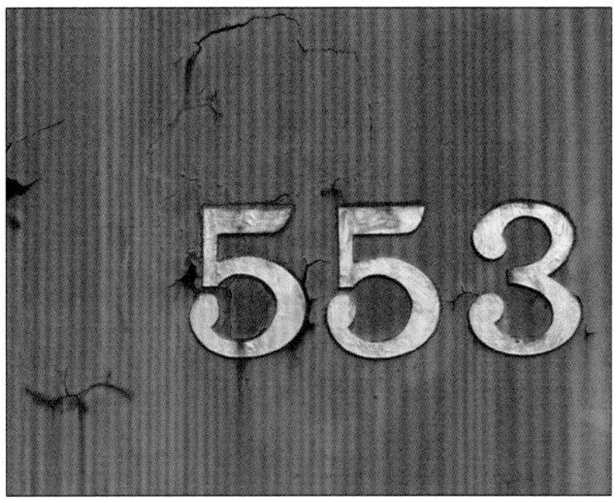

1 ［レイヤー］パネルでフィルターを適用するレイヤーをクリックし、［フィルター］メニュー→［照明］の順にクリックします❶。

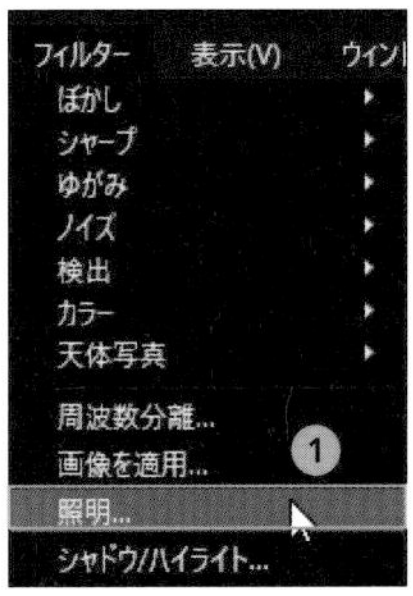

2 ［照明］パネルの［タイプ］で照明の種類を選択します。ここでは［スポット］を選択します❷。

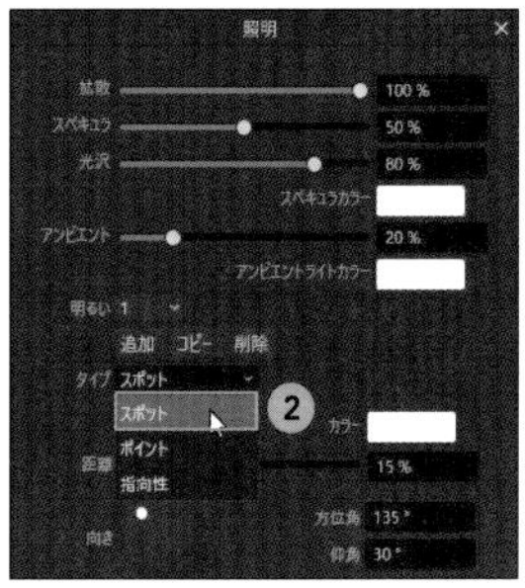

3 中央の線端にあるハンドルをドラッグし❸、スポットライトの位置を決定します❹。

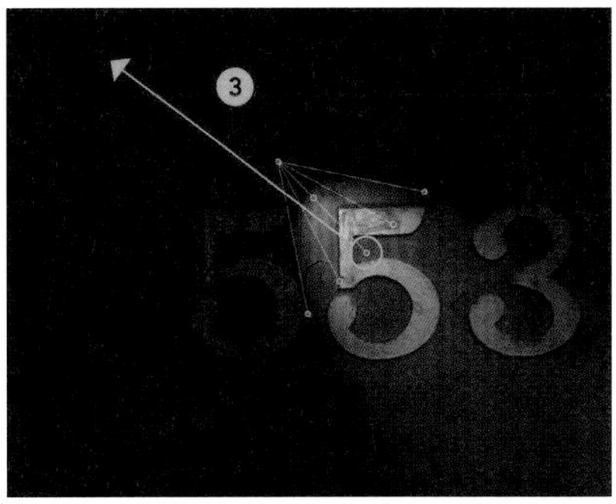

4 スポットの先端にあるハンドルをドラッグし❺、スポットライトの大きさと光の向きを決定します。

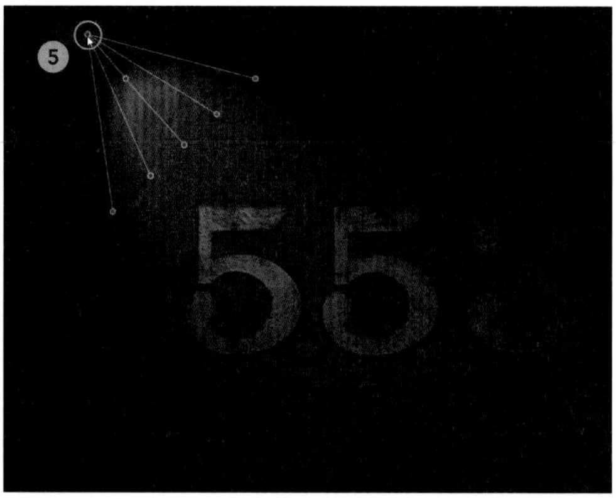

5 中央の線上にあるエレベーションハンドルをドラッグし❻、照明が当たる面に対するスポットライトの角度を指定します。

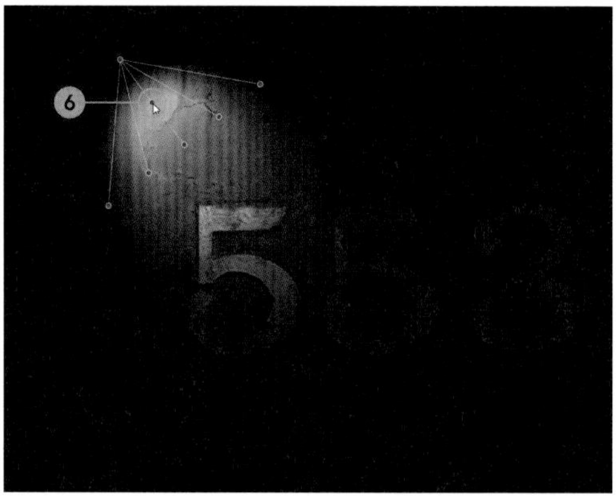

6 扇状に広がる外側のハンドルをドラッグしてスポットライトの外側円錐を❼、内側のハンドルをドラッグして内側円錐を❽、それぞれ設定します。

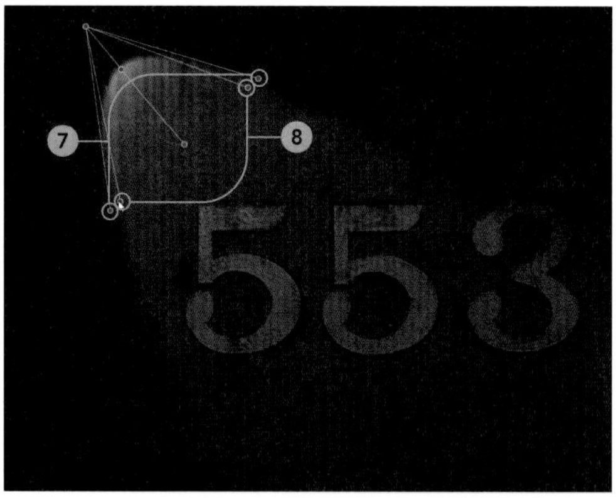

MEMO

外側円錐と内側円錐の角度が近くなるほどスポット光のエッジが明確になります。

7 最後に［照明］パネルの［適用］ボタンをクリックして確定します❾。

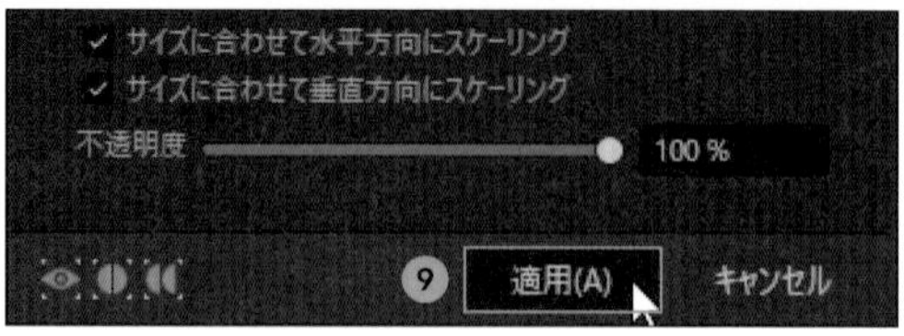

第8章

RAW現像／ゆがみ／トーンマッピング

01 現像ペルソナの基本

現像ペルソナとは

現像ペルソナとは、**RAW形式で撮影された画像の処理・補正（現像）に特化した作業環境**です。通常、撮影を行うと画像処理エンジンによる現像処理を経てJPEG画像が生成されますが、その現像処理を自分の手で行うのがRAW現像です。RAWとは「生」の意味です。現像前の豊富な情報を持っていることから、**補正をかけても画像に破綻をきたしにくい**のがメリットといえます。

現像ペルソナの基本操作

現像ペルソナはRAW画像のほか、通常のJPEG画像でも使用することができます。

1 RAW形式の画像を開くと、自動的に現像ペルソナに切り替わります。JPEG画像の場合は、ペルソナツールバーから［現像ペルソナ］ボタンをクリックします❶。

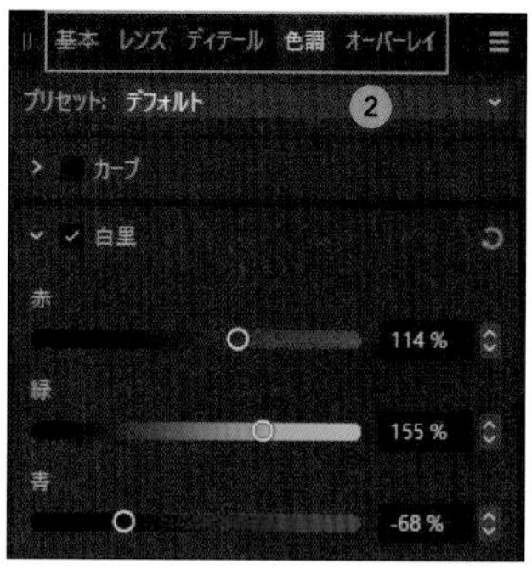

2 主にパネルを使用して調整します❷。例えば、主要項目が揃った［基本］パネルや、シャープやノイズをコントロールする［ディテール］パネルがあります。

3 調整が終わったら❸、画面左上の［現像］ボタンをクリックするとPhotoペルソナに移行します❹。

現像後の再調整について

現像ペルソナで画像を調整後、［現像］ボタンを押すと現像が完了し、Phopto ペルソナに切り替わります。現像完了後に再度現像ペルソナに移動しても、以前の調整値は画像に統合されてピクセルレイヤーとなるため、以前の調整値はリセットされた状態になります。このとき、コンテキストツールバーの［出力］で［RAW レイヤー（埋め込み）］または［RAW レイヤー（リンク）］を選択してから［現像］ボタンを押すと、**現像完了後も調整値を保ったまま、再度現像ペルソナに移動することができる**ようになります。

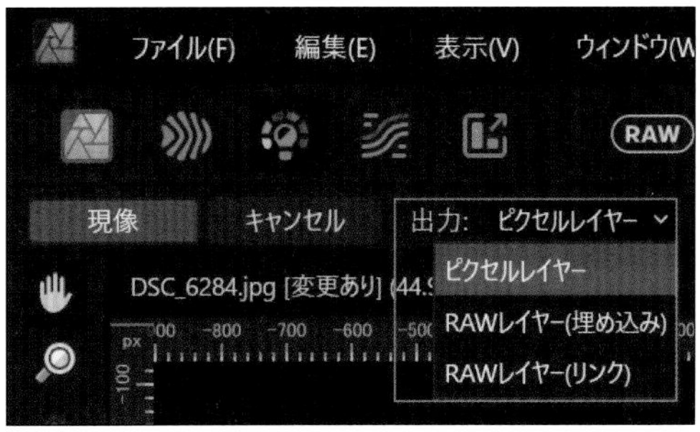

コンテキストツールバーの［出力］オプション

補正前後を比較する

画面上部の**分割表示オプション**を設定すると、現在編集中の画像の状態を補正前の画像と比較しながら作業をすることができます。

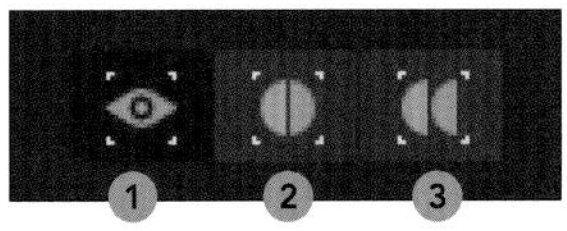

①**シングルビュー**：現在編集中の画像のみを表示します。

②**分割表示**：現在編集中の画像と、補正前の画像を分割して表示します。分割ラインの右側が補正前、左側が補正後の表示です。分割ラインを左右にドラッグすることで境界をコントロールすることができます。

③**ミラー表示**：現在編集中の画像と、補正前の画像を並べて表示します。分割ラインの右側が補正前、左側が補正後の表示です。画面を移動すると表示エリアが連動して同じ部分を表示します。

シングルビュー

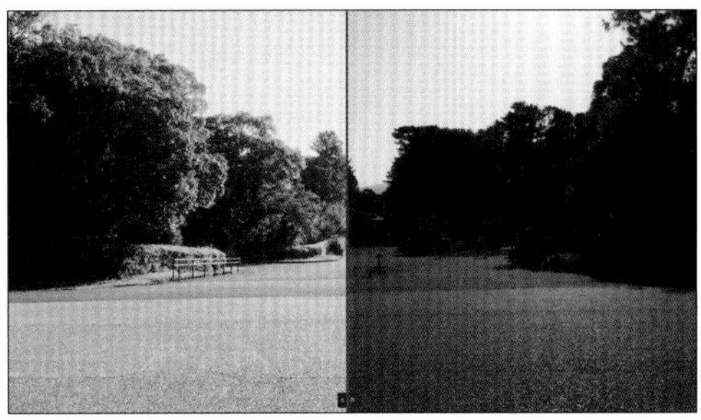

分割表示

ミラー表示

02 ［基本］パネルの調整項目

基本的な画像補正を行う

［基本］パネルには、明るさやホワイトバランスの調整など、画像補正の基本ともいえる調整項目が揃っています。

露出

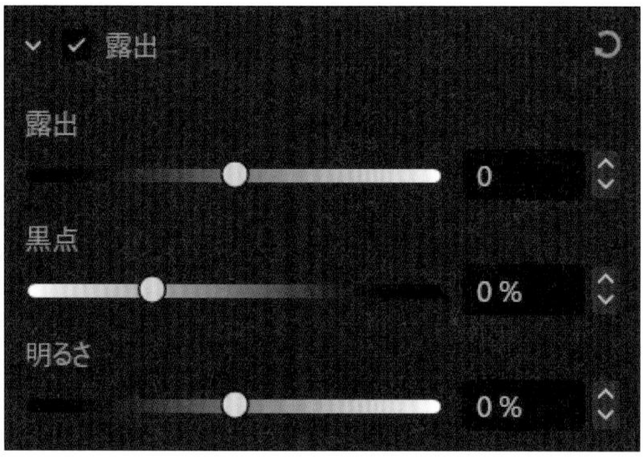

画像の露出と黒点(黒レベル)、明るさ(白レベル)を調整します。

エンハンス

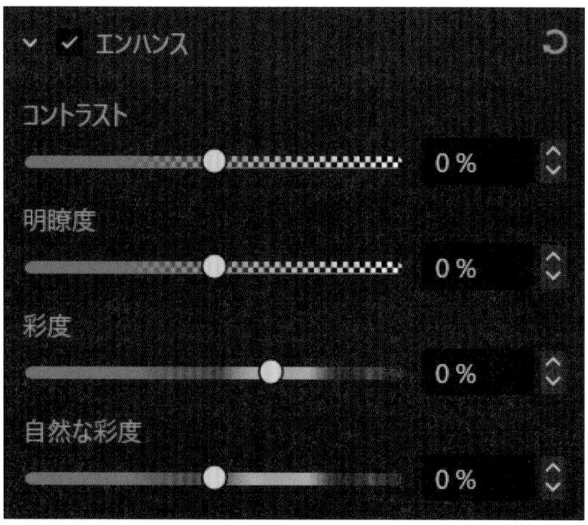

コントラストや彩度を調整します。

ホワイトバランス

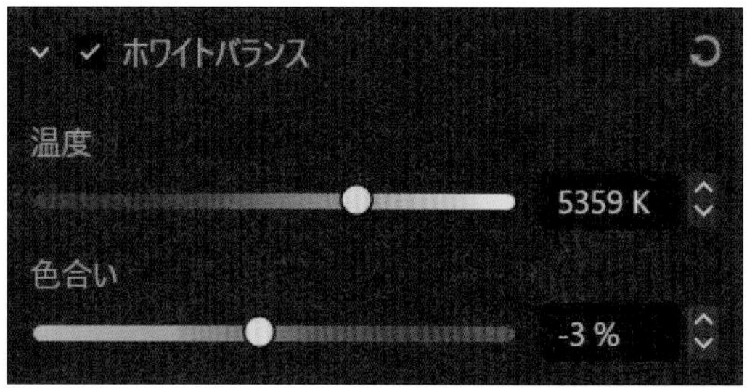

色温度や色合い(色かぶり)を調整します。

シャドウとハイライト

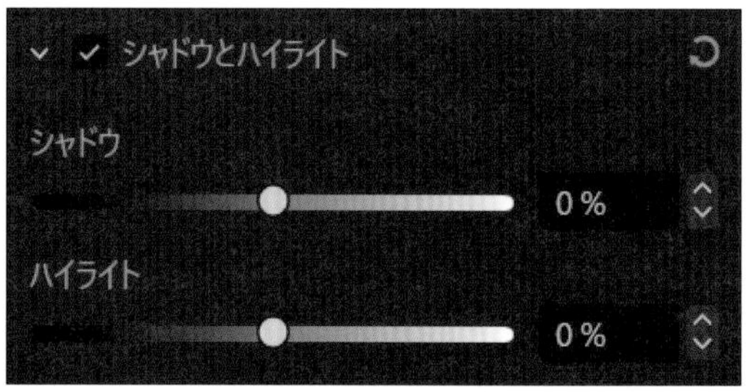

画像の暗い部分と明るい部分の明るさを調整します。

プロファイル

現像後の画像に付加するプロファイルを選択します(→P.193)。

03 ［レンズ］パネルの調整項目

画像のゆがみや色収差を補正する

［レンズ］パネルには、**撮影時のレンズによる収差や周辺光量減を補正する機能**が揃っています。

レンズ補正

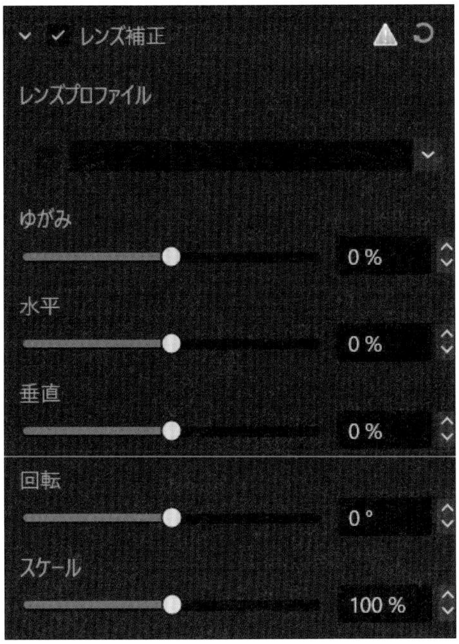

撮影時のレンズのゆがみを修正します。画像に含まれるEXIFデータにより、自動的に適切なレンズプロファイルが適用されますが、手動で調整することも可能です。

色収差の軽減

チェックを入れると自動で色収差（フリンジ）を除去します。

フリンジ除去

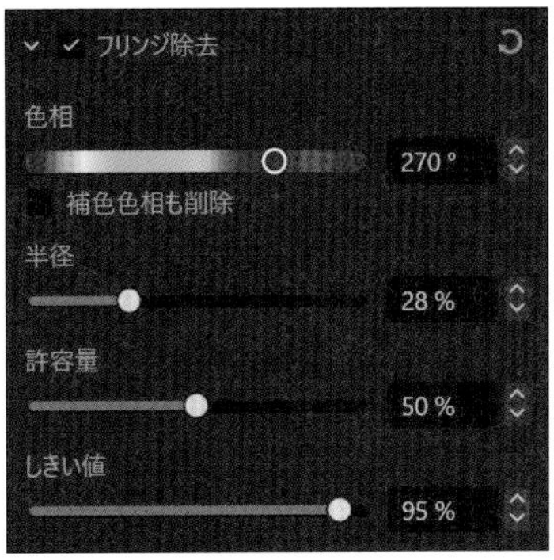

フリンジを手動で除去します。

レンズビネットの除去

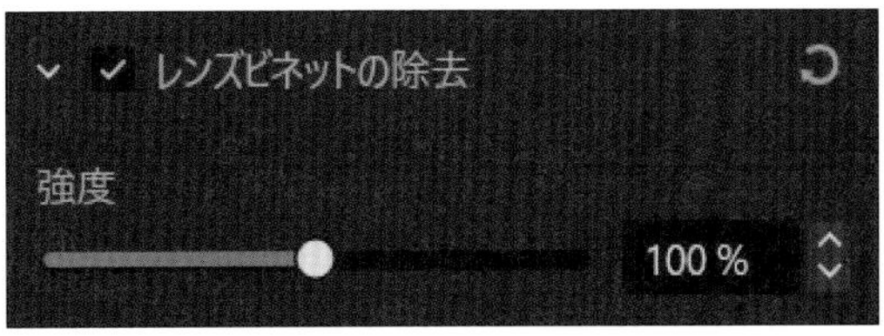

画像の四隅が暗くなる現象（周辺光量減）を補正します。

切り抜き後のビネット

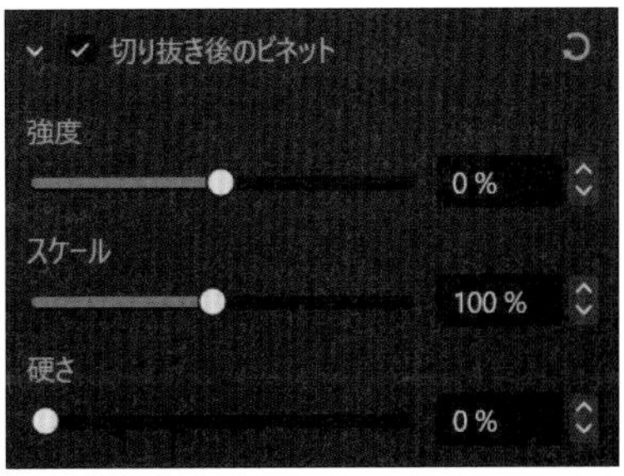

画像を切り抜いたあとの画像に対して、周辺光量の調整が可能です。

第8章
RAW現像／ゆがみ／トーンマッピング

04 ［ディテール］パネルの調整項目

シャープとノイズを調整する

［ディテール］パネルでは、**画像のシャープ化およびノイズ軽減**が行えます。

■ディテール調整

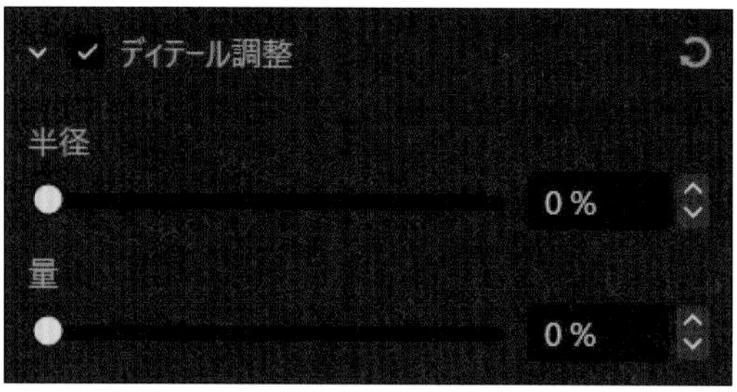

画像のエッジ部分を対象にシャープの効果を加えます。

■ノイズ軽減

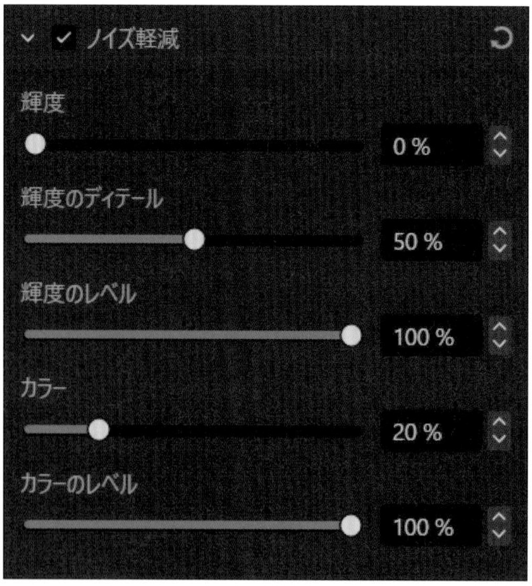

画像内の輝度ノイズとカラーノイズを軽減します。

■ノイズ追加

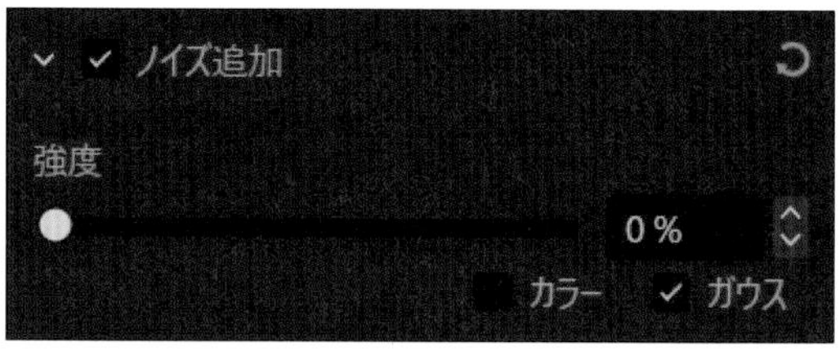

画像内に粒子状のノイズを付加します。

初期状態

ディテール調整後

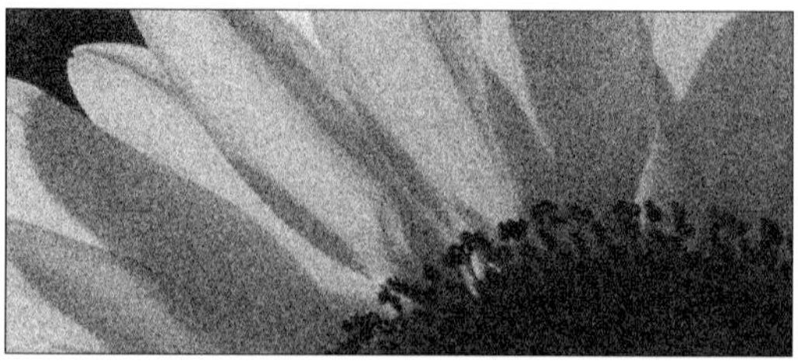

ノイズ追加後

第8章 RAW現像／ゆがみ／トーンマッピング

05 ［色調］パネルの調整項目

トーンカーブやモノクロ調整を行う

［色調］パネルには、**トーンカーブやモノクロ化するための機能、ハイライト／シャドウ部に対する色補正の機能**があります。

カーブ

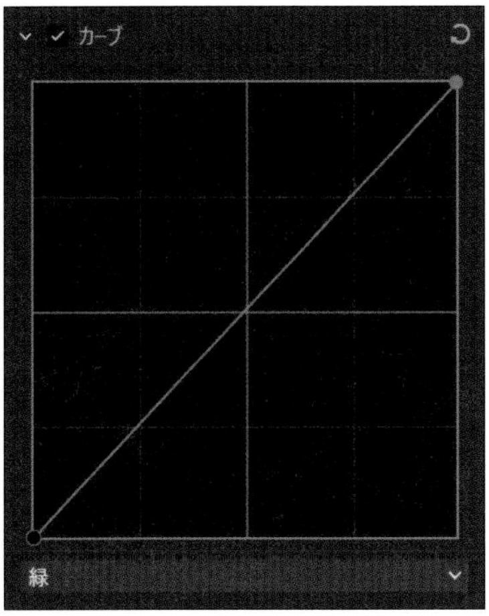

トーンカーブで画像の明るさを調整します。

明暗別色補正

画像のハイライト部もしくはシャドウ部を対象に、特定の色を付加することができます。

白黒

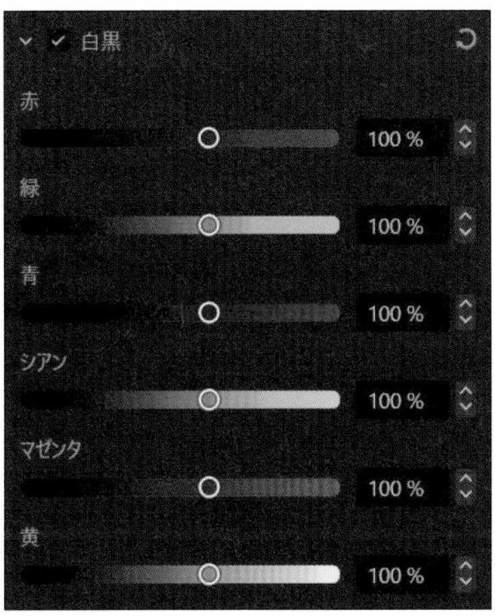

画像をモノクロ化します。画像に含まれる色ごとに白黒の濃さを調整することも可能です。

「白黒」の調整例

06 調整効果を部分的に適用する

ブラシオーバーレイを使用する

オーバーレイは**調整効果を部分的に適用するための機能**です。効果としてはPhotoペルソナのマスクと同様です。オーバーレイにはペイントで塗った部分だけを調整するブラシオーバーレイと、グラデーションで範囲を指定するグラデーションオーバーレイとがあります。ここではブラシオーバーレイについて解説します。

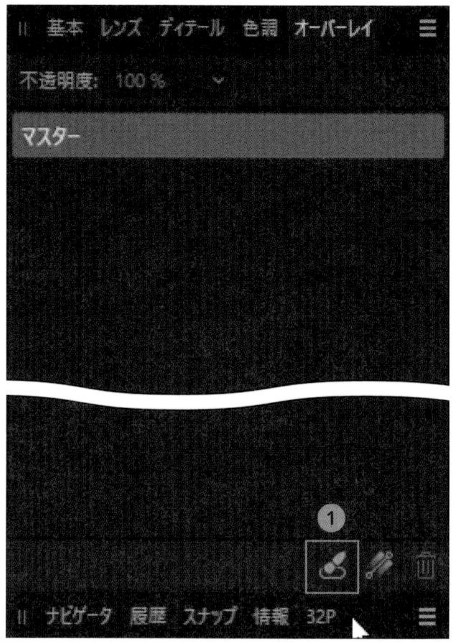

1 ［オーバーレイ］パネルで［ブラシオーバーレイを追加］ボタンをクリックします❶。

MEMO

グラデーションで範囲を指定する場合は［グラデーションオーバーレイを追加］ボタンをクリックします。

2 コンテキストツールバーの［サイズ］を調整し❷、画像内をドラッグすると半透明の赤い色がペイントされます❸。

3 ［基本］パネルで露出やエンハンスを調整すると、赤い色でペイントされた部分に対して効果が反映されます。

07 赤目現象を修復する

[赤目除去]ツールを使用する

暗い場所でフラッシュを使用して人物を撮影すると、瞳孔内の毛細血管によって**瞳が赤く写ってしまう現象**があります。これを修復するためのツールが［赤目除去］ツールです。赤目部分を自動で認識するのではなく、範囲を指定することで彩度が落ち、赤目が目立たなくなります。

1 ［赤目除去］ツールをクリックし❶、赤目現象によって色が変わってしまった部分をドラッグして囲みます❷。

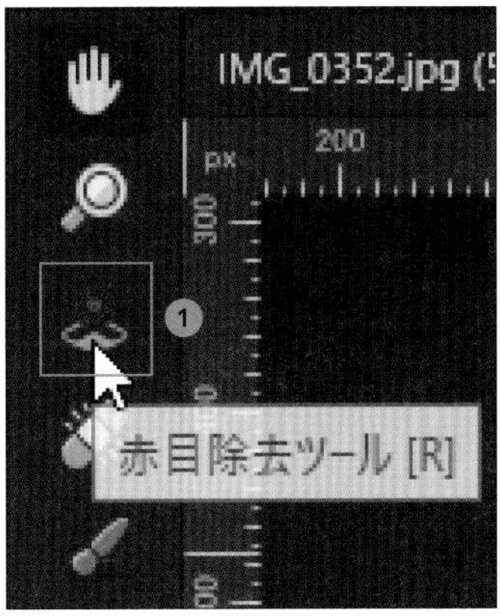

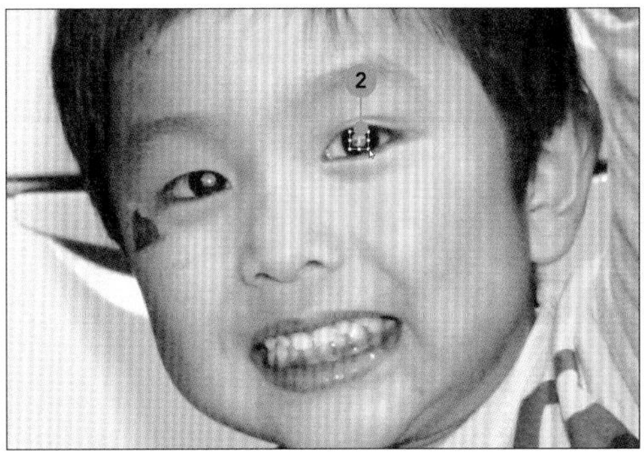

2 自動的に赤目が目立たなくなるように補正されました。

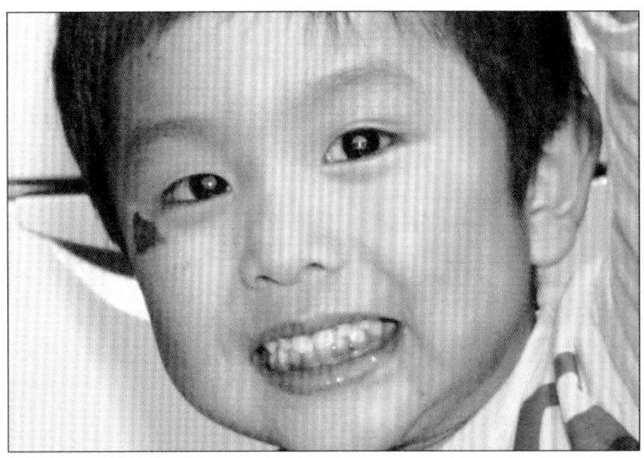

MEMO

修正用の枠は別のツールに切り替えると自動的に非表示になります。また、枠をクリック後、Delete キーを押すと枠および修正効果を削除できます。

08 傷やゴミを除去する

[傷除去]ツールを使用する

画像内のちょっとした**傷やゴミなどを除去する**ためには［傷除去］ツールを使用します。

1 ［傷除去］ツールをクリックし❶、傷やゴミがある部分でクリックします❷。マウスボタンは押したままにしておきます。

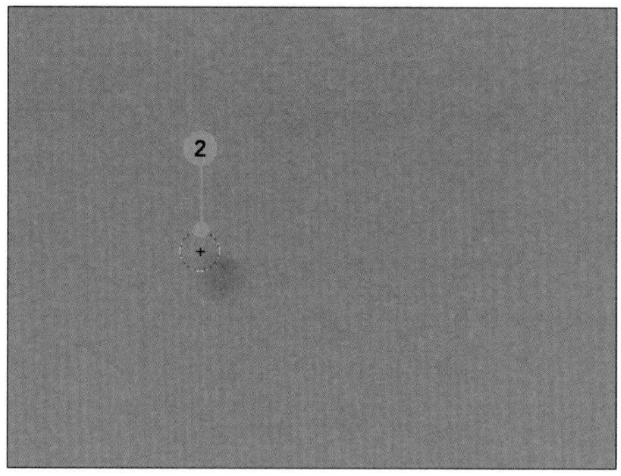

2 そのままターゲット領域をドラッグすると❸、ドラッグした先の領域が元の領域になじむように複製されます。

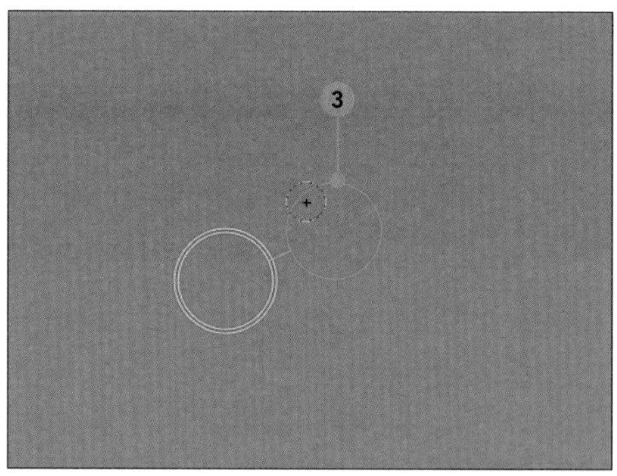

3 円の枠はあとから調整することもできます。いずれの枠も、枠内をドラッグで移動、枠のエッジ部分をドラッグで大きさを変更できます❹。

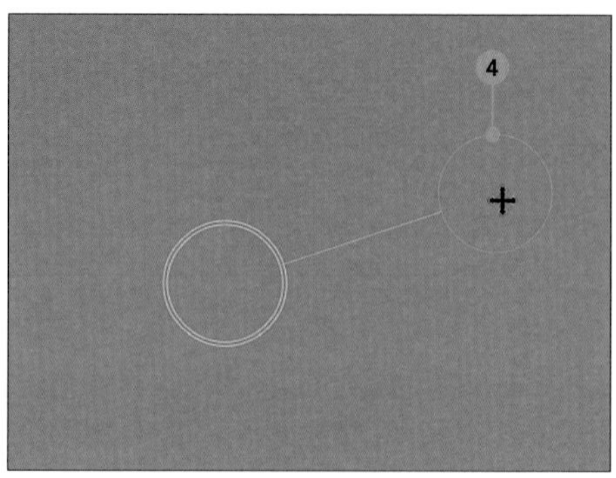

09 現像時にプロファイルを指定する

プロファイルを指定する

プロファイル（ICCプロファイル）とは、パソコンをはじめ、ディスプレイやプリンタ、デジタルカメラなどで**同じ色で再現されるように作られたデータ**です。通常は、一般的なモニターが対応している「sRGB」で問題ありませんが、広い色再現域を持つプロファイルで作業したい場合は「AdobeRGB」などを指定します。

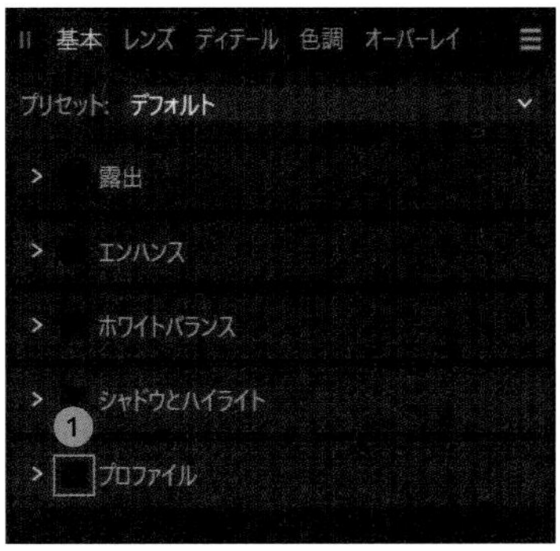

1 ［基本］パネルの［プロファイル］をクリックしてチェックを入れます❶。

MEMO

プロファイルを選択せずに現像した場合は、「sRGB」のプロファイルが自動的に付加されます。

2 ［出力プロファイル］に表示されているプロファイル名をクリックし、リストから使用するプロファイルを選択します❷。

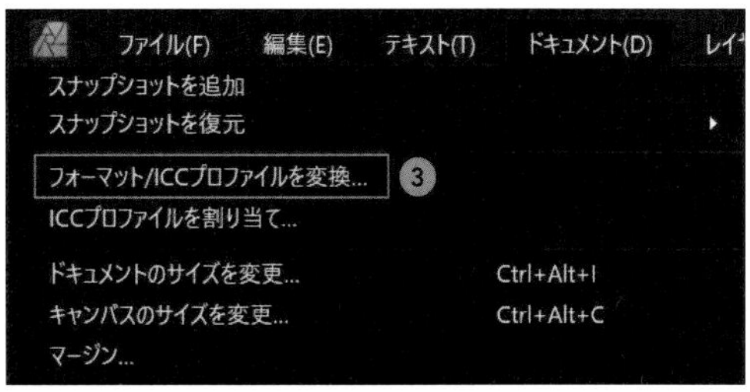

3 ［現像］ボタンを押してPhotoペルソナに戻ったあと、確認のため［ドキュメント］メニュー→［フォーマット／ICCプロファイルを変換］をクリックします❸。

4 手順2で選択したプロファイルが割り当てられていることが確認できます❹。

10 ゆがみペルソナの基本

ゆがみペルソナの基本操作

ゆがみペルソナは画像に対して作成された**メッシュを変形させることで画像にゆがみ効果を与える作業環境**です。メッシュを変形させるツールは複数用意されており、被写体の形状を大きく変化させたり部分的にゆがませることが可能になります。

1 ［ゆがみペルソナ］ボタンをクリックすると❶、画像上にメッシュが表示され、ゆがみペルソナに切り替わります。

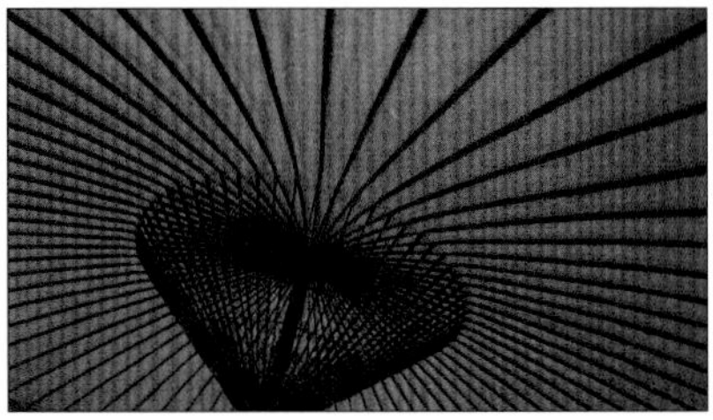

2 ［ツール］パネルに表示される各種ゆがみツールを使い❷、画面をドラッグしてゆがみを調整します❸。ゆがみツールについてはP.196を参照してください。

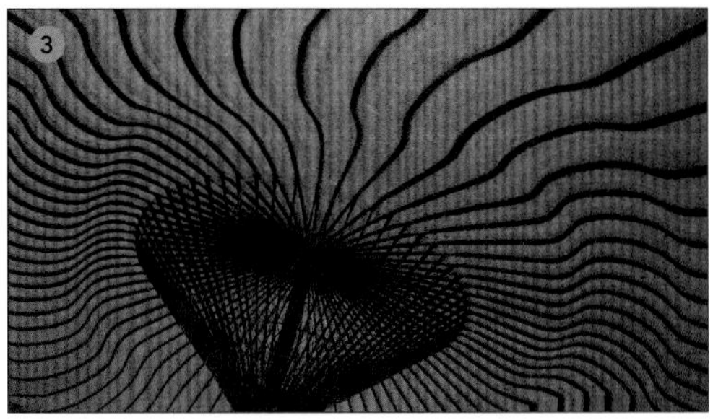

3 ［適用］ボタンをクリックすると❹、加工したゆがみが確定され、Photoペルソナに切り替わります。

> **MEMO**
> このとき［キャンセル］ボタンをクリックすると、加工内容が破棄されてPhotoペルソナに切り替わります。

メッシュ表示を調整する

［メッシュ］パネルを使うと**メッシュ分割の大きさやカラーを設定**することが可能です。メッシュを細かくすることでゆがみの効果をより視覚的に理解しやすくなります。

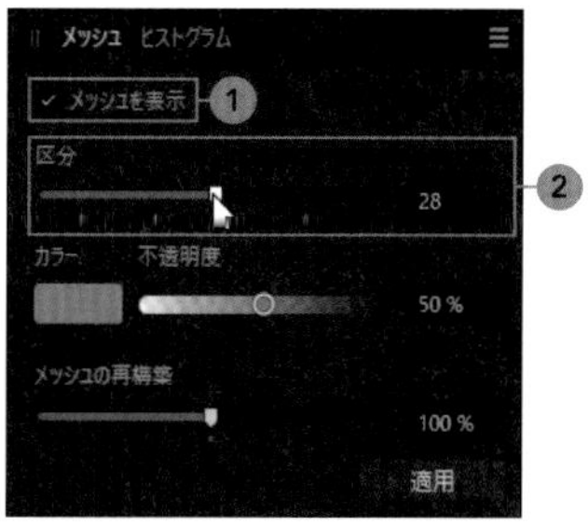

1 ［メッシュ］パネルで［メッシュを表示］がオンの状態で❶、［区分］をドラッグしてメッシュの分割を好みの大きさに調整します❷。左側にドラッグするとメッシュ分割が細かくなり、右側にドラッグすると分割が大きくなります。

2 ［カラー］をクリックすると❸、メッシュの色を変更できます。［不透明度］スライダーをドラッグし❹、メッシュの不透明度を調整します。

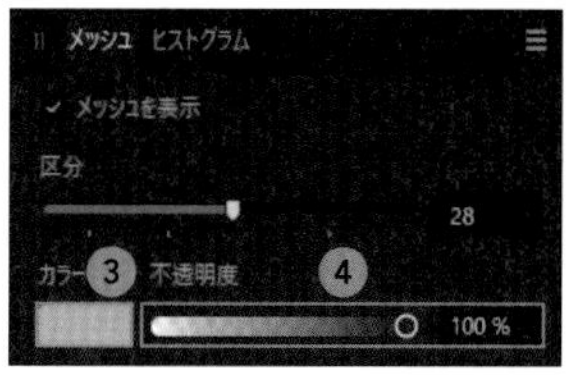

COLUMN

メッシュの再構築とは？

［メッシュ］パネルの［メッシュの再構築］はゆがみの効果の度合いを調整するものです。ゆがみ効果を設定したのち、スライダーを左側にドラッグするとゆがみ効果を小さくし、右側にドラッグするとゆがみがより強調されます。スライダーの右下にある［適用］ボタンをクリックすると効果が確定され、スライダーの表示は100%に戻ります。

第8章
RAW現像／ゆがみ／トーンマッピング

11 ゆがみツールを活用する

ゆがみツールの種類

ゆがみペルソナには**ゆがみを調整するためのツール**がたくさん用意されています。どのような効果を与えたいかによって適切な調整ツールを選択して使い分けましょう。

[前に押し出し]ツール

ドラッグした方向にピクセルを移動させます。

[左に押し出し]ツール

ドラッグした方向の左側にピクセルを押し出します。

[渦巻き]ツール

ブラシサイズの範囲のピクセルを時計回りに回転させたゆがみを作ります。マウスボタンを押している間、持続的に効果が反映されます。

[ピンチ]ツール

ブラシサイズの範囲のピクセルを球面が膨らんでいるようなゆがみを与えます。ブラシの中心ほどゆがみが大きく、マウスボタンを押している間、持続的に効果が反映されます。

[パンチ]ツール

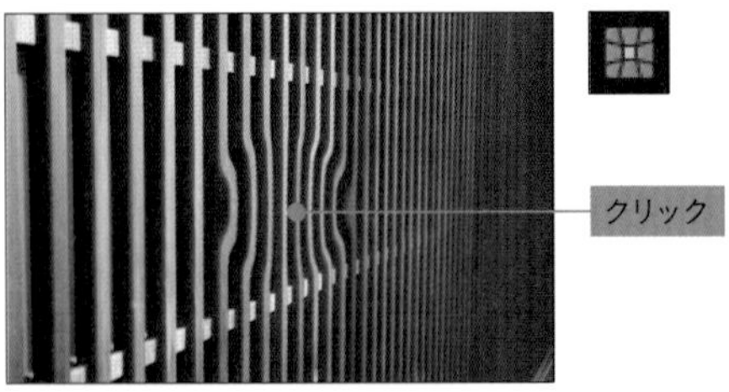

ブラシサイズの範囲のピクセルを球面がへこんでいるようなゆがみを与えます。ブラシの中心ほどゆがみが大きく、マウスボタンを押している間、持続的に効果が反映されます。

[乱流]ツール

ブラシサイズの範囲のメッシュをランダムにゆがませます。マウスボタンを押している間、持続的に効果が反映されます。

■ [メッシュコピー] ツール

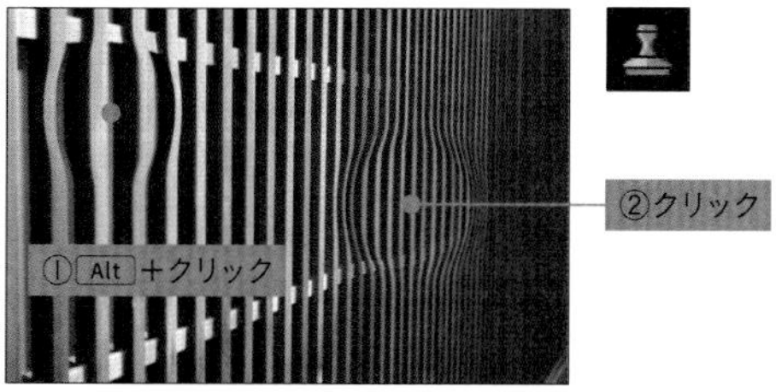

Alt (option) キーを押しながらクリックした箇所のメッシュのゆがみをサンプリングし、別のメッシュにゆがみを複製します。

■ [再構築] ツール

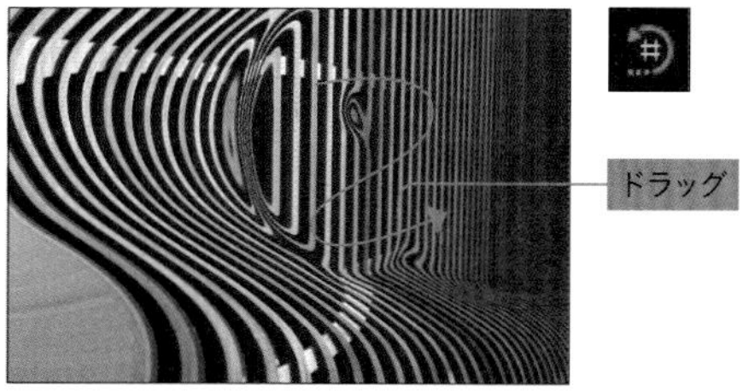

ブラシサイズの範囲のメッシュに適用されたゆがみ効果を低減させます。繰り返し適用することでゆがみのない状態に戻ります。

ゆがみペルソナのマスク機能

ゆがみペルソナにもマスク機能があります。**[ゆがみフリーズ] ツールがマスクを作成するためのツールで、[ゆがみフリーズ解除] ツールがマスクを削除するためのツール**です。いずれもブラシタイプのツールで、グラデーションでマスクを作成するためのツールはありません。

■ [ゆがみフリーズ] ツール

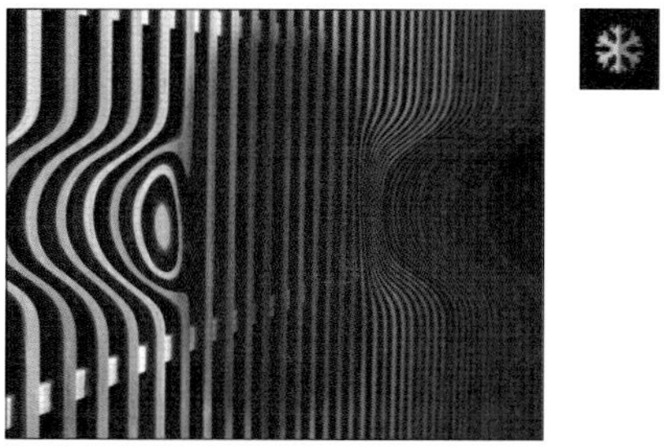

保護したい部分をあらかじめブラシで指定しておきます。指定した部分は半透明の赤色でマスクされ、ほかのゆがみツールの影響を受けません。

■ [ゆがみフリーズ解除] ツール

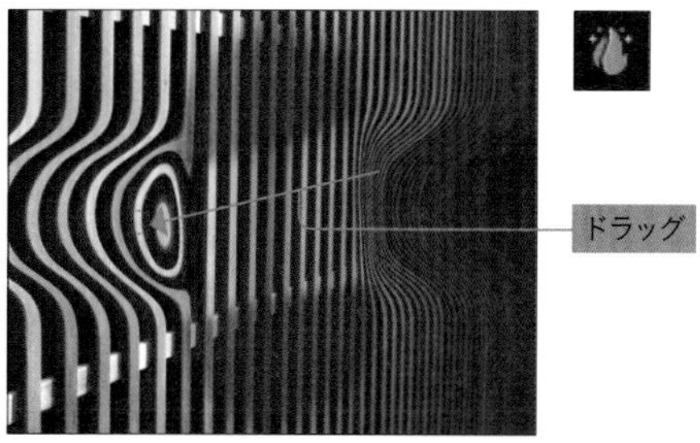

[ゆがみフリーズ] ツールで指定したマスクを消去します。再びゆがみの影響を受ける対象となります

[マスク] パネルとコンテクストツールバー

マスクの加工用に [マスク] パネルが用意されています。できることはシンプルで、[マスクを消去] [すべてマスク] [マスクを反転] の3つです。コンテキストツールバーにも同じ操作ボタンが表示されています。

[マスク] パネル

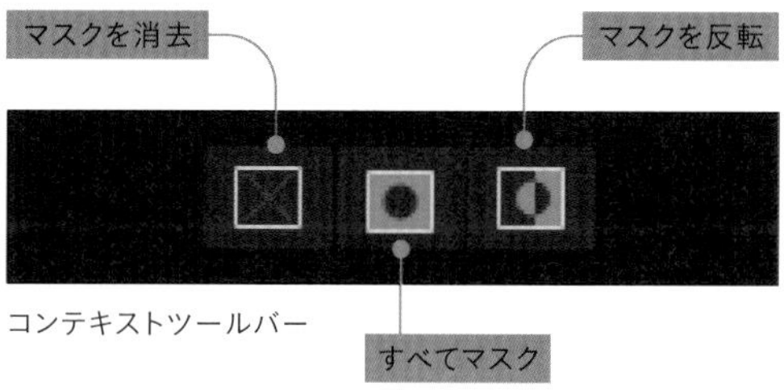

コンテキストツールバー

12 ブラシを調整する

ブラシを設定する

ゆがみペルソナの［ブラシ］パネルでは、各種ゆがみ調整ツールの影響範囲やエッジの硬さなど、**パラメーターを調整することで思い通りにゆがみをコントロールする**ことができます。
以下の作例は、いずれもブラシで下方向へ描画したときの効果の差を示しています。

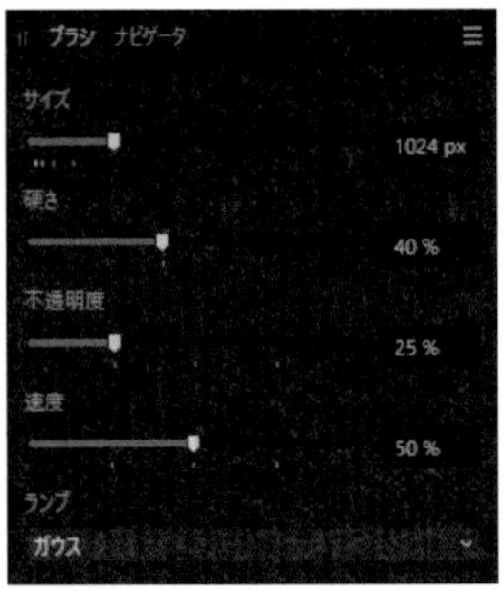

■ サイズ

ゆがみ調整ツールのブラシサイズを設定します。2px～4096pxの間で設定できますが、加工する画像の大きさに合わせて適切なブラシサイズを設定しないと結果が分かりづらい場合があります。

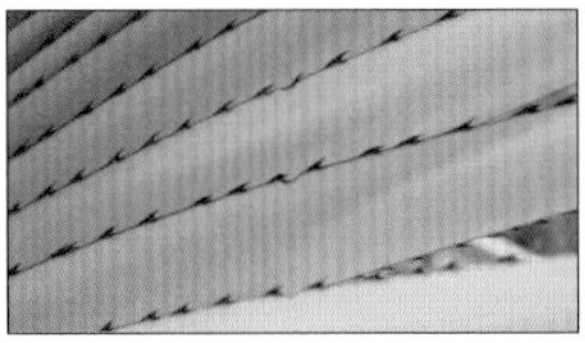
ブラシサイズ小の場合

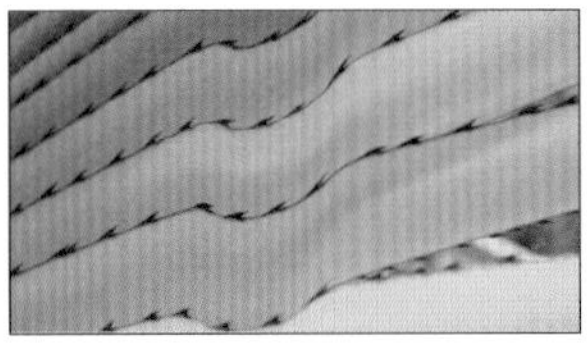
ブラシサイズ大の場合

■ 硬さ

使用するゆがみ調整ツールのブラシの**エッジの硬さを指定**します。右側にドラッグするほどエッジが硬くなり、ゆがみ効果がより明確になります。

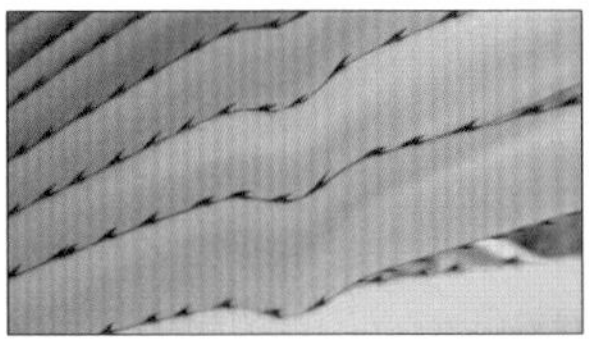
硬さの値が小さい場合

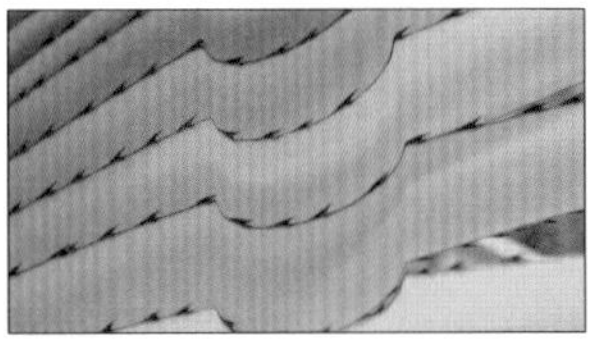
硬さの値が大きい場合

■ 不透明度

ゆがみ調整ツールのストローク（画像上をドラッグすること）によって**どの程度効果を与えるかを指定**します。数値が低いほど、与える効果は小さくなります。

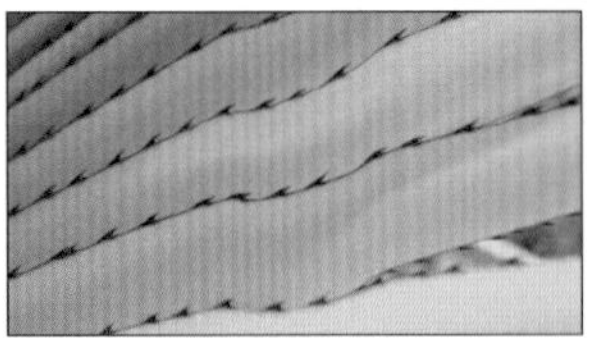
不透明度が低い場合

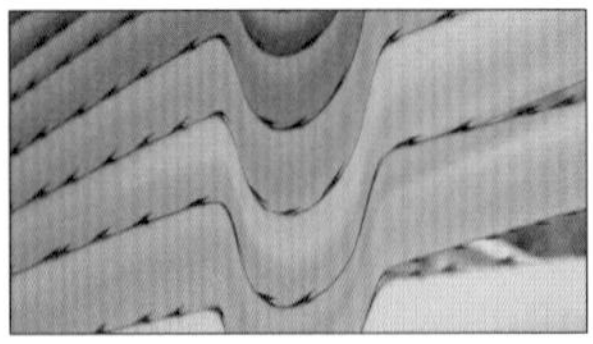
不透明度が高い場合

■ 速度

ゆがみ調整ツールの効果を適用するのにかかる速度を指定します。数値が小さいほど効果が現れるのに時間がかかります。

■ ランプ

各ゆがみ調整ツールのエッジの形状を指定します。

13 ゆがみペルソナの操作をライブフィルターで行う

ライブフィルターを適用する

ゆがみペルソナは非常に強力な変形ツールですが、一度適用すると変更は確定され、戻すことができません。ライブフィルターを用いることで、**画像を直接加工することなく変形効果を加えることができます**。

1. Photoペルソナで、［レイヤー］メニューの［新規ライブフィルターレイヤー］→［ゆがみ］→［ゆがみ］の順にクリックします❶。

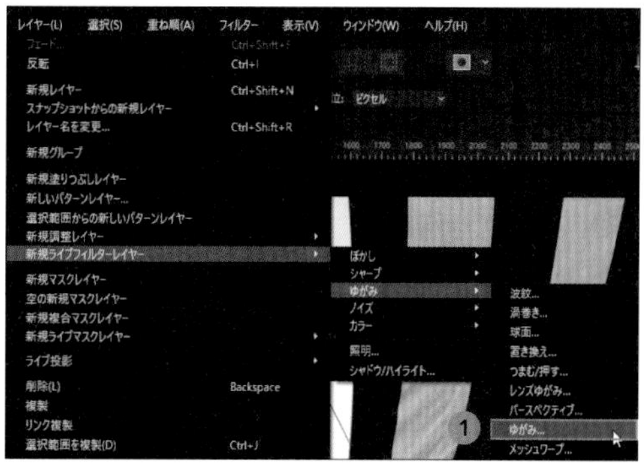

2. ゆがみフィルターの操作画面（ゆがみペルソナ）に切り替わります❷。操作方法はゆがみペルソナとまったく同じです。

3. ゆがみ操作が完了したら、［完了］ボタンをクリックします❸。

4. ［レイヤー］パネルにはライブフィルターとしてゆがみが適用されていることが確認できます。ゆがみのアイコンをクリックすると❹、ゆがみを設定しなおすことができます。

14 トーンマッピングペルソナの基本

プリセットを用いた使い方

トーンマッピングは本来、通常のモニターでは再現できない輝度域を持つデータを、通常のモニターで表示できる輝度域に変換する処理のことです。Affinity Photoのトーンマッピングペルソナはそれ以外にも、あらかじめ登録された**プリセットを用いてフィルター感覚で画像の色合いやバランスを調整**することに活用できます。

1 ［トーンマッピングペルソナ］ボタンをクリックし❶、トーンマッピングペルソナに切り替えます。

2 プリセットから好みのプリセットを選択し❷、一覧からサムネイルをクリックします❸。ここでは例として、［デフォルト］の［ドラマティック］をクリックします。

3 ドラマティックが適用された画像はコントラストと彩度が上がります❹。最後に［適用］ボタンをクリックするとPhotoペルソナに移行します。

COLUMN プリセットを作成する

画面右側の[トーンマップ]パネルを使えば露出や彩度などを個別に調整でき、またそれをプリセット化することができます。プリセットにするには[プリセット]パネルの右上[パネル環境設定]ボタンをクリックし、[プリセットを追加]をクリックします。

第9章

便利な機能と設定

第9章
便利な機能と設定

01 HDR画像を作成する

HDR画像の作り方

HDRとはハイ・ダイナミックレンジ（High Dynamic Range）の略語です。通常、カメラが表現できる明るさの範囲（ダイナミックレンジ）は限られているので、暗い部分に露出を合わせると明るい部分は白飛びしてしまいます。HDRは**露出の異なる複数の写真を合成**することで、**暗い部分から明るい部分までしっかりと階調を持たせることのできる手法**です。

1. 露出差のある画像を用意します。今回は❶の画像と、❷の画像を使います。

2. ［ファイル］メニュー→［新規HDR結合］の順にクリックします❸。

3. ［新規HDR結合］パネルで［追加］ボタンをクリックします❹。

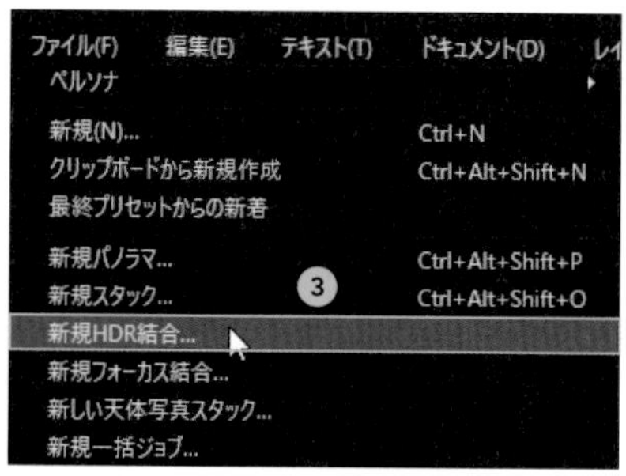

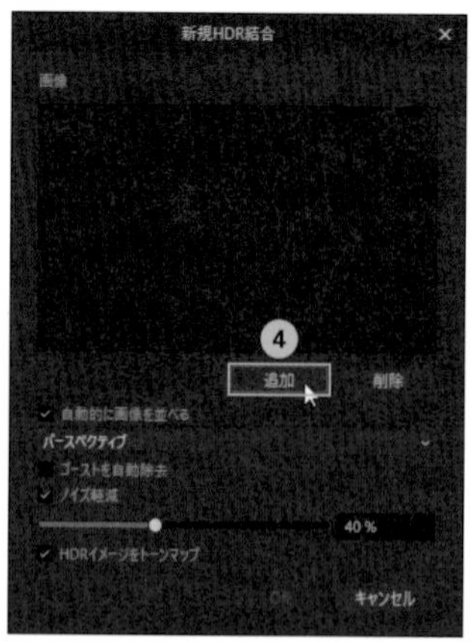

4 対象の画像を Ctrl（command）キーを押しながら複数クリックして5、［開く］ボタンをクリックします6。

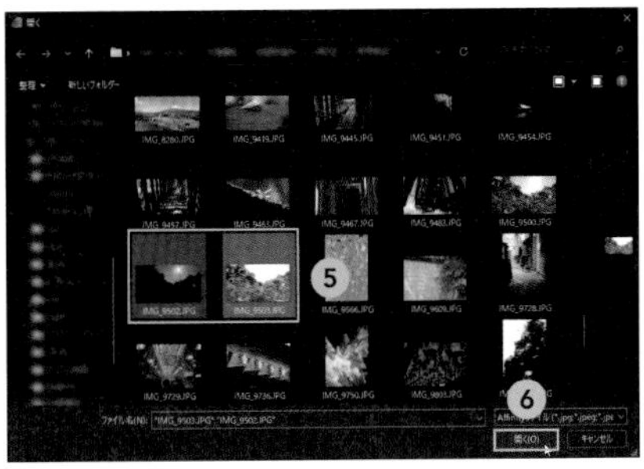

5 画像が読み込まれました。各種設定を行い7、［OK］ボタンをクリックします8。

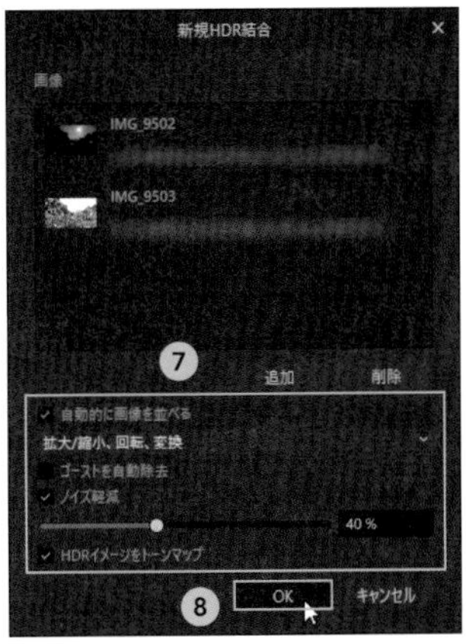

6 HDR 画像が作成されました9。

COLUMN

［新規 HDR 結合］画面の各種設定

新規HDR結合では、露出が異なる画像を統合することで適切な露出を持つ画像を作成します。適切に設定して最適な画像を作りましょう。

- **自動的に画像を並べる**：自動的に画像どうしの位置合わせを行います。［パースペクティブ］は、ゆがみを補正して位置合わせを行います。［拡大/縮小、回転、変換］は、画像の角度や大きさ、位置を調整して位置合わせをします。
- **ゴーストを自動除去**：合成時に出たズレを除去します。
- **ノイズ軽減**：統合時にノイズを軽減します。
- **HDRイメージをトーンマップ**：トーンマップペルソナでHDR画像をトーンマッピングします。通常はチェックを入れておきましょう。

02 深度合成（フォーカス結合）を行う

画像をフォーカス結合する

複数枚の画像のピントが合っている部分を合成して一枚の画像に作成します。ピントが合う範囲が極端に小さい接写（マクロ撮影）などで、あらかじめ少しずつフォーカス位置をずらして撮影しておきます。

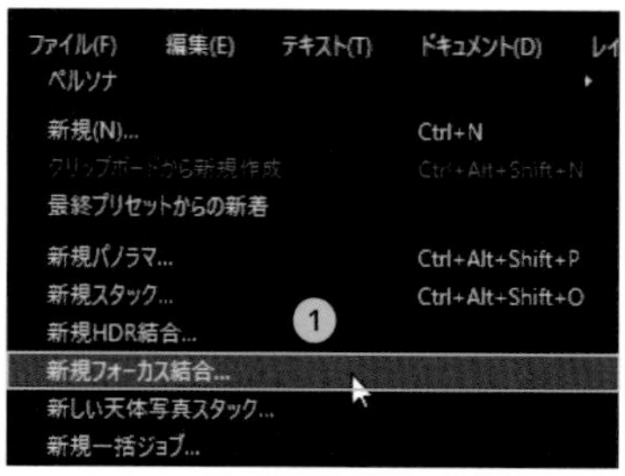

1 ［ファイル］メニュー→［新規フォーカス結合］の順にクリックします1。

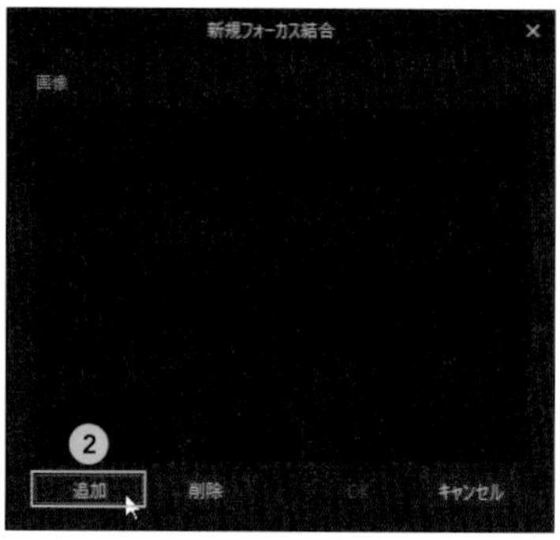

2 ［新規フォーカス結合］パネルが開くので［追加］ボタンをクリックします2。

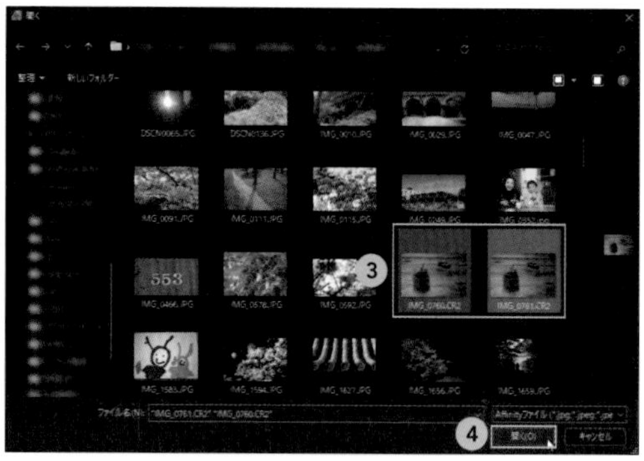

3 対象となる画像を選択し3、［開く］ボタンをクリックします4。

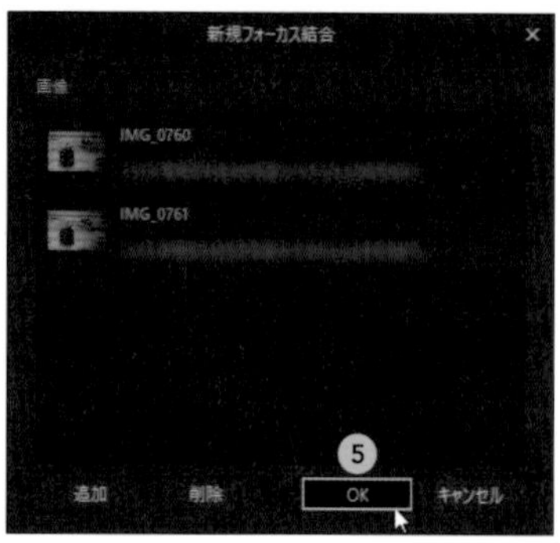

4 画像が追加されました。［OK］ボタンをクリックします5。

5 フォーカス結合された画像が表示されます。[ソース] パネルではフォーカス結合後の画像と、素材とした画像を選択して比較することができます。

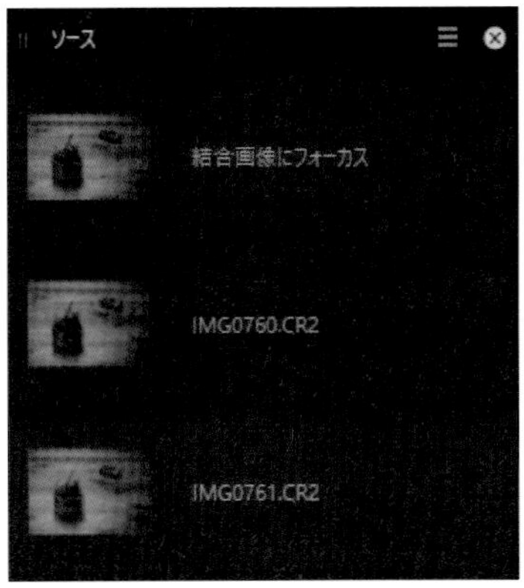

手前にピントが合った画像

奥にピントが合った画像

フォーカス結合された画像

第9章 便利な機能と設定

03 画像スタックで合成する

オブジェクトを除去する

Affinity Photoでは、同じアングルから撮影された複数の画像を利用して、**画像内に写り込んだ不要な対象物を削除**したり、**異なる露出の画像を合成**して一枚の画像にしたりすることができます。

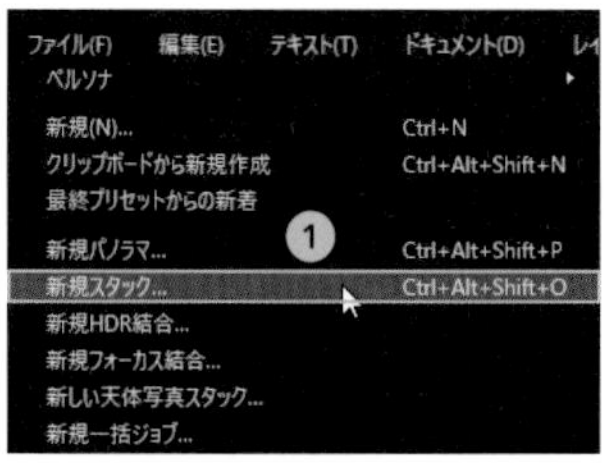

1 [ファイル] メニュー→ [新規スタック] の順にクリックします1。

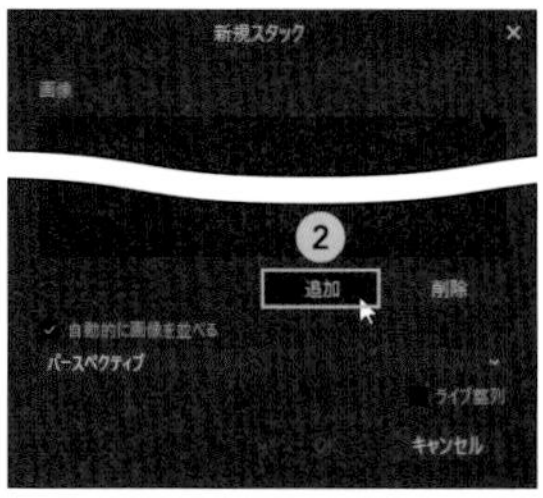

2 [新規スタック] パネルが開くので [追加] ボタンをクリックします2。

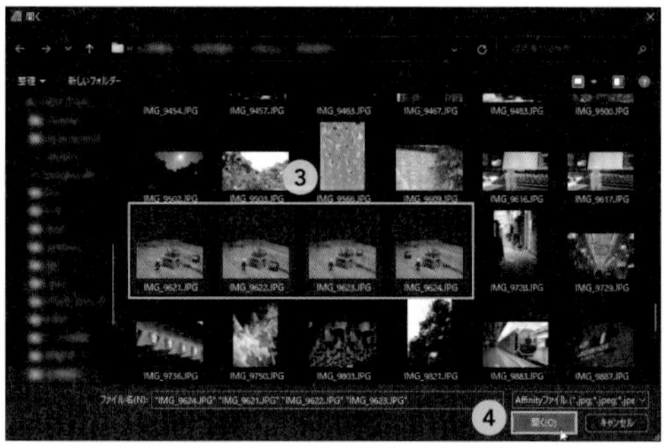

3 対象となる画像を選択し3、[開く] ボタンをクリックします4。

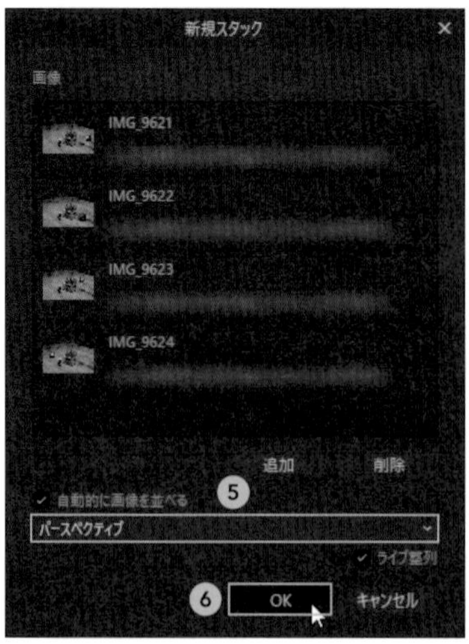

4 画像が追加されました。ドロップダウンメニューから画像を重ね合わせるときの処理を選びます5。[パースペクティブ] は遠近やゆがみを調整、[拡大 / 縮小、回転、変換] は画像の角度や大きさを調整するものです。[OK] ボタンをクリックします6。

MEMO

[ライブ整列]をオンにすると、重ね合わせ処理がレイヤーにライブフィルターとして付加されるので、自分で再調整することが可能です。

5 統合された画像が表示されます。画像はグループ化されてレイヤーパネルに表示されます7。

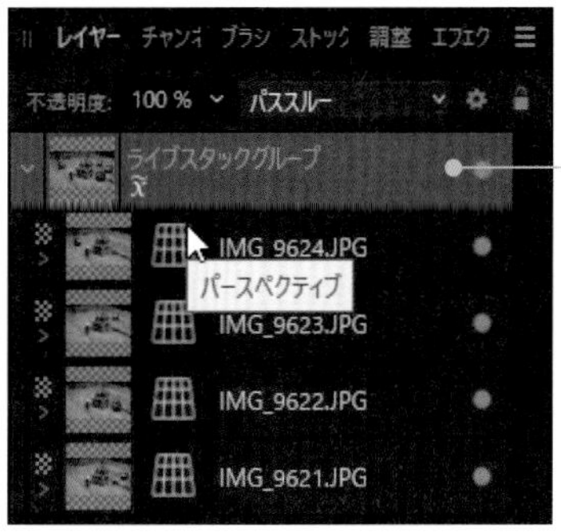

統合前の画像

結合後の画像

COLUMN

さまざまなスタックモード

スタックモードを変更することで、合成方法を変えることができます。[レイヤー]パネルの[ライブスタックグループ]のスタックモードアイコンをクリックすると、スタックモードを変更できます。デフォルトはメディアン(中央値)が選択されています。

スタックモード:外れ値

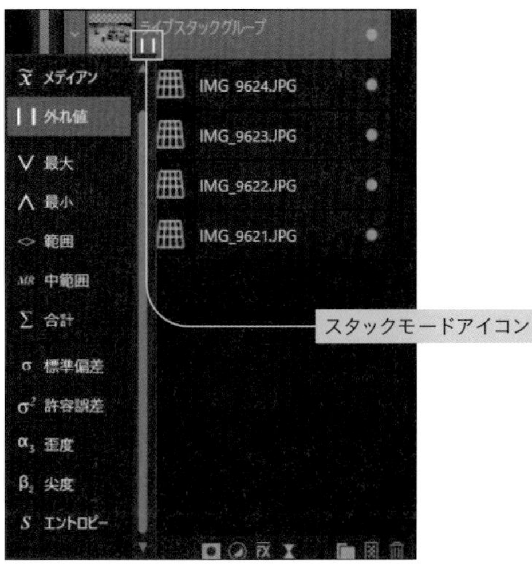

04 パノラマ画像を作成する

パノラマ画像を作成する

水平方向または垂直方向に広がる風景を少しずつカメラをずらして撮影した複数の画像を、**パノラマペルソナで一枚の画像に連結する**ことができます。連結したパノラマ画像は、解像度が高く視野角の広い、ダイナミックな画像になります。

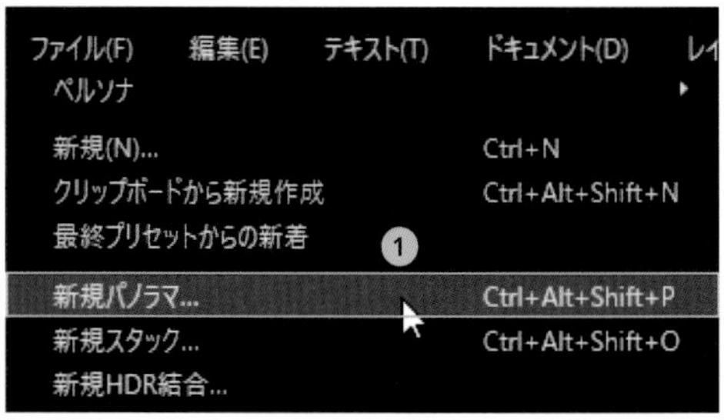

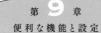

1 ［ファイル］メニュー→［新規パノラマ］の順にクリックします1。

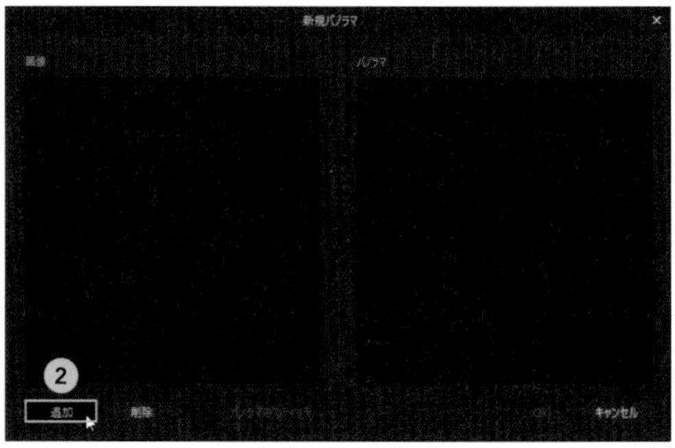

2 ［新規パノラマ］パネルが開きます。［追加］ボタンをクリックします2。

3 連結したい画像を複数選択し3、［開く］ボタンをクリックします4。

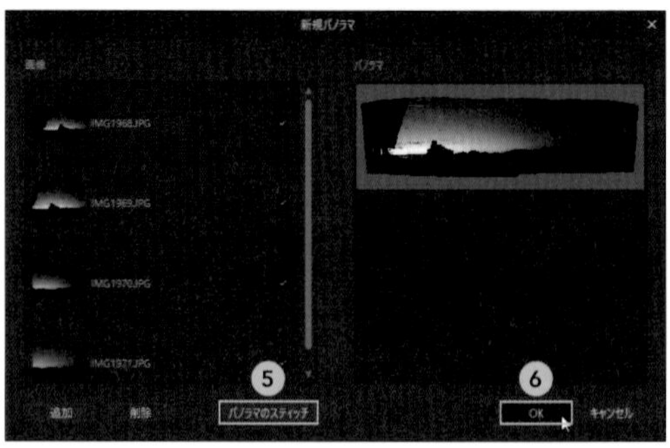

4 ［パノラマのスティッチ］ボタンをクリックすると5、プレビューが表示されます。［OK］ボタンをクリックします6。

MEMO

パノラマに含めたくない画像がある場合は、［画像］欄でチェックボックスをオフにします。

5 パノラマペルソナに移行し、合成されたパノラマ画像が表示されました。この段階では空白部のある状態なので、[切り抜き] ツールをクリックし7、ドラッグして適切なサイズに変更します8。Enter キーを押して確定します9。

6 [適用] ボタンをクリックして Photo ペルソナに戻ります10。

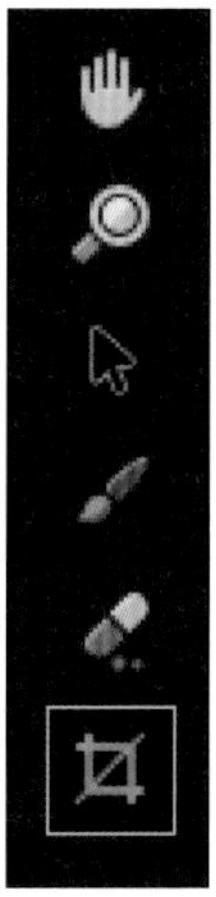

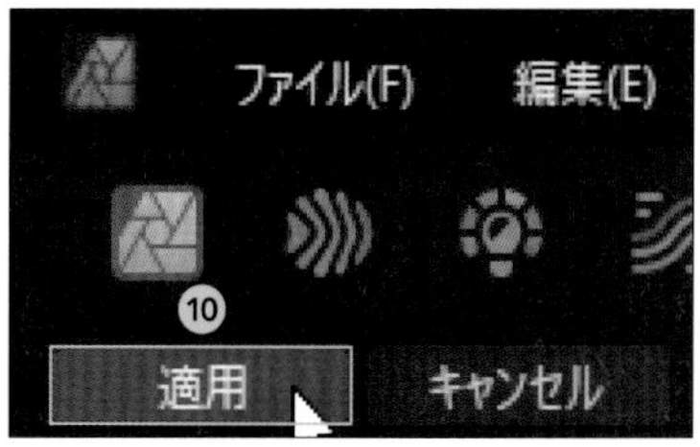

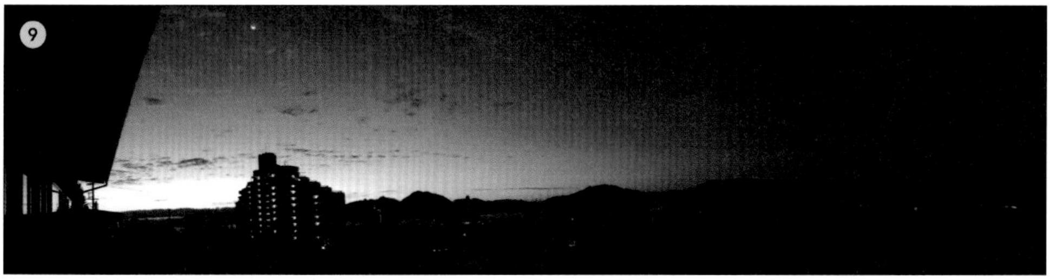

COLUMN

空白部を自動で補完する

Affinity Photoにはパノラマ画像作成時に発生する空白部を、自動で補完する機能があります。空白部のある状態のまま、画面上部の[ミッシングエリアを修復]ボタンをオンにして、[適用]ボタンをクリックすると補完処理が行われます。

05 360度画像を編集する

360度画像を加工する

Affinity Photoでは、**周囲360度撮影が可能な特殊なカメラの画像データを編集**することができます。また、編集した画像は、特別なビューワーアプリがなくとも、Affinity Photo内で確認することが可能です。

1 ［ファイル］メニュー→［開く］から360度画像を開きます①。

2 ［レイヤー］メニュー→［ライブ投影］→［正距円筒投影］の順にクリックすると②、画像がライブ投影にマッピングされます③。

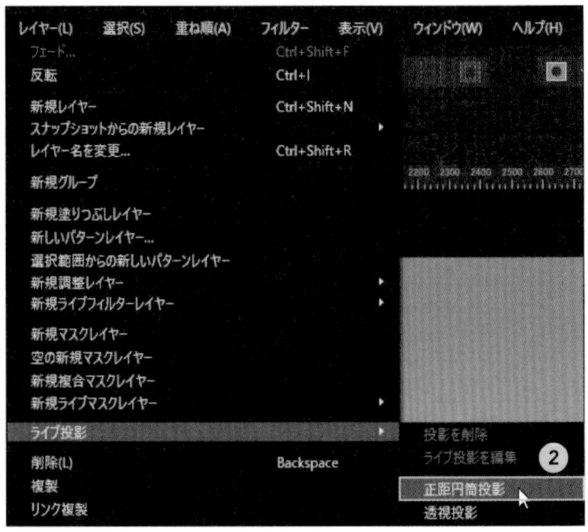

3 このとき、自動的に［ライブ投影を編集］ツールに移行するので、画面上をドラッグすることで④、画面内を移動できます。編集を加えたい箇所を表示します。

4 編集を加えます⑤。ここでは例として、別ファイルで切り抜いた画像をコピーし、貼り付けました。

5 追加したレイヤーは［レイヤー］パネルで右クリックし、下のレイヤーと結合しておきます**6**。

6 編集操作で別ツールに切り替えると、［ライブ投影を編集］ツールが解除された状態になります。再度ライブ投影を操作するには、［レイヤー］メニュー→［ライブ投影］→［ライブ投影を編集］の順にクリックします**7**。

7 画面上をドラッグすると視点が移動し、画像が編集されているのが確認できます**8**。

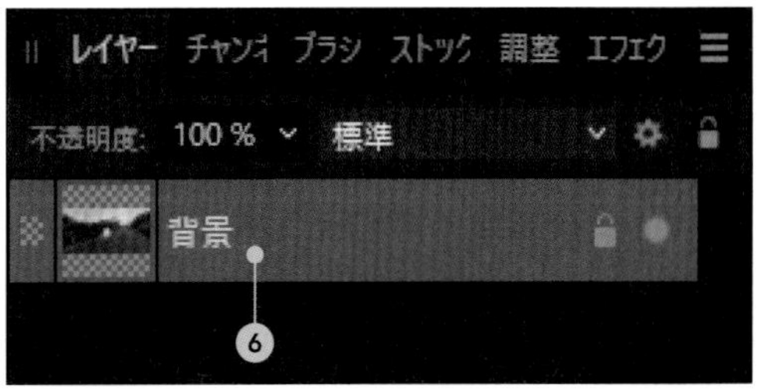

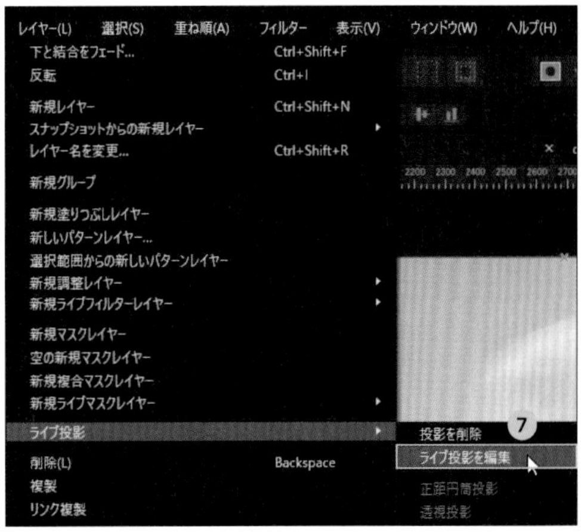

COLUMN

360度画像をスマートフォンで閲覧する

作成した画像をスマートフォンで閲覧すると、カメラの向きによって周囲を見渡すことができます。360度カメラのメーカーが提供しているアプリをインストールし、スマートフォンに画像を読み込むだけで閲覧可能です。

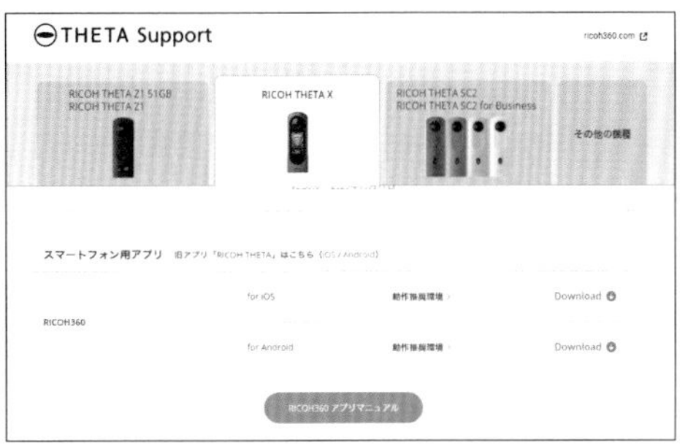

（参考）リコーTHETA Support：https://support.theta360.com/ja/download/

06 マクロで繰り返し作業を自動化する

マクロを作成する

Affinity Photoでは、**よく行う操作をマクロとして記録**し、必要な場合にワンクリックで実行することができます。

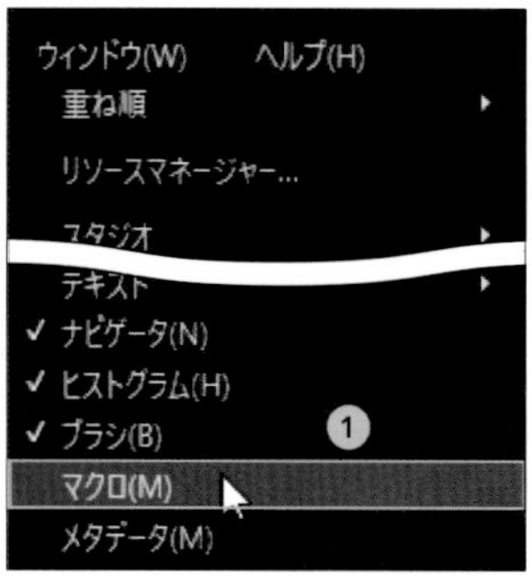

1 ［ウィンドウ］メニュー→［マクロ］の順にクリックすると1、［マクロ］パネルが表示されます。

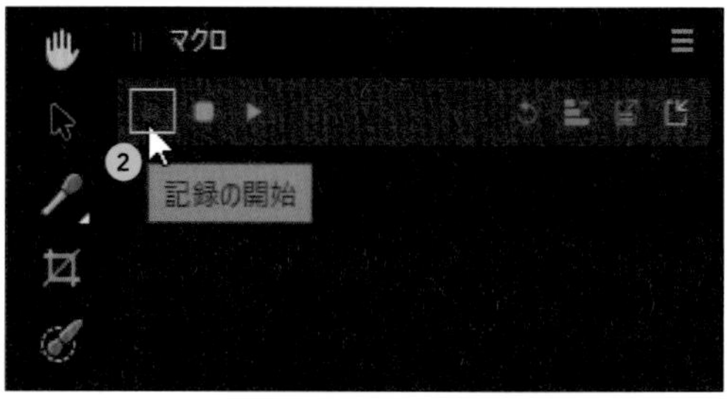

2 ［マクロ］パネルの［記録の開始］ボタンをクリックします2。これ以降の操作はすべて手順が記録されます。

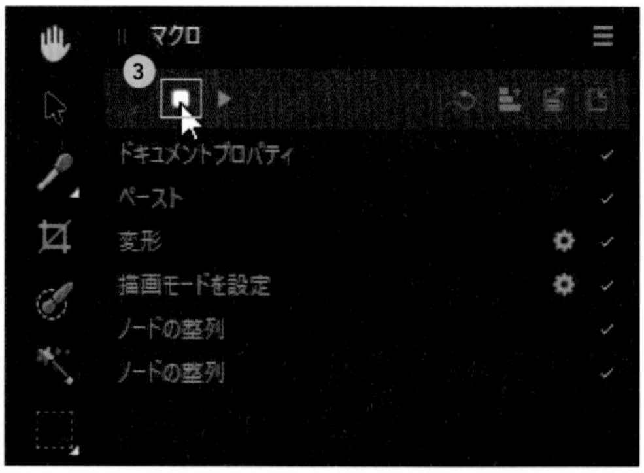

3 記録したい操作が完了したら、［記録の停止］ボタンをクリックします3。ここでは例として、画像のサイズ変更、ウォーターマーク（透かし）の貼り付け、描画モードの変更、画像中央への配置を記録しました4。

マクロをライブラリに登録する

[マクロ] パネルはマクロを作成／編集するための場所です。**マクロを保存するには［ライブラリ］パネルに書き出します。**

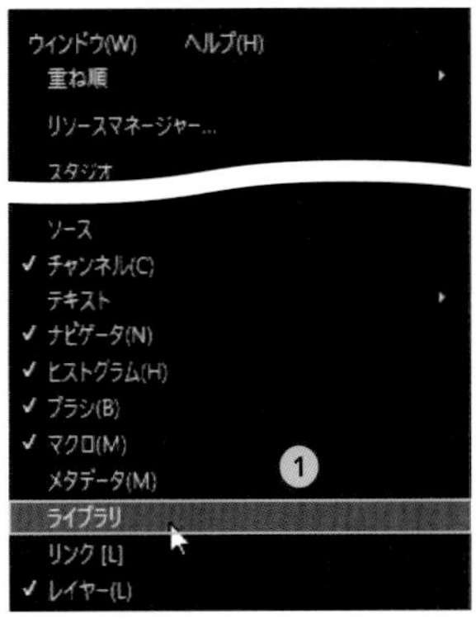

1. ［ウィンドウ］メニュー→［ライブラリ］の順にクリックします❶。

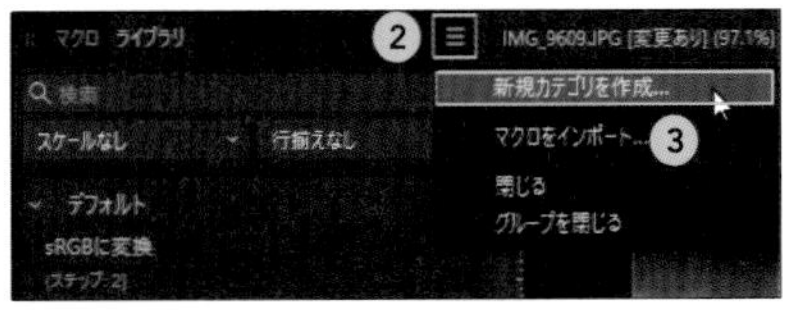

2. ここではマクロの保存先として新規カテゴリーを作成します。［パネル環境設定］ボタンをクリックし❷、［新規カテゴリを作成］をクリックします❸。

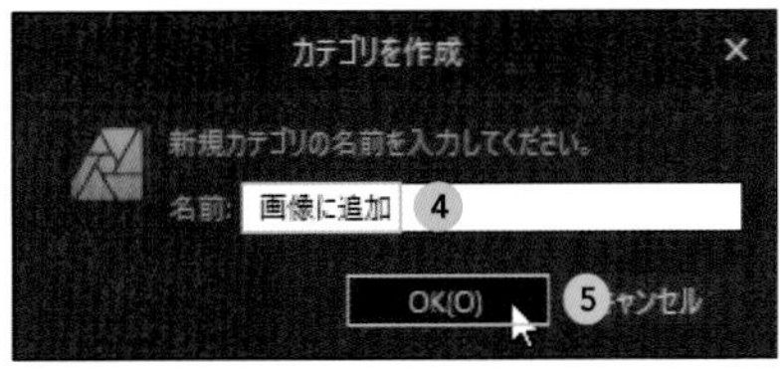

3. ［カテゴリを作成］パネルの名前欄に新しいカテゴリ名を入力し❹、［OK］ボタンをクリックします❺。リストに新規カテゴリーが追加されます。

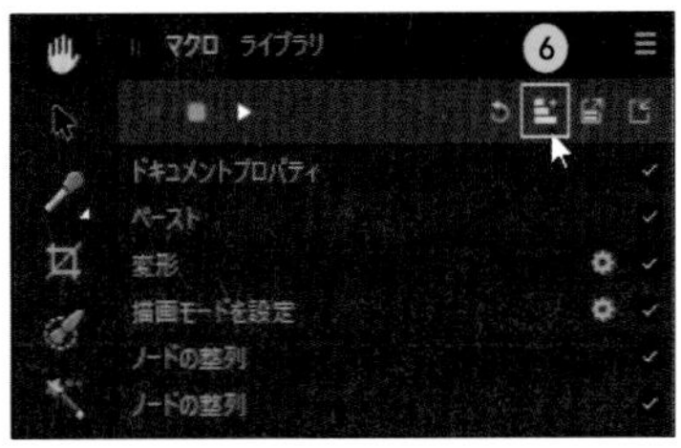

4. ［マクロ］パネルに切り替え、［ライブラリに追加］ボタンをクリックします❻。

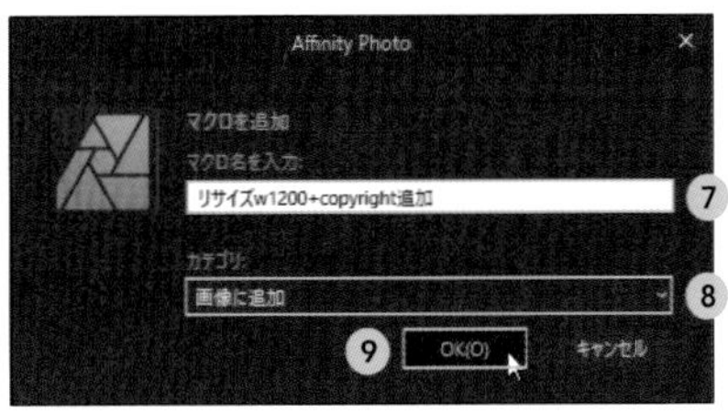

5. マクロ名を入力し❼、登録するカテゴリを選択します❽。［OK］ボタンをクリックします❾。

マクロを実行する

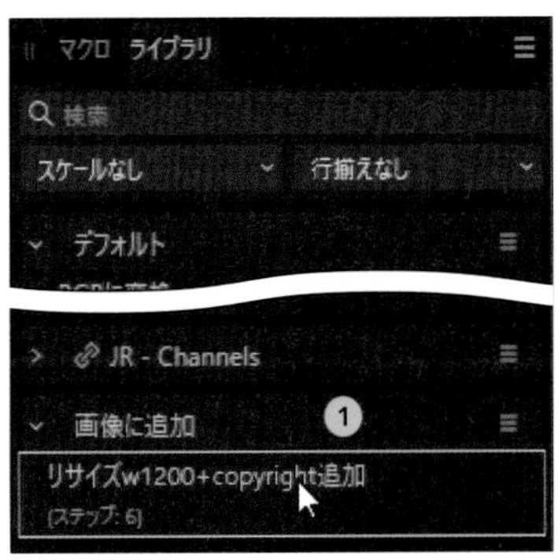

1. 対象となる画像を開き、［ライブラリ］パネルのマクロ名をクリックすると❶、ワンクリックでマクロが実行されます。

07 バッチ処理を行う

マクロを複数のファイルに適用する

マクロ機能を使うと特定の手順を記録して個別の画像に対して処理することができますが、[新規一括ジョブ] 機能（バッチ処理）を使うと、さらに**大量の画像に対しての処理**を効率よく行うことができます。

1. [ファイル] メニュー→ [新規一括ジョブ] の順にクリックします❶。

2. [新規一括ジョブ] パネルでソースの [追加] ボタンをクリックし❷、処理をしたい画像を選択して❸、[開く] ボタンをクリックします❹。

MEMO

[開く]画面で画像が表示されない場合は、画面右下の読み込み時のファイル形式を確認してください。「Affinityファイル」形式になっていたら、読み込ませたいファイルの形式を指定します。

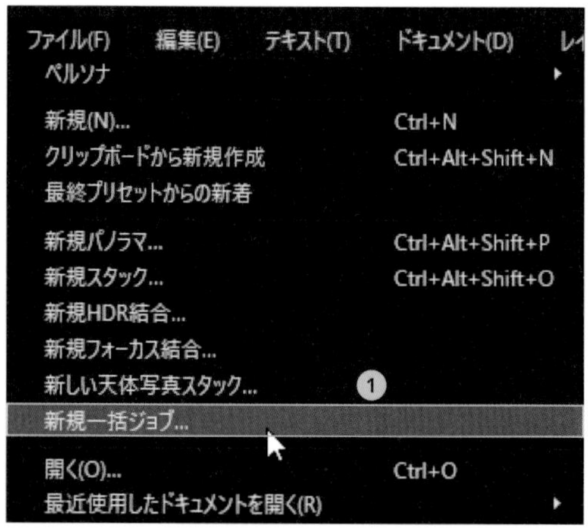

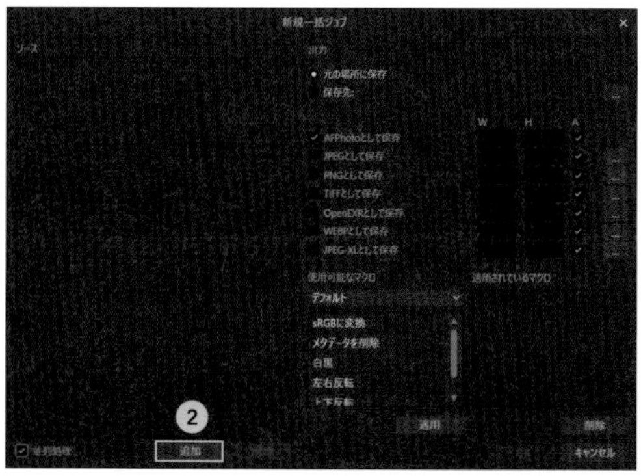

3 画像が読み込まれました5。[保存先] にチェックを入れ6、処理後の画像を保存するフォルダを指定します7。

4 目的の保存形式にチェックを入れます8。必要に応じて［...］ボタンをクリックして詳細を指定します。複数のファイル形式にチェックを入れると異なるファイル形式でまとめて出力されます。

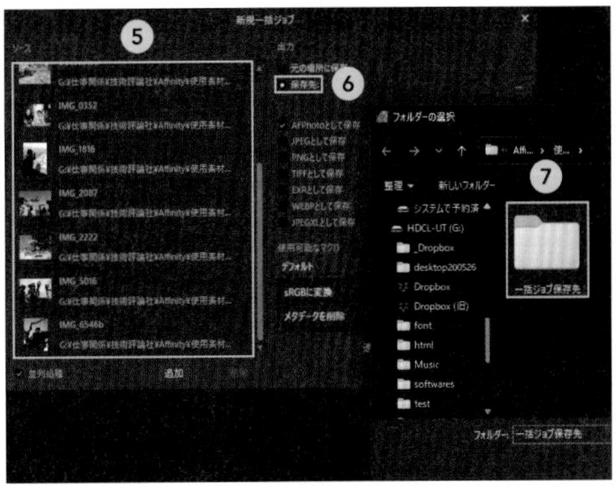

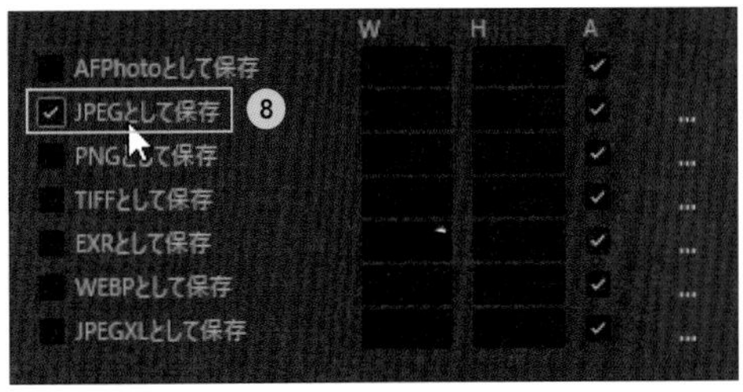

MEMO

保存時の画像サイズを指定する場合は[W]に幅、[H]に高さを入力します(単位はpx)。縦横比を維持する場合は[A]にチェックを入れます。

5 一括処理したいマクロのカテゴリを選択します9。マクロを指定し10、[適用] ボタンをクリックします11。

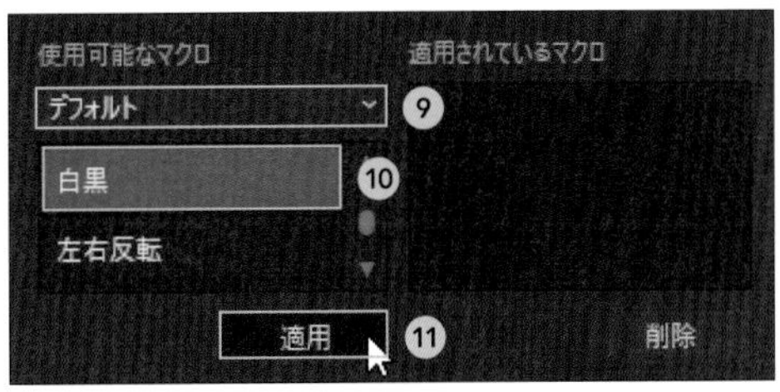

6 [OK] ボタンをクリックします12。処理が実行され、指定した保存先にファイルが保存されます。

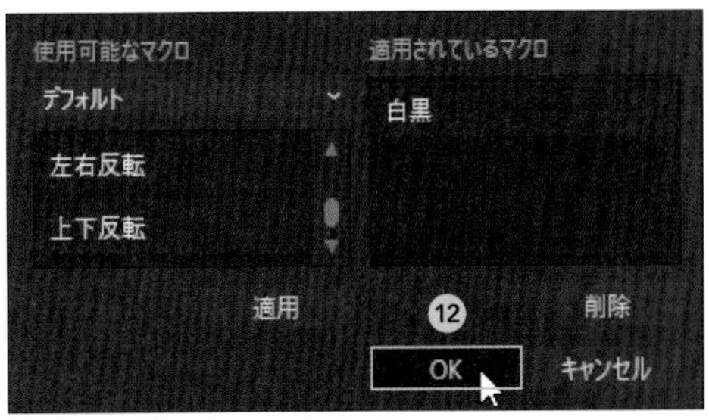

COLUMN

自分で作ったマクロを適用したい

画像の解像度を任意のものに変更したり、画像に定型の文字を配置したりしたい場合は、初期設定のマクロでは対応できません。P.212を参考に自作のマクロを作成し、P.213の手順で作成したマクロをライブラリに登録します。
その後、一括ジョブを実行すると、使用可能なマクロ欄に登録したマクロが表示されます。

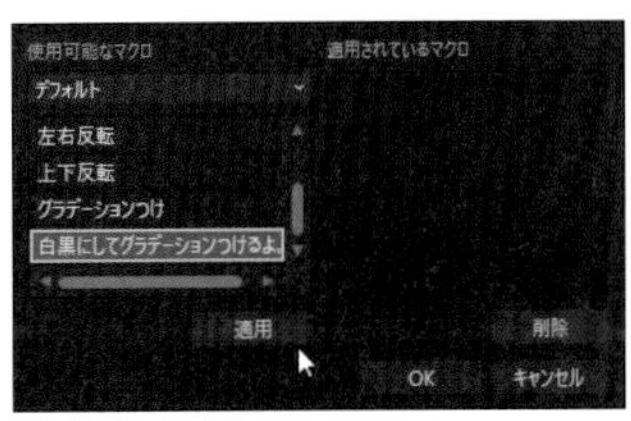

08 無料のストック画像を使う

ストック画像を利用する

Affinity Photoには、**フリー素材サイトから直接画像を参照できるストック機能**が搭載されています。任意のキーワードで検索した画像をウェブブラウザを起動することなくAffinity Photoで利用することができます。

1 [ストック] パネルをクリックし1、ポップアップメニューからフリー素材サイトを選択します2。

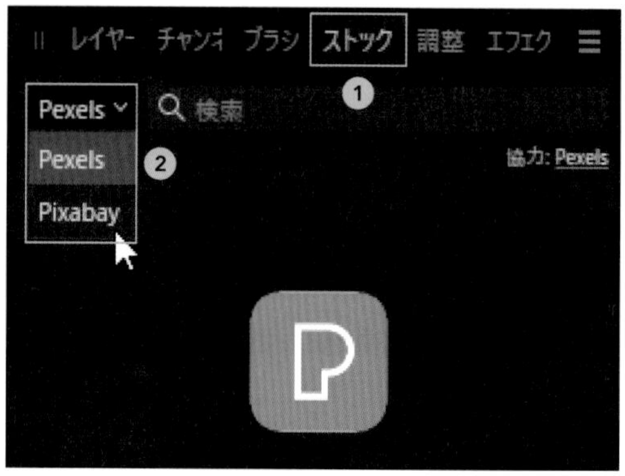

MEMO

初回利用時はフリー素材サイトの使用条件を確認の上、[理解しています。]にチェックを入れてください。

2 検索ボックスにキーワードを入力し3、Enterキーを押すと検索結果がサムネイルで表示されます。

3 目的の画像のサムネイルをワークスペースにドラッグすると4、素材画像が読み込まれます5。

09 キーボードショートカットを活用する

キーボードショートカットを設定する

Affinity Photo には、効率よく作業を進めるためのショートカットが用意されています。また、**ショートカットはカスタマイズできる**ので、頻繁に使用する機能や優先度の高い機能を押しやすいキーに割り当てることでさらなる効率化が可能です。

1 ［編集］メニュー→［設定］の順にクリックします1。

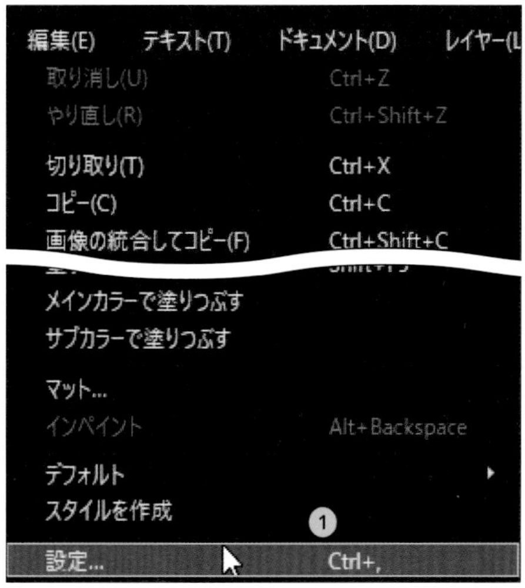

2 ［ショートカット］をクリックし2、対象のペルソナとメニューを選択します3。

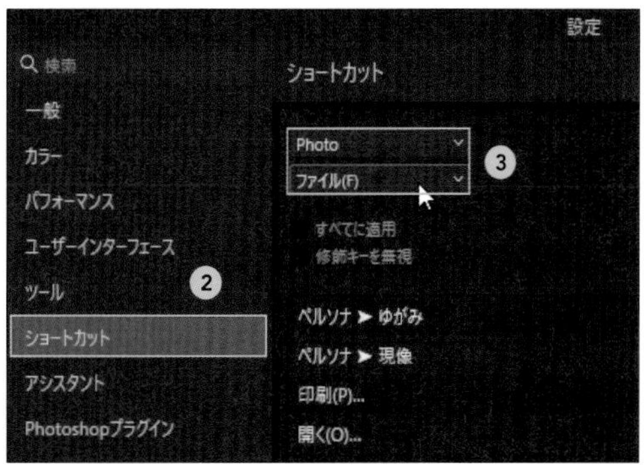

3 設定したい項目のショートカットエリアをクリックして、使用したいショートカットキーを押すと4、押されたキーがショートカットとして認識されます5。

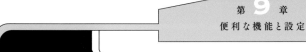

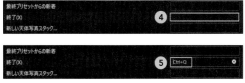

4 ［保存］ボタンをクリックし6、名前を付けて保存します。

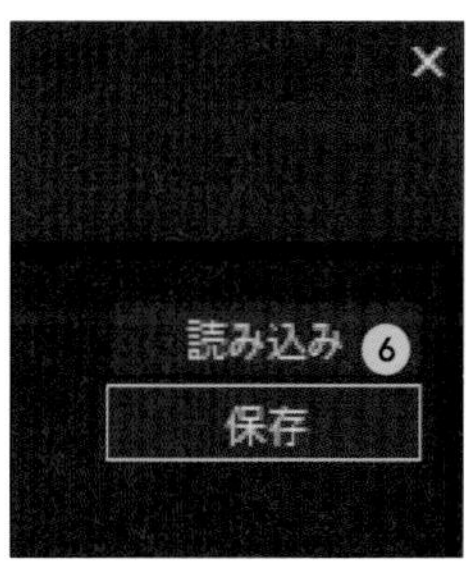

10 カラーマネジメントの設定をする

カラーマネジメントとは

デジタルカメラやスキャナー、コンピューターのような入力機器と、モニターやプリンターといった出力機器では再現できるカラーは必ずしも同じではありません。そこで、同じ色を再現するために考えられた統一的な仕組みがカラーマネジメントシステムです。画像の場合は、**色の基準としてカラープロファイルを画像ファイルに付加**します。

作業用カラープロファイルを設定する

Affinity Photo で標準として使用するカラープロファイルを設定します。ファイルを新規作成する場合にはこの設定が適用されます。画像ファイルを開くときは通常、カラープロファイルが埋め込まれていればそのプロファイルで開きます。

1. [編集] メニュー→ [設定] の順にクリックします①。

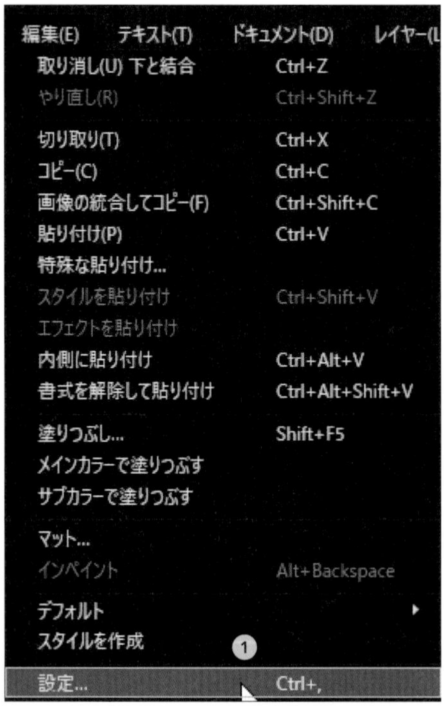

2. [カラー] をクリックします②。RGB や CMYK といったカラーモードごとに、使用するプロファイルを選択できます③。

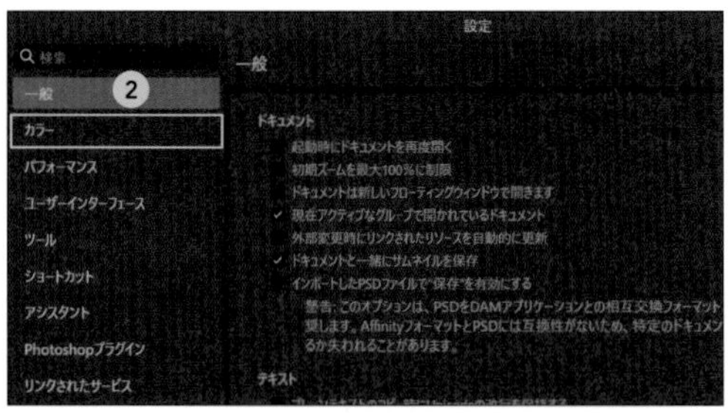

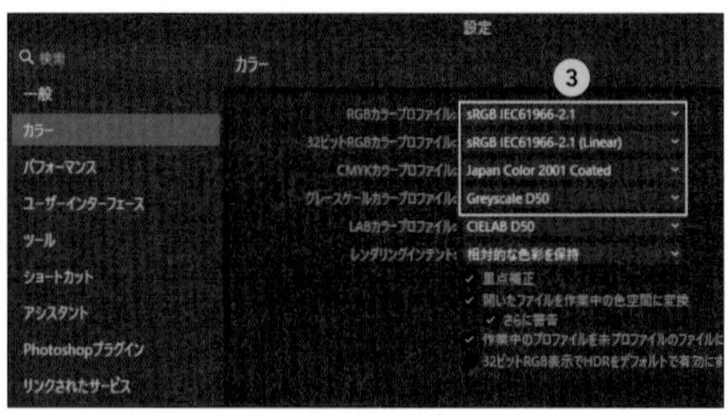

MEMO

初期設定の状態で一般的に使われるプロファイルが設定されているので、特段の意図がなければそのままで問題ありません。

▷▷ 画像のカラープロファイルを変換する

RGB の画像を CYMK の画像に変換する場合などには以下の操作を行います。カラープロファイルが変わると画像の色味も変わります。

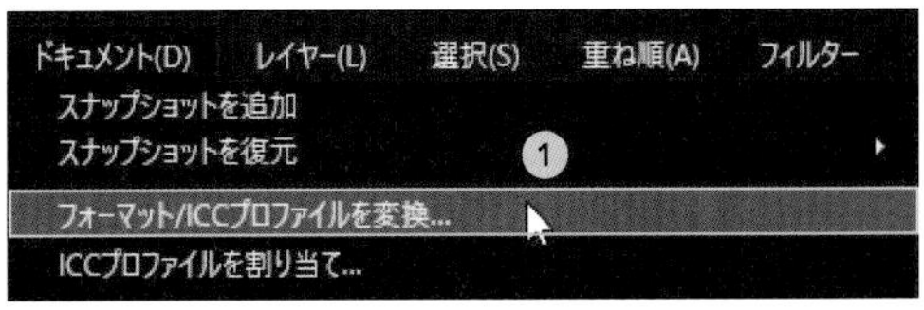

1 ［ドキュメント］メニュー→［フォーマット／ICC プロファイルを変換］の順にクリックします 1 。

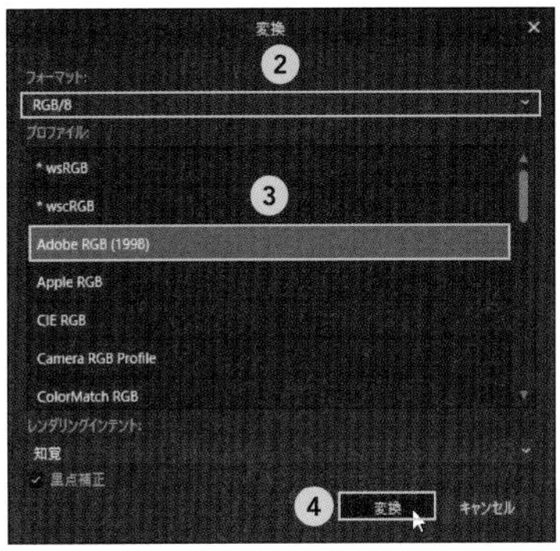

2 ［フォーマット］から変換したいフォーマットを選択し 2 、［プロファイル］から目的のプロファイルを選択して 3 、［変換］ボタンをクリックします 4 。ここでは例として［RGB／8］（RGB の8bit 画像のこと）の［Adobe RGB (1998)］を指定します。

変換前

変換後

3 画像のカラープロファイルが変換されました。

▷▷ ファイルの書き出し時にカラープロファイルを埋め込む

出力する画像ファイルにカラープロファイルを埋め込みます。Web 用途であれば、一般的なモニターが対応している sRGB を選択します。

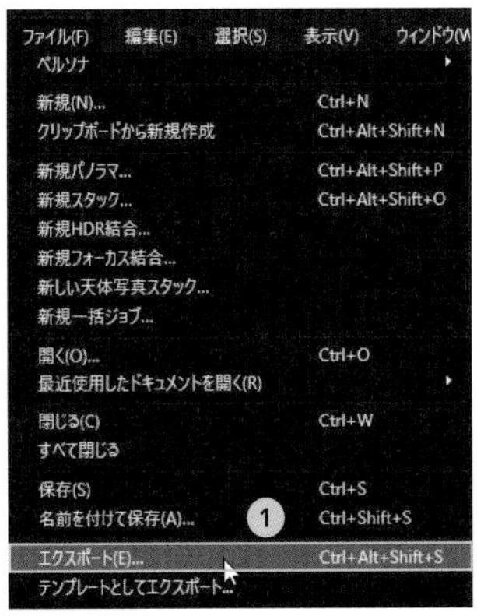

1 ［ファイル］メニュー→［エクスポート］の順にクリックします 1 。

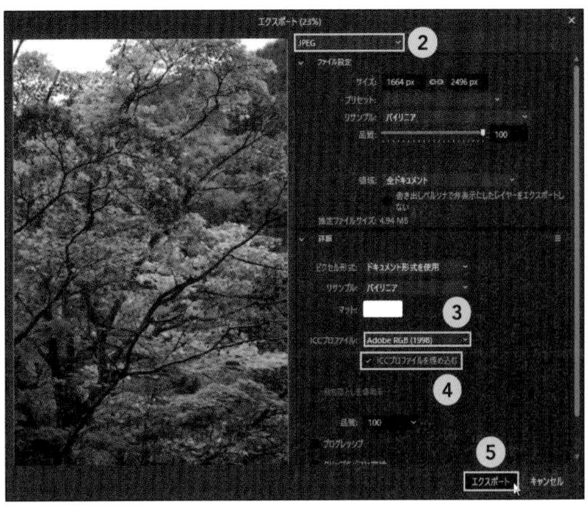

2 ファイル形式を選び 2 、各種設定をしたら、［ICC プロファイル］欄で埋め込みたいプロファイルを選択します 3 。［ICC プロファイルを埋め込む］にチェックが入っていることを確認します 4 。

3 内容を確認して［エクスポート］ボタンをクリックして書き出します 5 。

索引

英数字

あ

か

さ

索引

た

な

は

Profile

山本浩司

神戸松蔭女子学院大学 准教授。未来画素代表。大阪市立デザイン教育研究所非常勤講師。関西を中心にWeb・CG制作から各種印刷物の制作、映像編集など幅広く活動する傍ら、ソフトの操作解説書籍を多数執筆する。趣味はウイスキーと「Dai Daiだげな時間」。

Staff

ブックデザイン／マツヤマ チヒロ(AKICHI)
DTP／リンクアップ
イラスト提供／OKY-おかよ-
画像素材協力／福盛あや子
編集／石井亮輔

AFFINITY PHOTO クリエイター教科書 [V2対応版]

2024年2月24日　初版　第1刷発行

著者　山本浩司
発行者　片岡　巌
発行所　株式会社技術評論社
東京都新宿区市谷左内町21-13
電話　03-3513-6150　販売促進部
03-3513-6185　書籍編集部
印刷／製本　図書印刷株式会社

お問い合わせについて

本書の内容に関するご質問は、Webか書面、FAXにて受け付けております。
電話によるご質問、および本書に記載されている内容以外の事柄に関するご質問にはお答えできかねます。あらかじめご了承ください。

〒162-0846
東京都新宿区市谷左内町21-13
株式会社技術評論社　書籍編集部
「AFFINITY PHOTO クリエイター教科書[V2対応版]」質問係

Web　https://book.gihyo.jp/116
FAX　03-3513-6181

ISBN978-4-297-14001-4 C3055
Printed in Japan